U0740555

教育部"985工程"科技与社会（STS）哲学社会科学创新基地
国家重点学科"东北大学科学技术哲学研究中心"

中国技术哲学与STS论丛（第一辑）

Chinese Philosophy of Technology and STS Research Series

丛书主编 陈凡 罗玲玲

重申传统

一种整体论的比较技术哲学研究

Reiterating Tradition:

A Comparative Study on The Holistic Philosophy of Technology

李三虎 著

中国社会科学出版社

图书在版编目（CIP）数据

重申传统：一种整体论的比较技术哲学研究/李三虎著. —北京：中国社会科学出版社，2008.12

（中国技术哲学与STS研究论丛/陈凡，罗玲玲主编）

ISBN 978 – 7 – 5004 – 7451 – 7

Ⅰ. 重… Ⅱ. 李… Ⅲ. 技术哲学：比较哲学 – 中国、西方国家 Ⅳ. N02

中国版本图书馆 CIP 数据核字（2008）第 195124 号

策划编辑 冯春风
责任校对 郭 娟
封面设计 王 华
版式设计 王炳图

出版发行　中国社会科学出版社
社　　址　北京鼓楼西大街甲 158 号　　　　邮　编　100720
电　　话　010—84029450（邮购）
网　　址　http://www.csspw.cn
经　　销　新华书店
印　　刷　北京君升印刷有限公司　　　　装　订　广增装订厂
版　　次　2008 年 12 月第 1 版　　　　　　印　次　2008 年 12 月第 1 次印刷
开　　本　710×980　1/16
印　　张　18.75　　　　　　　　　　　　插　页　2
字　　数　306 千字
定　　价　35.00 元

凡购买的中国社会科学出版社图书，如有质量问题请与本社发行部联系调换

版权所有　侵权必究

教育部 "985 工程" 科技与社会 (STS)
哲学社会科学创新基地
东北大学科学技术哲学研究中心

《中国技术哲学与 STS 研究论丛》
编　委　会

名誉主编　陈昌曙　远德玉

主　　编　陈　凡　罗玲玲

编　委　会　（以姓氏笔画为序）

刘　武　孙　萍　邢怀滨　李　凯

李兆友　陈　凡　罗玲玲　郑文范

张　雷　郭亚军　娄成武　秦书生

樊治平

总　序

　　哲学是人类的最高智慧，它历经沧桑岁月却依然万古长新，永葆其生命与价值。在当下，哲学更具有无可取代的地位。

　　技术是人利用自然最古老的方式，技术改变了自然的存在状态。当技术这种作用方式引起人与自然关系的嬗变程度，达到人们不能立即做出全面、正确的反应时，对技术的哲学思考就纳入了学术研究的领域。特别是一些新兴的技术新领域，如生态技术、信息技术、人工智能、多媒体、医疗技术、基因工程等的出现，技术的本质、技术作用自然的深刻性，都是传统技术所没有揭示的，技术带来的社会问题和伦理冲突，只有通过哲学的思考，才能让人类明白至善、至真、至美的理想如何统一。

　　现代西方技术哲学的历史可以追溯到一百多年以前的欧洲大陆（主要是德国和法国）。德国人 E. 卡普（Ernst Kapp）的《技术哲学纲要》（1877）和法国人 A. 埃斯比纳斯（Alfred Espinas）的《技术起源》（1897）是现代西方技术哲学生成的标志。国外的技术哲学研究经过 100 多年的发展，如今正在由单一性向多元性方法论逐渐转变；正在寻求与传统哲学的结合，重新建构技术哲学动力的根基；正在进行工程主义与人文主义的整合，将工程传统中的专业性与技术的文化形式或文化惯例的考察相结合；正在着重于技术伦理、技术价值的研究，出现了一种应用于实践的倾向——即技术哲学的经验转向。

　　与技术哲学相关的另一个较为实证的研究领域就是科学技术与社会（Science Technology and Society）。随着技术科学化之后，技术给人类社会带来了根本性变化，以信息技术和生命科学等为先导的 20 世纪科技革命的迅猛发展，深刻地改变了人类的生产方式、管理方式、生活方式和思维方式。科学技术对社会的积极作用迅速显现。与此同时，科学技术对社会的负面影响也空前突出。鉴于科学对社会的影响价值也需要正确地加以评估，社会对科学技术的影响也成为认识科学技术的重要方面，促使STS这门研究科学、技术与社会相互关系的规律及其应用、并涉及多学科、多领域的综合性新兴学科逐渐蓬勃发展起来。

早在20世纪60年代，美国就兴起了以科学技术与社会（STS）之间的关系为对象的交叉学科研究运动。这一运动包括各种各样的研究方案和研究计划。20世纪80年代末，在其他国家，特别是加拿大、英国、荷兰、德国和日本，这项研究运动也都以各种形式积极地开展着，获得了广泛的社会认可。90年代以后，它又获得了蓬勃发展。目前STS研究的全球化，出现了多元化与整合化并存的特征。欧洲学者强调STS理论研究和欧洲特色（爱丁堡学派的技术的社会形成理论，欧洲科学技术研究协会）；美国STS的理论导向（学科派，高教会派）和实践导向（交叉学科派，低教会派）各自发展，侧重点不断变化；日本强调吸收世界各国的STS成果以及STS研究浓厚的技术色彩（日本STS网络，日本STS学会）；STS研究的全球化和多元化，必然伴随着对STS的系统整合，在关注对科学技术与生态环境和人类可持续发展的关系的研究；关注技术，特别是高技术与经济社会的关系；关注对科学技术与人文（如价值观念、伦理道德、审美情感、心理活动、语言符号等）之间关系的研究都与技术哲学的研究热点不谋而合。

中国的技术哲学和STS研究虽然起步都较晚，但随着中国科学技术的快速发展，在经济上迅速崛起，学术氛围的宽容，不仅大量的实践问题涌现，促进了技术哲学和STS研究，也由于国力的增强，技术哲学和STS研究也得到了国家和社会各界的越来越多的支持。

东北大学科学技术哲学研究中心的前身是技术与社会研究所。早在20世纪80年代初，在陈昌曙教授和远德玉教授的倡导下，东北大学就将技术哲学和STS研究作为重要的研究方向。经过20多年的积累，形成了东北学派的研究特色。2004年成为教育部"985工程"科技与社会（STS）哲学社会科学创新基地，2007年被批准为国家重点学科。东北大学的技术哲学和STS研究主要是以理论研究的突破创新体现水平，以应用研究的扎实有效体现特色。

《中国技术哲学与STS研究论丛》（以下简称《论丛》）是东北大学科学技术哲学研究中心和"科技与社会（STS）"哲学社会科学创新基地以

及国内一些专家学者的最新研究专著的汇集，涉及科技哲学和 STS 等多学科领域，其宗旨和目的在于探求科学技术与社会之间的相互影响和相互作用的机制和规律，进一步繁荣中国的哲学社会科学。《论丛》由国内和校内资深的教授、学者共同参与，奉献长期研究所得，计划每期出版五本，以书会友，分享思想。

《论丛》的出版必将促进我国技术哲学和 STS 学术研究的繁荣。出版技术哲学和 STS 研究论丛，就是要汇聚国内外的有关思想理论观点，造成百花齐放、百家争鸣的学术氛围，扩大社会影响，提高国内的技术哲学和 STS 研究水平。总之，《论丛》将有力地促进中国技术哲学与 STS 研究的进一步深入发展。

《论丛》的出版必将为国内外技术哲学和 STS 学者提供一个交流平台。《论丛》在国内广泛地征集技术哲学和 STS 研究的最新成果，为感兴趣的国内外各界人士提供一个广泛的论坛平台，加强相互间的交流与合作，共同推进技术哲学和 STS 的理论研究与实践。

《论丛》的出版还必将对我国科教兴国战略、可持续发展战略和创新型国家建设战略的实施起着强有力的推动作用。能否正确地认识和处理科学、技术与社会及其之间的关系，是科教兴国战略、可持续发展战略和创新型国家建设战略能否顺利实施的关键所在。技术哲学和 STS 研究涉及科学、技术与公共政策，环境、生态、能源、人口等全球问题和 STS 教育等各方面问题的哲学思考与实践反思。《论丛》的出版，使学术成果能迅速扩散，必然会推动科教兴国战略、可持续发展战略和创新型国家建设战略的实施。

中国是历史悠久的文明古国，无论是人类科技发展史还是哲学史，都有中国人写上的浓重一笔。现在有人称："如果目前中国还不能输出他的价值观，中国还不是一个大国"。学术研究，特别是哲学研究，是形成价值观的重要部分，愿当代的中国学术才俊能在此起步，通过点点滴滴的扎实努力，为中国能在世界思想史上再书写辉煌篇章而作出贡献。

最后，感谢《论丛》作者的辛勤工作和编委会的大力支持，感谢中国社会科学出版社为《论丛》的出版所作的努力和奉献。

陈　凡　罗玲玲
2008 年 5 月于沈阳南湖

General Preface

Philosophy is the greatest wisdom of human beings, which always keeps its spirit young and keeps green forever although it has experienced great changes that time has brought to it. At present, philosophy is still taking the indispensable position.

Technology represents the oldest way of humans making use of the nature and has changed the existing status of the nature. When the functioning method of technology has induced transmutation of the relationship between humans and the nature to the extent that humans can not make overall and correct response, philosophical reflection on technology will then fall into academic research field. Like the appearance of new technological fields, especially that of ecotechnology, information technology, artificial intelligence, multimedia, medical technology and genetic engineering and so on, the nature of technology and the profoundness of technology acting on the nature are what have not been revealed by traditional technology. The social problems and ethical conflicts that technology has brought about have not been able to make human beings understand how the ideals of becoming the true, the good and the beautiful are united without depending on philosophical pondering.

Modern western technological philosophy history can date back to over 100 years ago European continent (mainly Germany and France). German Ernst Kapp's Essentials of Technological Philosophy (1877) and French Alfred Espinas' The Origin of Technology (1897) represent the emergence of modern western technological philosophy. After one hundred year's development, overseas research on technological philosophy is now transforming from uni – methodology to multi – methodology; is now seeking for merger with traditional philosophy to reconstruct the foundation of technological philosophy impetus; is now conducting the integration of engineering into humanity to join traditional specialty of engineering with cultural forms or routines of technology; is now focusing on research on technological ethnics and technological values, resulting in an application trend—that is, empiric – direction change of technological philosophy.

Another authentic proof – based research field that is relevant to technological philosophy is science technology and society. With technology becoming scientific, it has brought about fundamental changes to human society, and the rapid development of science technology in the 20th century has deeply changed the modes of production, measures of administration, lifestyles and thinking patterns, with information technology and life technology and so on in the lead. The positive impacts of science technology on the society reveal themselves rapidly. Meanwhile, the negative impacts of it are unprecedented pushy. As the effects of science on the society need evaluating in the correct way, and the effects of the society on science technology has also become an important aspect in understanding science technology, the research science of STS, the laws and application of the relationship between technology and the society, some newly developed disciplines concerning multi – disciplines and multi – fields are flourishing.

As early as 1960s, a cross – disciplinary research campaign targeting at the relationship between science technology and the society (STS) was launched in the United States. This campaign involved a variety of research schemes and research plans. In the late 1980s, in other countries especially such as Canada, the UK, the Netherlands, Germany and Japan, this research campaign was actively on in one form or another, and approved across the society. After 1990s, it further flourished. At present, the globalization of STS research has becoming typical of the co – existence of multiplicity and integration. The European scholars stress theoretical STS research with European characteristics (i. e. Edingburg version of thought, namely technology – being – formed – by – the – society theory, Science Technology Research Association of Europe); STS research guidelines of the United States (version of disciplines and version of Higher Education Association) and practice guidelines(cross – discipline version and version of Lower Education Association.) have developed respectively and their focuses are continuously variable. Japan focuses on taking in STS achievements of countries world – wide as well as clear technological characteristic of STS research (Japanese STS network and Japanese STS Association); the globalization and the multiplicity of STS research are bound to be accompanied by the integration of STS system and by the concern of research on the relationship between science technology, ecological environment and human sustainable development; attention is paid to the relationship between the highly – developed technology and the economic society; the concern of research on the relationship between science technology and humanity (such as the values, ethnic virtues, aesthetic feelings, psychological behaviors and language signs, etc.) happens to coincide with the research focus of technological philosophy.

Chinese technological philosophy research and STS research have risen rapidly to economic prominence with the fast development of Chinese science technology; the tolerance of academic atmosphere has prompted the high emergence of practical issues and meanwhile the development of technological philosophy research and STS research; more and more support of technological philosophy research and STS research is coming from the nation as well as all walks of life in the society with the national power strengthened.

The predecessor of Science Technological Philosophy Study Center of Northeastern University is Technological and Social Study Institute of the university. Northeastern University taking technological philosophy research and STS research as an important research direction dates back to the advocacy of Professor Chen Chang – shu and Professor Yuan De – yu in 1980s. The research characteristics of Northeastern version has been formed after over 20 years' research work. The center has become an innovation base for social science in STS Field of "985 Engineering" sponsored by the Ministry of Education in 2004 and approved as a key discipline of our country in 2007. Technological philosophy research and STS research of Northeastern University show their high levels mainly through the breakthrough in theoretical research and show their specialty chiefly through the down – to – earth work and high efficiency in application.

Chinese Technological Philosophy Research and STS Research Series (abbreviated to the Series) collects recent research works by some experts across the country as well as from our innovation base and the Research Center concerning multi – disciplines in science technology and STS fields, on purpose to explore the mechanism and laws of the inter – influence and inter – action of science technology on the society, to further flourish Chinese philosophical social science. The Series is the co – work of some expert professors and scholars domestic and abroad whose long – termed devotion promotes the completeness of the manuscript. It has been planned that five volumes are published for each edition, in order to make friends and share ideas with the readers.

The publication of the Series is certain to flourish researches on technological philosophy and STS in our country. It is just to collect relevant theoretical opinions at home and abroad, to develop an academic atmosphere to let a hundred flowers bloom and new things emerge from the old, to expand its influence in the society, and to increase technological philosophy research and STS levels. In all, the collections will strongly push Chinese technological philosophy research and STS research to develop further.

The publication of the Series is certain to provide technological philosophy and STS researchers at home and abroad with a communicating platform. It widely collects the recent domestic and foreign achievements of technological philosophy research and STS research, serving as a wide forum platform for the people in all walks of life nationwide and worldwide who are interested in the topics, strengthening mutual exchanges and cooperation, pushing forward the theoretical research on technological philosophy and STS together with their application.

The publication of the Series is certain to play a strong pushing role in implementing science – and – education – rejuvenating – China strategies, sustainable – development strategies and building – innovative – country strategies. Whether the relationships between Science, technology and the society can be correctly understood and dealt with is the key as to whether those strategies can be smoothly carried out. Technological philosophy and STS concern philosophical considerations and practical reflections of various issues such as science, technology and public policies, some global issues such as environment, ecology, energy and population, and STS education. The publication of the Series can spread academic accomplishments very quickly so as to push forward the implementation of the strategies mentioned above.

China is an ancient country with a long history, and Chinese people have written a heavy stroke on both human science technology development history and on philosophy history. "If China hasn't put out its values so far, it cannot be referred to as a huge power", somebody comments now. Academic research, in particular philosophical research, is an important part of something that forms values. It is hoped that Chinese academic genius starts off with this to contribute to another brilliant page in the world's ideology history.

Finally, our heart – felt thanks are given to authors of the Series for their handwork, to the editing committee for their active support, and to Chinese Social Science Publishing House for their efforts and devotion to the publication of the Series.

Chen Fan and Luo Ling – ling on the South Lake

of Shenyang City in May, 2008

自　序

本书重申传统的思想主题，仅限于技术哲学领域，力倡以中国文化传统资源，演绎中国发展问题的宏大叙事。

中国人口占世界人口 1/5，它消耗着世界一半的水泥，1/3 的钢铁和 1/4 的铝，目前石油和铜的进口量分别是 1999 年的 35 倍和 23 倍。据国际能源机构估计，中国 2030 年石油进口量将是现在的 3 倍。中国发展过程中的"资源消耗"如此强劲，以致对世界任何国家都可以说是一种"现代化的时空压缩"。但这种时空压缩无疑是通过引进西方的"先进技术"实现的，而这一过程又不只限于自然资源消耗，还包含中国传统文化资源的衰退或破坏。如果说这种情况被批评为一种"不可持续"的话，那就需以自身的文化传统为营养激发中国人的自我创造能力，"重回"因引进技术所忽视的人文和本土背景。因此所谓重申传统，与其说是对中国古代技术哲学思想传统的探索，毋宁说是对中国自治技术发展问题的现实关注。

本书在展开以上主题过程中，始终关注如下四个问题：一是中国古代思想家那里是否存在一种技术哲学传统？二是对西方现代主义技术哲学的机械论范式应该采取何种程度的批判？三是近代以来中国知识界对于西方机械论范式究竟采取了什么样的学术态度？四是归结起来，中国传统技器道思想是否尚有其现实意义？对这四个问题，笔者试图从中国现实出发，诉诸中西技术哲学思想比较，给予一种小心翼翼的辩证性整体论回答。但越是如此谨慎地展开研究，便越觉得这些问题牵扯的思想历史考察之艰深和复杂。这种复杂无疑使得该主题并不限于本书论述范围，其中涉及更多学术问题及细节只能待以后继续思考，望有志者批评指正，多提宝贵意见。

对以上主题的最初思考，源于 2004 年夏天在东北大学出席"中国技术哲学与技术伦理研讨会"（沈阳），与大连理工大学王前教授就其"道进乎技——中国技术思想史的逻辑起点"一文的谈话。出乎意料的是，我从中觉得中国古代技术哲学传统也许是一个较好的学术方向。同年年底，应中国科学院研究生院李伯聪教授之邀，为其主编的《工程研究：跨学科视野中的工程》第 2 卷（北京理工大学出版社 2006 年）一书，撰写了"空间性分析：对中国工程历史的一种哲学探索"一文。正是以此为基础，笔者开始构思本书写作提纲。期间曾与同事黄凯旋副教授围绕提纲进行多次讨论，他的热心建议使本书提纲不断获得修改并趋于自我感觉上的完美。

　　本书最终进入写作来自两方面鼓励：一是 2006 年以"中国传统技术思维及其当代价值研究"为题，获得广东省社科基金赞助一般项目立项；二是 2007 年以同一题目，列入教育部"985 工程"科技与社会（STS）哲学社会科学创新基地（东北大学）STS 研究文库出版计划。前者预定于2008 年年底结项，后者原计划于 2007 年年底交稿。这种情形促使我加快了写作速度，但还是无法按照 STS 研究文库出版计划交稿。这里要向东北大学负责 STS 研究文库出版计划的陈凡教授和罗玲玲教授，特别致以万分的歉意。

　　无论如何，本书在一年多时间完成，挤占了许多与家人相处的和谐时光。在家庭事务方面，如果不是妻子的慷慨和辛劳，我便不能一心致力于费时的阅读和写作。写作期间恰逢女儿升初中，现在为初二最后一个学期。女儿于 2006 年秋季因小腿骨折住院，在照顾女儿生活时尽可能阅读了不少文献。但女儿病后学习的勤奋并取得优异成绩，反而成为我写作此书的精神榜样。更为重要的是，她惊人的学习毅力不仅令我宽慰，而且也使我不必太为她的学习成绩担心，从而可以全身心投入本书的初稿写作。对她们和以上相关机构、学术同行和同事，以及其他对我具有实际帮助但尚未提到的朋友，我表示深深的感谢！

李三虎

序于羊城黄花岗御龙庭

2008 年 3 月 28 日

目　　录

第1章　导论:从现实中走近中国技术
哲学思想传统

　　进入 21 世纪以来，在中国意识形态和学术话语中，不断涌现出大量成对的关键词语：粗放/集约、增长/发展、断裂/持续、自然/人文、城市/(新)农村、失衡/和谐、风险/治理、私权域/公权域、片面/全面、二元/多元、不公/公正、控制/民主、硬实力/软实力等。从现实来看，这些词语既反映了当代中国在开放的经济高速增长之后频频出现的社会危机（如收入差距拉大、环境污染、城乡分割、社会不公等），使知识界和决策者们对"进步"的意义产生了深度焦虑，又表明中国急切地需要对国人一直追随的西方进步理念或现代化模式进行适当本土化转换。这种思想焦虑或实践模式转换意识，如果聚焦到"技术"这一自西方启蒙运动以来最重要的现代性事业上来，并诉诸中国传统文化的历史深度加以思考，便需要从跨文化比较视角，积极地挖掘或诠释中国技术哲学思想传统的当代积极意义。本导论首先从对目前我国自主创新和创新型国家概念显现出来的技术中国与民族复兴的总体文化关系出发，进入到对"李约瑟难题"作为历史问题的现实哲学追问，然后在比较视角下走近中国技术哲学思想传统。

1.1　技术中国与民族复兴的文化总体向度

　　随着中国经济近 30 年的加速度增长，"中华民族的伟大复兴"也成了中国人追求现代化进程的一种深刻历史意识。这种历史意识有两个参照系：其一是中国在历史上曾经有过辉煌，其二是中国自现代社会以来，较之西方国家陷入了贫穷落后的被动境地。按照这种参照，所谓民族复兴便是在民主、富强、文明和统一意义上恢复中华民族在世界民族之林的大国崇高地位，再现民族优秀传统文化活力，实现中华文明的品质转换，全面提升综合国力。从目前大国和平发展的政治和公众话语来看，所谓综合国力包括"硬实力"和"软实力"两个方面。前者意指军事和经济力量，后者则指文化和意识形态力量。但应该看到，在今天的全球化时代，任何所谓民族复兴、大国崛起或国家实力提高战略设计都不能脱离科学技术这一关键力量。如果把当代军事和经济力量还原为对大科学和高技术的优势仰仗的话，如果中国不是一味步发达国家后尘或一切照搬外国发展模式的话，那么目前有关大国和平发展或民族复兴的任何话语均应诉诸以"文化中国"成就"技术中国"之技术社会建构的历史文化政治转换策略。

随着西方"软实力"理论兴起和传播①，随着我国经济"硬实力"基础增强，"文化中国"这一"软实力"的"国家形象"叙事也开始从学术语境进入政治话语之中。美籍华人学者杜维明曾强调，"文化中国"这一说法的主词是"中国"，其族群、区域和语言之含义非常明显②，冠以"文化"是"为了突出价值理念，强调人文反思，使得中国也成为超越特定的族群、地域和语言含意的想象社群"（杜维明，2002 年：439）。这一理论框架从历史向度显现出了作为国家地域范畴的"中国文化"的全球性政治认同，但当把"文化中国"作为一个文化社群概念与"政治中国"、"经济中国"甚至"技术中国"这类明显带有国家地域特点的术语并置时，便立刻显示出它的空间中心特征。如果认为"文化中国"是一个"既渗透政治和经济之中，又凌驾政治经济之上"（同上）的历史化概念，那么就得在国家政治和技术经济意义上，回到中国文化深厚的历史流变中来理解"文化中国"概念。这里实际上存在着一个中国传统文化的当代转换命题，只不过这一转换命题并不能单纯地着眼于中国传统人文精神转换本身，必须要诉诸确立"Made in China"（中国制造）这一技术发展的文化转换线

---

① "软实力"或"软力量"（soft power），是哈佛大学肯尼迪政府学院主任约瑟夫·奈（Joseph S. Nye, Jr.）于 1990 年代，基于反美情绪高涨的国际政治形势提出的理论概念，其政治诉求是：美国应通过国家的文化、价值观和内外政策等非物质力量的国际传播，来吸引、影响或控制他国行为的能力（Nye, 2004）。

② 杜维明把"文化中国"这一命题分为"三个意义世界"来加以理解（杜维明，2002 年）：第一意义世界（或象征世界）就是西方所谓的"Greater China"（大中华），它不只是一个历史文化概念，也是一个精神意义世界概念；第二意义世界是指散布并侨居于世界各地的"华人社会"，他们近年来渐有自视为属于中国"离散族裔"（diaspora，即游子心态）的倾向；第三意义世界是指和中国既无血缘又未必有婚姻关系，但和中国文化结下不解之缘的世界各阶层人士，他们力求从思想上理解中国，为"文化中国"增注了更多的精神资源和价值。

路。这就要求在现实意义上利用传统文化资源扩大其对技术发展的解释能力，充实"中国制造"的本土文化特色，转换出"中国创造"（Created in China）的国家形象。也就是说，"技术中国"需要通过"文化中国"包含的"中国文化"来加以塑造。

在民族复兴意义上，只要"中国制造"不是出于自主的创造或创新，就很难确证"技术中国"的文化形象。众所周知，18 世纪末期英国发生了工业革命，西方发达国家自那时以来在经济发展过程中，不断将技术稳固地建立在现代科学基础之上，同时通过启蒙运动的思想努力造就了以现代技术文化（机械隐语或工具理性）为基础的形式化现代性模式，并到处复制开来。马克思在《资本论》序言中谈到，尚处在农业社会的德国可能会受到英国发展影响时，用了一句拉丁语"de te fabula narratur"① （《资本论》第 1 卷，1975 年：8、850~851），意思是说德国人可以从英国人那里看到自己明天的情形。当时德国人也许会为英国工人在工业化冲击下所处的艰难处境而聊以自慰，甚至有些不屑一顾，但现代性的模仿机制意味着英国今日的故事正是德国明日的故事。马克思当时在苏格兰，用德文写作《资本论》。他正是从发端于英国的工业革命中，看到了德国的未来情形。确如马克思所见，德国工业革命很快就在 19 世纪末发生了，接着俄国和日本也成为工业化国家。马克思有关晚进现代化国家重复英国工业模式的预言是否正应验在中国人身上，也即"中国制造"是否会重复西方模式，的确成了一个重要的技术哲学或社会学主题。

当代中国的加速经济发展，往往把日本、美国和欧洲国家看做自身现代化的增长模型，但中国必须要面对如下现实的国情：作为发展中的人口大国，其自然资源相对不足。这与俄罗斯和日本形成了明显对比：俄罗斯作为一个大国拥有丰富的资源和能源，日本作为经济强国，对国际能源市场的影响仅仅表现为能源总需求的小幅上涨，只要通过新能源的开发和探索，就能轻易满足其能源需求。在这种意义上讲，西方新马克思主义者，加拿大弗雷泽大学教授芬伯格（Andrew Feenberg），对中国经验表示了如下忧虑："当中国模仿当今工业化社会的非常浪费的消费模式时，会在原

---

① 马克思引用的这句拉丁语出自贺瑞西（Horace）的《讽刺诗集》第 1 卷第 1 首，这句诗完整的表达是"Quid rides? Mutato nomine, de te fabula narratur"，意思是："阁下何以还笑呢？只要换一个名字，这说的正是阁下的事情！"

料市场特别是能源市场造成严重的供需失衡。这种越来越严重的失衡对社会秩序造成威胁，而解决这个问题的有效措施与这种浪费的方式难以相容。"（芬伯格，2006年：16）这一忧虑并不意味着中国一定要固守贫穷，但如果鉴于资源不足的国情而无法在形式化的市场意义上模仿西方人的消费模式，那么中国在现代化过程中模仿西方科技知识、方法和设计是否能够解决资源短缺问题呢？科技知识和方法的相互学习和交流已经有数千年历史，中国古代技术知识也曾为西方仿效过。不能从全球性科技知识资源中汲取营养，就必然意味着自身相当缓慢的发展速度。我国曾经一度流行的"科学技术是第一生产力"，"科教兴国"这类口号，如果不是本土文化的内生结果，其意识形态基础的确就是模仿或学习西方科技知识和方法。这种模仿或学习是否必然会带来资源集约的经济消费方式呢？这一问题的实质显然不在于是否应该学习或模仿西方科技知识，而在于不能抽象地把模仿科技知识与模仿富裕的消费模式割裂开来。西方科技知识是附着于其文化而生长的，如果把科技知识看做脱离价值背景的理性方法和手段来加以模仿和发展，为能支撑资源集约的消费模式，就必须要附着于中国文化来加以转换，因为在技术转移过程中，技术接受方虽然可以接受一种价值中立的知识、方法和手段，但在进入针对市场开展的应用设计过程后，这时消费偏好的技术价值嵌入过程便成为一种本土文化现象。

但中国学习或模仿西方科技知识，并未能如期成为一种文化重塑过程。当代中国一度盛行着有关现代化的如下经济学理论：贫穷的农业国必须要基于价值中立的技术基础，遵循从低到高的发展道路，最后要达到的当然是西方尤其是美国的生活方式。如果坚持这一理论路线，那么必然是以大洋彼岸的美国来决定中国的未来梦想。也正是沿着这一理论路线，目前我国众多学者将现代化过程的经济增长障碍归结为中国的历史和文化沉积。在这里传统文化不是被认为经济社会发展的重要资源，反而成了"障碍"，这不能不说是一个重要的意识形态问题。这里无需对这一问题作进一步说明，只是要指出：在不同历史阶段，国家富裕、成功以及和平发展的标准必然与当时文化因素息息相关，而文化因素作为一种历史积累在经历适当转换后又必然嵌入适应生态资源水平的技术创新过程。芬伯格就此进一步提出了如下问题："当类似中国这样的现代化进程中的国家必须依靠从国外引进知识和技术时，是否还存在出现这种对消费模式作出内生性调整的可能呢？"（同上）他也许忽略了其他诸如资本、制度之类的许多价值因素，但我国目前出现的生态危机和资源短缺问题，毕竟与引进西方消费方式和服务于这种消费方式的技术转移存在着直接关系。这一问题显然已经受到中国各个阶层的关注和反思，并被包含在了我国主流意识形态导向的诸多肯定性理念陈述中，如"集约型经济增长方式"、"自主创新"、"创新型国家建设"等。

必须要充分注意到，任何一个国家的关键技术和核心技术都不能通过正常的国际交易获得。这是一个不大为自由主义经济学家关注的国际经济政治事实。整个全球经济格局必然是：大量跨国公司云集的发达国家始终处于世界产业格局上游，发展中国家产业则被跨国公司控制，处于世界产业格局下游。所谓经济全球化其实不过是发达国家剩余的资本、技术和商品的全球自由流动，其规则为发达国家制定，必然有利于发达国家自身。如果我国自主技术创新能力长期不能获得根本提高，有可能影响到国家战略利益，突出表现是："中国制造"无法突破发达国家及其跨国公司的技术垄断和技术贸易壁垒，从而无法获得有利的贸易地位和竞争优势。进一步说，如果我国高技术产业和装备制造业的关键技术和核心技术只能受制于发达国家的跨国公司，不仅经济稳定容易受到全球供需格局和价格变化影响，而且还会牵涉到我国自身的生态可持续发展以及复杂的国际政治问题。正如芬伯格以一个外国人的印象陈述道：

> 大量引进西方的思想和技术意味着中国进入世界市场后可能对市场本身造成根本性改变，中国必须预见到这些改变并相应地规划未来。关于中国发展的故事，美国、日本或其他任何国家都不是先例，中国要依据他自身的文化、资源和梦想来写就他的未来。（芬伯格，2006 年：18）

芬伯格上述陈述虽然不能避免西方人独有的"中国威胁论"之嫌，但他在社会建构论意义上揭示了技术产权的民族本土特性，表明如果我们把经济全球化作为发展机遇，必定要以有民族特色的文化资源为基础积累自身的科技优势，把"文化中国"包含的"中国文化"的软实力附着到"中国制造"的自主技术创新中，最终确立"技术中国"的硬实力形象。只是这种陈述又引出了另外一个问题：在中华民族的伟大复兴中，"技术中国"的历史文化形象确立是否包含了古代中国辉煌技术成就的创造性再现意义？这一问题涉及的是一个跨时代的跨国别技术历史比较研究领域，而这一领域无疑与对"李约瑟难题"的现实追问密切相关。

1.2　李约瑟难题：历史问题的现实追问

如果说从古代技术到现代技术的跃迁或变革在很大程度上源自西方现代自然科学突出发展的话，那么英国科学家李约瑟（Joseph Needham）将中国古代技术与西方科学技术联系起来，作了引人注目的历史、社会甚至哲学比较研究。在西方学者中，这种比较研究当然也可以从德国社会学家韦伯（Max Weber）于 1920 年为其《宗教社会学论集》所写的"导论"①中看到。他认为"研究任何世界历史的问题"不能不关注如西方科学这一现代性现象的"具有普遍意义和普遍价值的发展"，尽管"具有高度精确性的知识与观测在其他地方也都存在，尤其是在印度、中国、巴比伦和埃及"，但它们远未达到"唯有在西方"才达到的"合法有效的""发展阶段"（韦伯，1987 年：4）。韦伯提出的这个研究主题，离李约瑟的中国科技历史研究专题只有一步之遥，但李约瑟在探索中国古代科学和技术的社会、文化和本体论基础方面，却超越韦伯走得更加深远。李约瑟高度赞赏中国古代科学技术及其伟大成就，同时也敏锐地意识到中国缺乏现代意义的西方科学。他为此大约在 1938 年着手撰写中国科学技术史的专题著作时，就提出了现在被称为"李约瑟难题"②的科技史比较研究的基本问题："现代科学（如我们所知自 17 世纪伽利略时代起）为什么不在中国文明（或印度文明）中间产生，而只是在欧洲发达起来"（戈德史密斯、马凯，1985 年：148）。可以说，正是这一难题引导着 20 世纪以来的国内外科技史学者们，在跨文化比较意义上对中国科学技术史进行了大量的探索和研究。

有关"李约瑟难题"，目前国内外科学史界存在各种争论，其核心问

---

① 该导论后来被社会学家帕森斯（Talcot Parsons）翻译成英语，作为《新教伦理与资本主义精神》英文版（首版于 1930 年）的作者导论发表。

② 这一问题其实并非李约瑟首创，最早有耶稣会士利马窦于 16 世纪末就感慨中国天文历算何以停滞不前，而清代中期耶稣会士巴多明曾对此做过深入分析。李约瑟作为这些先辈的后继者，于 1944 年参加了中国科学社在贵州湄潭召开的年会，在汉语世界初步表达了现代实验科学何以发生于西方而不是中国问题的看法，这使李约瑟难题正式成为中国科学史的中心议题。

题是：中国古代科学与西方现代科学有何差异？韦伯曾经说"中国没有理性科学"①（Weber，1951：151），但他并没有指出中国古代科学与西方现代科学之间的实际差异。李约瑟将现代科学等同于伽利略工作相关的自然数学化（有时也强调现代实验科学），由此认为古代中国整体上缺乏这样的科学。例如，中国传统的"生物学"根本算不上独立的科学，因为它的思想主要来自哲学著述、药物史著作、农业和园艺论著、自然物群专论和各种便笺记载等。与此类似，席文（Nathan Sivin）认为："不像欧洲和伊斯兰世界的大学和学院那样能够综合各种学科门类，（中国）诸学科（sciences）并不能在哲学统摄下得到综合。中国人拥有诸学科，却不拥有科学（science），不拥有众学科相拱之的统一概念或词语。"（Sivin，1984：533）换言之，古代中国一定的诸理论学科并未如在欧洲和阿拉伯—伊斯兰文明中那样获得高度发展。假如这种判断正确的话，那么如果以现代科学为基础来陈述李约瑟难题，就会出现两种否定李约瑟难题存在的观点倾向：一是认为中国古代只有应用技术而没有科学，中国古代的自然科学从来没有领先过，也就谈不上以后的衰落问题；二是认为中国古代的自然科学与西方的自然科学有着完全不同的研究对象和研究方法，中国的自然科学在近代也并没有落后于西方，只是西方列强的入侵打断了中国自身的科学发展。前者主张中国古代并不存在现代西方意义的自然科学，后者则主张中国古代有着与现代西方完全不同的自然科学，因此被人们分别称为"历史虚无主义"和"狭隘民族主义"（赵显明，1999 年：45）。也许人们可以从中国历史中寻找更多的科学史证据来对抗这两种观点，但从科学史意义的李约瑟难题转向技术史意义的李约瑟难题，则可以展示出其更为丰富的技术哲学意义。

李约瑟本人在陈述中国科学在伽利略（Galileo）科学革命之前优于西欧这一历史命题时，是基于这样一个理论前提："对历史上的科学与技术不能或不应作出任何有意义的区分"（Huff，1993：35）。从历史发展来

---

① 大约在韦伯提出该问题前后，我国一些科学家和哲学家也提出了类似问题：科学家任鸿隽（1915 年）把中国没有科学归结为没有科学方法，王琎（1922 年）把中国科学不振归结为专制政治和缺乏学术独立，竺可桢（1935 年）认为中国没有发展出现代实验科学的原因在于不善使用科学工具和缺乏科学精神，至于哲学家冯友兰（1921 年）则主张中国之所以没有科学实是中国人为人生哲学而不为科学（参见秦英君，2005 年：351～353）。他们在很大程度上将西方现代科学与中国传统人文对立起来，这种二元分立方法直到今天还影响着我国学术界对李约瑟难题的探索和分析。

看，现代科学与现代技术只是到 19 世纪才得以实质性地联系在一起。在此之前，自然知识和原理远远落后于技术，但在今天力学、运动、水利、热力学、化学、遗传学、微观粒子行为的原理和知识直接成为技术创新的智力源泉。所谓技术，是应用科学这样一种观念，只有现代意义的科学原理和知识应用于自然操作才能存在。在这种意义上讲，中国从 2 世纪到 15 世纪中期的技术优于西方技术这一李约瑟难题的技术历史表述，便不能完全诉诸现代西方意义的科学背景，而应该诉诸包括哲学观念在内的更为广泛的社会文化历史比较背景。为了说明这种历史比较深度，下面就李约瑟提出该问题的明确表述给予详细引证：

> 在不同的历史时期，即在古代和中古代，中国人对科学、科学思想和技术的发展，究竟作出了什么贡献？虽然从耶稣会士 17 世纪初来到北京以后，中国的科学就已经逐步融合在近代科学的整体之中，但是，人们仍然可以问：中国人在这以后的各个时期有些什么贡献？广义地说，中国的科学为什么持续停留在经验阶段，并且只有原始型的或中古型的理论？如果事情确实是这样，那么在科学技术发明的许多重要方面，中国人又怎样成功地走在那些创造出著名"希腊奇迹"的传奇式人物的前面，和拥有古代西方世界全部文化财富的阿拉伯人并驾齐驱，并在 3 到 13 世纪之间保持一个西方所望尘莫及的科学知识水平？中国在理论和几何学方法体系方面所存在的弱点，为什么并没有妨碍各种科学发现和技术发明的涌现？中国的这些发明和发现往往远超过同时代的欧洲，特别是在 15 世纪之前更是如此（关于这一点可以毫不费力地加以证明）。欧洲在 16 世纪以后就诞生了近代科学，这种科学已被证明是形成近代世界秩序的基本因素之一，而中国文明却未能在亚洲产生与此相似的近代科学，其阻碍因素是什么？另一方面，又是什么因素使得科学在中国早期社会中比在希腊或欧洲中古社会中更容易得到应用？最后，为什么中国在科学理论方面虽然比较落后，但却能产生出有机的自然观？这种自然观虽然在不同的学派那里有不同形式的解释，但它和近代科学经过机械唯物论统治三个世纪之后被迫采纳的自然观非常相似。（李约瑟，1990 年：1~2）

从以上引证来看，李约瑟虽然在西方意义上使用了科学、知识、发现这类科学观字眼，但他也使用了诸如经验、技术、发明和文明这类技艺实践观字眼。从中国古代世界来看，如果说像席文那样认为的，各种学科领域（如医药、木工、建筑、算术、炼金术等）不能在科学的统摄下得到现代意义的理性化发展的话，那么这些生产性或智力性领域的活动均可统属于"技"、"艺"、"工"这类名下得到实践的发展，即使数学这样的"纯粹智力活动"作为一种"艺"也能得到倡导。在这种意义上讲，韦伯意义的理性的科学发展不过是从古代技艺领域中分化出来的现代性现象，从而成为李约瑟所说的"近代世界秩序的基本因素"。由此来看，李约瑟无论是追问中国人在不同历史时期对科学、科学思想和技术发展作出何种贡献或中国科学何以持续停留在经验阶段，还是谈及中国人在科学技术发明方面走在古希腊人前面、与阿拉伯人并驾齐驱以及领先于欧洲人，其涉及的基本范畴均可以归结为技术方面的历史比较。因此李约瑟难题与其说是一个科学史命题，还不如说是一个技术史命题。

上述命题转换并不意味着要消解科学史意义上的李约瑟难题，也不意味着要在技术史意义上追问李约瑟难题。只是想从李约瑟的问题陈述中指出古代技术与现代技术存在着不同范式，以便阐发其对中西技术哲学思想比较的历史和现实意义。李约瑟使用了不同词汇，来描述不同历史阶段的（科学）技术发展状态。他提到的"经验阶段"意指古代技术范式，它为比较古代中国与古希腊和古罗马的技术哲学思想提供了平台，其中"有机的自然观"代表了中国古代技术范式的传统特色。他提到的"机械唯物论"代表了西方以现代自然科学为基础的现代技术范式，至于"被迫采纳的自然观"这一字眼则表明西方人对现代技术范式的积极反思，代表了现代技术范式转换的当代价值诉求。毫无疑问，现代技术作为经济社会发展的最重要元素，在人们的现实观察中的确正在形成这样一种两难镜像：以机械为特征的现代技术发展和机械隐喻的现代化过程，无疑最大程度地改变着自然世界和社会世界，推动着世界各国工业化、城市化等的普遍实现；另一方面也以前所未有的力量加速着自然生态环境的恶化，并以合理化的"技术文化"（机械论范式）到处都在替代着传统道德秩序。因此李约瑟特别指出的中国古代"有机的自然观""和近代科学经过机械唯物论统治三个世纪之后被迫采纳的自然观非常相似"，实际上暗含了中国古代技术范式对于西方现代技术范式转换的现实意义。

从中国现代化的现实来看，如果认为现代技术范式本身需要面对诸如生态危机一类的全球性问题或现代性问题，同时又认为技术进步仍是中国一项未竟的现代性事业，那么就需要在现代技术反思中推动技术文化范式转换。由此我们可以超越中国何以没有产生现代科学引导的技术发展这一技术史陈述的李约瑟难题，从全球化中的当代中国技术现实出发，通过分析中国古代技术哲学思想传统，积极挖掘中国古代技术范式，使其融入当代中国的现代技术范式转换中体现中国自身的文化特色，从而在科学发展与社会和谐意义上推动中国现代性或现代化事业采取一种不同于西方的文化选择。这种现实要求表明，必须要超越人们目前围绕李约瑟难题所使用的"领先/停滞"、"先进/落后"、"文明/野蛮"之类的意识形态话语，诉诸一种比较视角的技术哲学研究。

1.3　比较视角的当代技术哲学研究进展

自工业革命获得发展动力后 200 多年来，世界上已有一半人口以上为了生存需要与必需的技术系统牢牢地捆绑在一起。在这里现代性或现代化成了一种殖民主义概念，除了复制和扩大西方技术和文化发展范式之外似乎再无别的出路。这一观念当然也以技术哲学的形式反映出来。一般认为，德国学者卡普（Ernst Kapp）的《技术哲学纲要》（1877 年）标志着技术哲学的正式诞生，其基本出发点是西方现代主义的典型观点：就技术自身逻辑来说，他认为技术发明是对人体想象的"物化"，工具、武器等是各种"器官的投影"；就技术实践的社会后果来说，他主张技术进步标志着知识、文化和道德的进步和人类文明程度的提高（拉普，1986：4）。如果把这种技术哲学的两个方面统一起来，可以认为技术作为物化的工具不过是要达到在空间上无限延伸人的器官的目的而已。芬伯格将这种技术界定称为"现代性的技术性理解"，认为"现代性是西方传统，更明确地说是美国文化这一特殊传统的表达方式"（芬伯格，2003 年：中文版序言）。这一信念的基本假定在于，只有一种最为先进和最好的技术发展形式，它是西方世界的历史成就。这种假定属于决定论的技术哲学范畴，其潜在意义是包括中国在内的非西方国家均没有能力解决自身发展的技术问题。为了挑战这一决定论的技术哲学假定，需要对人类学比较视角的技术哲学进展作一考察。

从人类学角度看，技术哲学的一个基本术语是"homo faber"（"劳动人"）。这一拉丁词语意指制造、建造、建设、发明、构造和创造之人，其对应的客体是"人工造物"（artefact）。人工造物并不局限于工具和机械，语言、思想和符号也属于人工造物范畴。但18世纪工业革命以来，这一术语的广泛含义在现代西方世界变得日益狭窄，并局限于工业社会或现代技术范畴。英国历史学家卡莱尔（Thomas Carlyle）把人界定为"使用工具之动物"（tool - using animal），美国《独立宣言》起草人之一富兰克林（Benjamin Flanklin）更是把人定义为"制造工具之动物"（tool - making animal）。俄国作家布洛诺夫斯基（Jacob Bronowski）接受富兰克林的这一界定，进一步认为："只有勇敢地付诸行动而不是沉思冥想，才能掌握这个世界。手比眼睛更加重要。我们不再属于远东或中世纪文明的那种听天由命和沉思冥想，远东人或中世纪人相信世界仅只用来观看和思考，他们不采取我们特有的形式去实践科学。我们是有活力的，我们确实知道，在人的进化过程中有比象征性的偶然事件更为重要的因素，那就是正是手推动了人类大脑的渐次进化。现在我们认为，人在变成人之前制造了工具。1778年富兰克林称人为'制造工具之动物'，这是正确的。"（Bronowski, 1973：115～116）在这里他要表明的是：人因为其工具而不同于动物，按照同样的标准，西方人因为现代科学技术也不同于非西方人。

对于以上人类学的技术哲学观点，道格拉斯（Mary Douglas）在为杜蒙特（Louis Dumont）的《人类的分层结构》一书所写的序言中认为，"不能把社会学探索限制在现代工业社会和人的当下行为方式的社会思想"，因为"我们如果错误地将目前有关人的本质的思想看作是永恒的自然规律，就会在面对人类直觉的文化限制时茫然失措"（Dumont, 1980：13）。这表明当代西方哲学的技术困扰是，试图终结人仅仅作为"制造工具之动物"的思想理路。人文主义学者芒福特（Lewis Mumford）直接挑战如下的现代主义思想现象：把人作为一种工具——使用——制造之动物进行近乎普遍主义的哲学描述。在他看来，不能因为人对工具的明显需求而过分强调工具在早期人类发展中的作用，因为在"homo spiens"（"智力人"）兴起之前，其他许多物种（如昆虫、鸟类和哺乳动物等）曾经进行过一系列的根本创新活动（如筑巢、搭凉处、蜂窝、蚁丘、海狸聚集等）。"如果仅以熟练的技巧来辨别和培育智能的话，那么人与其他许多物种相比长期处于蠢笨阶段。"（Mumford, 1967：5）他这里要说明的是，对"劳动人"的狭窄描述并不能将人同动物区分开来。同样的，人与动物的诸多区分，如学习、概念化、计划、使用和制造工具、语言、计算、艺术和伦理意识等，只是程度不同，不是根本性间断。芒福特为此建议道："我们应该反躬自问，在漫长的岁月中，人类究竟采取了何种行动达到了这样的高度，即能够在后来熟练地使用同样的材料和肌肉运动塑造出更为优良的工具。"（同上：6）人类学家格尔茨（Clifford. Geertz）为芒福特的这一建议提供了支持，他基于考古学和古生物学证据把更新纪灵长动物置于原始人类谱系加以考察，认为"劳动人"的大脑三倍于更新纪灵长动物这一现象很大程度上伴随着文化的开端和发展。也就是说，文化包含了较之工具完善更丰富的内涵，如有组织的采集和狩猎实践、真正的家庭组织开端、火的发现以及适应居住环境、交往和自我控制的各种符号系统（语言、艺术、神话、礼仪等）依赖等。所有这些方面都为人类制造和使用工具提供了必须要适应的新的环境，从而使工具制造必须要同其他文化因素结合在一起才能推动人类大脑进化：

> 由于工具制造要辅以手工技能和深谋远虑，工具引入必须用来转移选择压力以支持前脑的迅速增长，因此有理由相信，正如各种可能的现象一样，社会组织、交往和道德规则方面的任何进展也出现在文化与生物变迁之间的相互重叠时期。（Geertz，1973：61）

在哲学人类学家看来，除了"劳动人"一词外，还有"homo ludens"[①]（"游戏人"）、"homo symbolicus"[②]（"象征人"）和"社会人"[③]（homo sociologicus）三个词语用来进一步描述人类的非技术特征。由于在工具制造能力意义上界定的"劳动人"忽视了"智力人"使用和制造工具以外的更为丰富的文化和社会内涵，因此在理解早期阶段的人类文明方面，"游戏人"、"象征人"和"社会人"实际上弥补了"劳动人"这一词语应该包

[①] 荷兰历史学家惠青伽（Johan Huizinga）在 1933～1937 年期间作了大量演讲，后来收入《游戏人（1937～1950 年）》这一文集中，首次提出"游戏人"这一概念，用来说明人类游戏、勤劳和简朴的文化现象。

[②] 哲学人类学家卡西勒（Ernst Cassirer）曾著有《象征形式哲学》一文，后来发表有《论人》（1944 年）一书。在这些论著中，他提出了人生活的非物理的象征世界，包括语言、神话、艺术和宗教等文化现象，实际上包含了"象征人"的哲学内涵。

[③] 达伦多夫（Ralf Dahrendorf）使用这一概念将人作为一种社会动物，以便在现实世界中对人的行动进行整体描述。

含的文化和社会内容。这意味着"劳动人"是一个技术—文化的人类整体形象：人类的思想、价值观、社会行动甚至情感，正如神经系统一样，是出自其出生时具有的能力、倾向和见解的文化产物，人类的工具技术能力与其社会的组织和交往交织为一个整体系统。在这种意义上讲，每种文化均拥有自身的技术系统，不同民族的技术能力必然受到自身的自然和文化环境限制。进一步说，文化生态属于更大的自然生态的亚系统，物质文化或技术系统构成了文化生态与自然生态的桥梁。自然环境在"劳动人"之前就存在，如果说"劳动人"以其灵巧的手塑造了自然环境的话，那么自然环境反过来也塑造着"劳动人"自身。因此全球文明进程并不必然向西迁移或自西向东迁移，而是沿着资源、田野的地理分布方向以及人口的社会聚集方向移动，并伴随着技术与文化的整体运动。由此可以把人确立为包含"劳动人"、"游戏人"、"象征人"和"社会人"等特征在内的异质"智力人"形象，这种人的全面发展特征成了哲学人类学比较不同民族的技术范式的基本前提。

荷兰学者福布斯（R. J. Forbes）作为最早的技术史家，在其第一部技术史著作《人：制造者》（1950年）中认为，技术是人类一项整体事业，没有一个地方的人可以说他比其他地方的人更有天赋和才能。他后来的多卷本著作《古代技术研究》包含了丰富的技术史和技术哲学内容，对亚洲、非洲、前哥伦比亚的美利坚和欧洲的不同技术给予了精彩描述。他尽管在《自然的征服》一书中试图以哲学人类学的"自然控制"这一西方观念来统摄不同文化背景下的多种人类技术行为，但在结尾却宣称西方人要从东方人的技术逻辑中获得拯救。德国学者克莱姆（Friedrich Klemm）撰写的《西方技术史》（英文版1959年）提供了一幅纯粹西方技术发展的历史图画，有意思的是李约瑟几乎同时也完成了有关中国技术史的第一卷。与此同时，辛格（Charles Singer）等人主编的《技术史》（5卷本）也陆续出版，但却忽视了前工业社会的中国技术发展历史。这种处理方法显然与其将技术与其他有关因素割裂开来加以研究有关，它反映了当时学者们的技术哲学态度，即只是"从'通常如何做事或造物'或'做何事或造何物'的技术定义加以推演"（Kranzberg & Davenport，1972：17）。这种推演一般被称为技术发展的"内部主义"（internalism）模式，其理论前提是导向西方现代技术的唯一因果链条，就是西方现代技术是世界文明的唯一重要方式。对于这种态度，西班牙哲学家加塞特（Ortega Gasset）给予了较为清晰的批判：

> 我们的时代有一种自发但却浅薄的倾向，就是相信基本上只有一
> 种技术，即当前的欧美技术，其他所有技术都不过是笨拙的口吃，尚
> 未成熟的尝试。我反对这种倾向，坚持把我们目前的技术看作是所有
> 技术中的一种，是人类巨大而包含多重样式的技术全景中的一种，从
> 而使这种技术的意义相对化，并表明每种生活方式和生活设计都有其
> 相应的特定技术形式。（Gasset，1972：306）

任何所谓内部主义理论之所以不能以另类的原理和目的来对其他形式
的技术系统的现实存在给予足够关注，显然与如下两个因素相关：一是试
图将非西方文明对西方技术发展的影响降到最小化程度，二是将某些积极
的内部动力要素还原为西方文化本身，以此来解释西方现有的技术地位。
诸如李约瑟、格雷汉姆（A. C. Graham）、怀特（Lynn White）等西方技术史
家，虽然已经表明古希腊的理性精神并没有取得如中国那样的技术优势，
并以大量史料证明来自中国的许多伟大发明（如印刷、火药和指南针等），
但中国古代发明对大多数西方学者来说并不重要，重要的意义不在于它们
来自中国，而在于它们填补了西方技术发展的现实差距。就第二个因素来
说，如果认为西方人与生俱来的技术天赋或能力扎根于西方文化本身的动
力要素中，那就很难在缺乏西方文化及与西方技术发展相关的社会条件
下，解释其他非西方文化背景下的可选择技术事实。其他非西方技术系统
的现实存在引起的这种理论困难，迫使多数西方学者采取了武断的做法：
完全忽略可选择技术发展的文化价值。其结果是，正如阿尔瓦雷斯
（Claude Alvares）指出的，"如果说西方技术史家追根溯源，解释西方人何
以在技术上'赢得'优势的话，那么他们的社会学、宗教学、心理学、人
类学和史学同事们就会发现将他们的分析工具聚焦于非西方文明，探索其
文化传统何以不能产生或培育西方近代历史那种明显的技术发展，这有着
无穷的'魅力'"（Alvares，1991：36）。在这里非西方文明的哲学、宗教
和传统总是作为技术进步的"恶根"而被逐出历史比较背景，唯一的办法
就是寻求西方的"技术转移"。因此中国人常常被告知没有技术发展的历
史传统或缺乏技术创新的文化根源，作为发展中国家的当务之急是移植西
方技术系统要素，以"先进的"生产系统彻底取代本土文化。

但是，先进/落后、前工业/工业、传统/现代这类二元分立方法对于技术社会的整体系统毕竟是一种分割或破坏，因此前面人类学比较视角的技术哲学进展描述的全面发展的"劳动人"概念对于中国现实存在着如下现实意义：如果将技术理解为一种满足人的基本需要的生产系统的话，那么就不需要将工业化国家的技术发展当做唯一的技术来源，在这里不仅本土技术传统有着重要的积极意义，而且即使是引进发达国家技术也应有适合本土文化的自主技术创新，以应对国际交易中的各种贸易摩擦和国际政治纠纷，并保持国家本土资源的可持续利用。不难看到，西方"劳动人"固然拥有自身的技术和文化能力，这种能力对其他非西方国家也产生了重要影响，但"劳动人"并不单纯是拥有现代生产技术和文化系统的"西方人"，它也包括中国版本的"劳动人"或者其他版本的"劳动人"。中国"劳动人"有着自身的生产系统，经过长期的历史变迁，已经融入当代技术系统。当然，我们并不试图从纯粹技术史角度去追溯这种时代变化，而是想在技术哲学意义上追问中国版本的"劳动人"为什么要如其所然地在技术上进行人工造物？对于技术方法或人工造物本身的社会影响或结果应该作出何种评价？这种评价如果构成了重要的文化资源，那么对现实的技术创新将产生何种建构作用？这些问题涉及中国诸多传统社会和文化因素，其中当然也包括中国技术哲学思想传统。

1.4　中国技术哲学思想传统辨识及其意义

从前面讨论可见，如果说"技术中国"与民族复兴的文化总体向度包含了中国应确立自身的技术文化范式主题，对李约瑟难题的技术史陈述进行现实追问显现出中国技术文化范式转换需要仰仗自身的技术哲学思想传统，那么人类学比较视角的当代技术哲学进展则使中国技术哲学思想传统的揭示成为可能，因此接下来的任务就是辨识中国古代技术哲学思想传统。中国技术哲学思想传统辨识目前可以依赖的学术资源，至少包含如下三条研究路线：

（1）中国古代哲学的"器"和"道"思想研究。目前这方面已有不少成果，如：《周易》的"尚象制器"或"观象制器"概念（刘明武，2000 年），《礼记》等的"礼器"概念（吴十洲，2001 年；杨雅丽，2002 年）、明代王夫之（王船山）的"道器"和"物器"概念（李邦国，1984 年；张立文，2001 年）等，也有一般论器的研究成果(余治平,2004 年;陈少明,2005 年),认为中国人向来"重道而轻器"(刘明武,2000 年:33),与"历代论道之文如汗牛充栋"相比"器则备受冷落"(陈少明,2005 年:45),因此不利于中国(科学)技术发展。这些成果作为中国哲学思想研究的一个重要历史特色,其论及的"器""道"问题,为辨识中国技术哲学思想传统提供了重要线索。

(2)中国文化史的科学—人文思想研究。这一领域显得非常复杂,目前多数研究主要是沿着李约瑟的中国科技史研究方向进行各种分析,既有把儒家思想作为一种文化范式来研究其对科学发展影响的(如乐爱国,2002 年),也有在中国近现代历史中研究传统文化与现代(科学)技术之关系的(如李志军,2004 年)。当然更多的是讨论科学精神与人文精神之关系,其中也涉及"器""道"关系的分析或考察(如郭颖颐,1995 年;王善博,1996 年;秦英君,2005 年;等等)。这类研究从中国哲学历史中鉴别出了"人文精神"这一文化遗产,并基于对中国在接纳西方现代科学过程中展开的各种文化争论,强调以"道器合一"理念推动科学精神与人文精神的一体化发展方向。

(3)中西有关技术的比较哲学思想研究。中西比较哲学是比较哲学一种重要传统,其中心主题逐步集中到了"技术与文化价值"上来①。在这种背景下,围绕技术问题展开的中西哲学比较也开始兴盛起来。其中有关海德格尔与老庄之间跨时代的跨文化分析(Vincent Shen,2003;Wing - Cheuk Chan,2003;Parkes,2003;王庆节, 2004 年;那薇, 2004 年;肖巍, 1999 年),主要是借助海德格尔的技术现象学批判思想,试图重新阐发老庄思想中有关"技"、"器"、"道"问题论述的人文主义内涵。

上述三条研究路线均是对中国传统技器道思想的哲学诠释,体现了中国传统文化特色。陈少明认为中国哲学研究应"走用哲学论述中国自身的经验之路","哲学论说的基本单位是范畴,它可以是传统固有的但需要进一步分析的对象,也可以是今日对传统文化经验重新所作的、具有原创性的提炼",其中"最典型的莫过于把'道'与'器'看成是本体与现象的

---

① 1939 年以来,夏威夷大学东西方哲学家会议一直致力于聚集世界一流学者,研讨影响全球发展的论题。最近若干次会议越来越关注现代性与文化价值维护的关系问题。其中 2000 年举办的一届会议讨论的主题是"技术与文化价值",来自不同文化背景的会议代表热烈地探讨了应用技术带来的社会变迁及其对文化价值的深刻影响,提出了一些人类实现的可选择性概念(参见 Stepaniants & Ames,2001)。

中式表达"（陈少明，2006 年：45）。在这种意义上，第一、二条研究路线接近于一种中国传统文化研究的技术哲学视角，第三条研究路线接近于一种中西技术哲学思想比较。这种情形如果结合起来考虑，实际上正催生着一种比较技术哲学研究路线。

但陈少明同时也指出，目前一般"中国哲学"研究的根本困境在于"要么是'哲学'而不'中国'，要么是'中国'而不'哲学'"（同上：46）。这种困境同样也表现在上述三条研究路线中：第三条研究路线用了西方哲学中的现象学技术批判范畴与思路，对中国哲学思想进行了剪裁，把器与道对立起来，忽视了器与道的相互建构关系分析，表现出某种"'哲学'而不'中国'"；第一、二条研究路线局限于中国哲学或文化的资料或文献研究，虽然对古典文献学或思想史研究都有意义，但它们分别以现代科学的认识论和现代科学（技术）的文化冲击现实为参照，笼统地把传统的器概念与现代科学（技术）做同等解释，或不加批判地把"器"与"道"并列看待，忽略了对器与道的结构关系分析，无视在现代技术层面上对器与道的否定意义批判，无法达到技术哲学的研究层次。这三种研究路线显然都坚持"道"与"器"的二元分立原则，最终得到不同甚至相反主张。鉴于这种情况，有必要在上节论述基础上，对当代技术哲学的研究方法作进一步梳理。

在技术哲学意义上，人类学比较视角确立非西方人的技术形象（如中国版本的"劳动人"），直接针对的是那种从技术内部展开分析的普遍主义技术哲学。米切姆（Carl Mitcham）把这种内部的技术研究称为"工程学的技术哲学"，把人类学视角的技术意义解释或批判称为"人文主义的技术哲学"（米切姆，1999 年：第一部分）。这两种技术哲学传统，如果不是在极端意义上相互竞争，而是相互从对方吸取有益的见解，那么实际上可以在社会、文化和伦理意义上成就一种整体论的技术哲学意识，从而推动技术良性健康的可持续发展。这种努力作为一种技术哲学方法论的发展趋势，已经表现在技术伦理学、人工造物分析等方面的各种分析技术哲学和技术现象学研究中，日益突出了技术（技艺）—价值（意向）相互容纳的整体论哲学倾向。结合这种技术哲学研究方向，必须要抛弃那种"器"与"道"的二元分立原则，来辨识中国技术哲学思想传统，其总的思路在于：把"技"、"器"和"道"作为中国古代哲学三个重要概念，即在将"技"（有时也用"艺"、"工"等）看作各类人工造物活动总称的基础上，在人工造物意义上讨论"器"与"道"的辩证关系，由此来显现技术—价值的整体论思想内涵。具体来说，首先是按照中国古代思想传统辨别出"技"（或"艺"、"工"）的价值负荷界定，把"器"作为技艺活动的物质表现或人工造物以提取出"器载道"的整体论哲学倾向，然后从中国古代思想家对导致"朴散"的"离道之器"的哲学批判，阐发传统技器道思想的整体论哲学含义，再后从当代技术哲学思想家对中国古代哲学的特别关注以及现代新儒家对西方技术发展所作的文化考察，说明中国传统技器道思想的整体论哲学意义，最后以马克思主义唯物史观为指导，分析中国传统技器道整体论思想对中国自主技术创新发展的当代价值。

从整体论视角辨识中国技术哲学思想传统的特点，显然需要诉诸一种比较哲学方法。也就是说，中国传统技器道思想包含的整体论哲学内涵，必须要在比较技术哲学研究中得到诠释。只是这里的比较哲学"绝不仅仅是罗列出不同哲学思想之间的相同和不同之处"，其主要任务也"不应该是证明某一文化传统的观点正确或另一观点错误"，而是要"开拓我们进行哲学思考和研究的范围和视野"，"帮助我们用新的观点研究和剖析问题，从而使我们发展新思想和新观点"，从而在各自的"文化历史域境"或"文化传统"中展示"各种哲学观点的历史发展和对未来的启示"（李晨阳，2005 年：6～7）。沿着这一线索，在技术哲学意义上，应该反对那种在西方现代主义的科学（技术）话语系统下抽象地讨论中国古代技术发展及其有关哲学观点与西方（科学）技术文化（机械论范式）之异同的比较方法（结果是相同之处被视为科学、先进的东西，不同之处则被视为神秘、落后的东西），反对那种只能按照西方现代技术文化轨迹无视任何现代性负面效应的全球化或现代化解释，反对西方机械论范式包括的那些普遍主义原则（如技术应用可以不受任何空间限制等），主张在中国的历史文化和现实境域中，诉诸如下比较技术哲学方法来揭示中国技术哲学思想传统及其当代意义：对照西方现代主义的技术哲学思想传统（机械论范式），通过与古希腊相关哲学思想比较，对中国古代哲学经典著作中的相关思想进行大量去粗取精的提炼、归纳和概括，由此辨识中国传统技器道思想的整体论哲学倾向；同时鉴于当现代技术呈现出诸如生态、人文价值壁垒的现实，借鉴当代西方技术哲学的技术批判理论观点，从近现代以来我国学者围绕道器关系开展的各种文化反思研究中汲取营养，以马克思主义理论为指导，通过拓展中国传统技器道思想的整体论意义，强调发挥文化价值和社会意义对技术创新的建构作用，谋求普遍知识和地方知识的自主技术创新或本土文化建构，从而实现一种技术、自然和社会互容互纳的辩证实践，以此来消解那种技术价值分立的机械论范式文化冲击。通过这样一种比较技术哲学方法，在当代中国所处的全球化现实背景下显现出的中国技术哲学思想传统的当代积极意义是，可以以中国传统技器道思想包含的整体论意识来克服西方机械论范式或技术文化的负面影响，以适应当前我国倡导的科学发展观和创新型国家建设要求。

第 2 章　前现代技艺之思：中国传统技器道思想的整体论哲学倾向

　　人类当前正处在一个技术社会中，这不仅是因为当代人无时无刻地使用各种技术性的人工造物，而且也因为人类精神和生活方式渗透了现代技术思维。但对人类社会的这种意识，只是最近才达到了人文主义的技术哲学高度：对技术进行哲学反思。人们一般从强调科学真理或理论和实验合理性的科学认识论哲学来看待技术问题，认为技术与科学一样都是基于自然因果关系的经验观察和知识，其不同仅仅在于科学追求认知，技术追求控制。但技术问题毕竟有着较之这种简单比照更为丰富的哲学含义，这尤其表现在传统社会与现代社会的不同上：传统社会中人们的思维方式形成于无法解释或合理地证明的习俗和神话，因此实际上排斥引起信仰系统失衡的任何问题（包括技术应用），但自启蒙运动以来的现代社会则对抗这种传统思维形式，为了人这一主体的发展提倡把科学和技术作为有效的主体发展手段，由此形成了现代化或现代性的信仰基础，并塑造了直到目前仍然占据主导地位的理性文化或机械论范式。中国作为一个非西方国家，目前似乎正在推动着西方文明成就的普遍化过程，其快速的现代化带来的巨大技术变革使传统生活方式消失殆尽。如果我们超越理性文化在狭隘意义上对当代中国现代化的"有用性"，那么就当代中国社会正在确立的技术基础来说，我们的技术哲学就需要在深度意义上提出如下问题：中国人在技术实践过程中如何理解自身？技艺知识究竟能够给我们带来什么？本章针对这些问题，把技术哲学看作一种社会自我意识，在与古希腊哲学传统比较中，就技术发展的整体价值和可行性问题，确立起中国式的"阿基米德点"，这就是中国技术哲学思想传统。

2.1　内圣外王：中国版的"劳动人"形象

众所周知，西方哲学传统从古希腊开始，通过中世纪进入到现代欧洲；中国哲学传统，作为非西方哲学传统的一支重要文化力量包含儒家、道家和佛教等思想流派。随着中国卷入全球化时代，在西方哲学传统日益被中国认同的文化背景下，有关中国哲学的未来发展显然存在着两个相互关联的跨文化比较问题：一是中国哲学传统中的优秀文化资源是否有利于对其他哲学传统的深刻理解？二是中国哲学传统是否在面对西方哲学传统的挑战中已经获得自我理解？为了回答这两个问题，人们往往从古希腊亚里士多德确立的"第一哲学"、"元物理学"或"形而上学"（metaphysics）主题——"存在之为存在"（being qua being）问题（李晨阳，2005年：11）出发，直接进入哲学解释中来比较中西哲学传统。但问题是，这种做法很容易忽视哲学解释的经验基础。芬伯格从经验基础上指出："哲学开始于按照这样一个根本事实来解释世界，即人类是一种劳动的动物，人类通常在劳作中改造自然。"（Feenberg，2005：21）这一事实前提强调的是人的技术性生存向度，这种生存向度显然包含了什么东西存在以及如何存在的哲学命题，因为人作为劳动者不仅涉及到人，也通过技术操作涉及到自然、社会和文化。正是在这种意义上，我们可以通过与古希腊哲学思想比较，辨识出中国技术哲学思想传统。但这里首要的任务是，确立中国版本的"劳动人"的理想形象。

在前现代社会历史中，人类一切生存或生活领域均以"技艺"（或术、工等）概念统摄。除了一般技艺活动外，还有政治统治、社会管理等。即使是纯粹科学的认识活动（如数学、物理学等），也"还存在于技术之中"（杜石然等，1985年：4）。在技术哲学意义上，理想的"劳动人"形象源于一般的技艺劳动者，但又高于一般的技艺劳动者。这可以从古代哲学家基于实践进行的政治文化想象中得到确认。古希腊哲学家柏拉图在《理想国篇》、《法律篇》和《政治家篇》中，把政治看作一种技艺或实践智慧。与建筑、编织、造船等技艺相类似，政治技艺（politikên technê）也是一种专门的知识和技能领域，所不同的是它对其他技艺是必不可少的。按照《普罗塔哥拉篇》的神话叙事，普罗米修斯（Prometheus）使人类获得了日常生活需要的实践智慧或技艺，却没有赋予人类以政治技艺，因为这种智慧保存在"宙斯"（Zeus）那里。于是，普罗米修斯必须要忍受锁链之苦，因为人类只是拥有了生存技艺，如果没有政治技艺或公民智慧，不仅会祸害自身，而且也会伤及自然（其他生物和整个地球）。宙斯为了不使人类消亡，便派遣赫尔姆斯（Hermes）① 把良知和正义——政治技艺带给人类，以使城邦得到有效管理。赫尔姆斯曾问宙斯应该把政治技艺分配给诸如拥有医术、木工技艺等少数专家还是所有人，宙斯回答说应该分配给每个人，因为如果像其他技艺那样只是少数人拥有政治技艺，城邦便不可能形成。这实际上形成了某种民主的政治诉求，并成为雅典市民议会政治行为的合理性文化基础。

那么，究竟什么是政治技艺呢？普罗塔哥拉声称能够教授政治技艺，使人成为更好的公民。苏格拉底把这称为公民的德行（aretê）②，普罗塔格拉并没有否认这一点，且认为雅典人相信德行是任何公民都在不同程度上拥有的特殊技艺。苏格拉底就此提出质疑：德性似乎并不是一个为所有公民赞同的整体，而是包含了诸如智慧、自制、正义、虔敬和勇敢等的不同部分，其中每个部分相互区别甚至互相冲突。有些人勇敢却缺乏知识，有些人虔敬却不正义，还有些人拥有智慧却不虔敬。如果公民德性可以教给每个人，那么像普罗塔格拉这样伟大的导师就应该知道什么是德性、怎样界定德性和教授德性。但在柏拉图对话的进一步讨论中，普罗塔格拉并没能回应苏格拉底的诘难，也不能够界定公民德性和把公民德性教给所有人。这里的问题在于，难道提出和教授公民德性就没有希望了吗？难道不存在政治技艺这样的东西吗？对于这些问题，苏格拉底并没有给予正面回答，转而试图证明所有事物（正义、自制和勇敢等）都是知识或智慧，这也许是表明德性可教的最佳途径。柏拉图为此让苏格拉底在《尤息底莫斯篇》中提出两个规劝，以便使技艺与普遍的价值真正结合起来：一是认为每个人在追求幸福或好运时必须拥有善，而善需要知识或智慧引导才能显现出来；二是主张并不是所有知识或技艺对幸福或好运和德性都是必要的，一般技艺（如制造竖琴、制作风笛、演说技艺、军事技能、政治技艺等）并不是德性或说不是德性需要的那种东西。那么，究竟什么是德性的

---

① 赫尔姆斯，是希腊神话中掌管商业和交通的神。

② Aretê 在希腊语中原指事物的特长、用处和功能，只是后来才逐渐具有了伦理含义。就人来说，它主要是指人的才能（特长）和品德。与该词相应的拉丁语是"virtus"，英语循拉丁文译为"virtue"。

知识或技艺呢？对于这一问题，在《拉黑斯篇》中，苏格拉底似乎给出了某种暗示，即德性（如勇气）作为幸福或好运必不可少的东西并不是马术师、投石者、弓箭手、泅水手所具有的那种知识或技艺，而是关于善恶的知识或技艺。在《查密迪斯篇》中，苏格拉底认为如果缺乏有关善恶的知识（德性，如自制），那么诸如下棋、计算、健康的知识或技艺就不能获得"美好而有益"的成果。也就是说，只有通过教育把德性贯穿在技艺的生产和使用过程中，一般技艺才能成为导向善的支配性力量或能力。

就技艺实践来说，在《克里托篇》中苏格拉底设想：一切欲望都是合理的，因此只能以善和正当为目的，而任何非理性的欲望决不能为恶所满足。正是在这里，可以转向德性在政治上的正义要求，因为正义是社会的德性并有益于社会，而正义有益于社会的命题还可以转化为正义有益于个人这一主张。对正义的界定，柏拉图是通过技艺实践进行的。这在劳动分工原则①复归为正义的本质之前是一种明智策略，因为如果一切行动者在天性和经验上都专心致力于单一的技能，就会更有效率，否则取人之所有而丧己之所得就是不正义的②。但这里的问题是，对个人来说最好的东西与对城邦来说最好的东西是分离的，因为在城邦中经常有人扮演不适当的角色。于是，柏拉图在《理想国篇》中设计了包含三个公民阶层的政治结构：护卫者阶层负责建构理论和统治城邦，辅助者从事安全保卫和抵御外患，而工匠们则承担嫁娶和生产任务。这种政治秩序的伦理基础在于一种利他主义理性，通过这一理性可以在行动者个体的灵魂与肉体或者社会与个体之间寻找到共同或整体利益，这样进行统治并令各种个体欲望服从整体利益就能够做到正义，就能使城邦获得整体和谐。在柏拉图那里，护卫者的艺术或政治技艺就在于，基于共同利益赋予辅助者和工匠们以理性的创造激情，但绝不是让他们毫不明智、丧失理性地胡作非为。

上述政治伦理秩序的最后问题在于，护卫者的德行从哪里获得？在《理想国篇》中，柏拉图让苏格拉底使护卫者充当了"哲学王"角色，而

---

①　李永采曾经主要引述《理想国篇》对柏拉图的分工理论进行了考察，他的分析虽然很大程度上是经济学的，但也注意到了柏拉图考虑分工问题的伦理基础，这就是正确和适当的分工符合正义，因为它能够满足人们互助的需要，而人们在正确和适当的分工中各尽其职就可以建立起理想的国度。（李永采，2000 年）

②　普莱斯在《柏拉图：伦理学与政治学》中认为这种对正义的界定是模棱两可的，因为这是从我的那些东西推论到应该属于我的东西，其歧义在于我能做得最好的东西是指我能比做别的东西做得更好的东西还是指我能比别人做得更好的东西。（泰勒，2003 年：458）

哲学王的德行是由其天生的禀赋决定的。苏格拉底把这一假定表达为一种"高贵的谎言",而这个谎言需要逐渐灌输到所有公民心中。每个公民的禀赋贵贱可以金、银和铁或铜来加以标识:护卫者为金,辅助者为银,手艺人为铜,农民为铁。工匠(包括手艺人和农民)只有接受身体和心智的训练才能避免为快乐所腐化而达到自制的德性,而辅助者也需要经过相应的教育才能避免为荣誉所腐化或贬为工匠而保持勇敢的德性。正是在这种意义上,柏拉图对公民的分层坚持了一种精英制度,而非世袭体系。也正是在这种精英制度分层中,柏拉图才对手工技艺采取了一种道德贬损的态度,认为在平民政体中掌权的工匠因从事下贱的技艺和职业而变得残废和畸形,并引"铜铁当道,国破家亡"这一神谕说明工匠(铜)和农民(铁)不具备哲学王(护卫者)和军人(辅助者)的天赋和能力①。但应该看到,柏拉图要求哲学家成为统治者或统治者成为哲学家这一政治伦理诉求是在雅典民主制度下提出的,假如护卫者以整体或共同利益来统治国家是经过训练和选举的民主结果,那么柏拉图对其理想国的乌托邦设想或者对技艺以符合自然或天性的善的普遍价值为导向的政治伦理途径设计就确实是不一般的。

"哲学王"是柏拉图政治思想中的一个核心观念,也是贯穿柏拉图一生的精神信念或理念。由"哲学王"统治的"理想国"——作为一幅"乌托邦"图景,对西方后世那些富于幻想的思想家具有很大影响。亚里士多德思考技艺和政治问题时要比柏拉图现实得多,但他并没有完全绕开"哲学王"这一理想劳动人形象。从政治哲学角度看,中国古代哲学思想中能与柏拉图的"哲学王"相比较的概念是"内圣外王"(简称"圣王")。对这一概念的意义,人们目前多从《礼记·大学》的"大学之道"来加以解释:"所谓'三纲领'(即明明德、亲民、止于至善)和'八条目'(即格物、致知、诚意、正心、修身、齐家、治国、平天下)历来被视为关于'内圣外王'的经典解释。从'格物'、'致知'到'修身'和'齐家',实际上都可以理解为一种广义的修身内容,即'内圣'涵义;而'治国'、'平天下'都属于政治内容,即'外王'涵义。所以,概括地说'圣王'

① 王瑞聚认为,目前中国学术界经常把古希腊人的鄙视手工技艺看作是城邦社会农业特征的主要依据,但古希腊人的鄙视手工技艺包含基于经济角度的产业排斥和基于道德角度的职业歧视两种情况,只是前一种情况仅仅表现在斯巴达一个国家,只有后一情况才普遍地存在于古希腊,而这不足以作为论证城邦社会农业特征的主要依据。(王瑞聚,2000 年)

就是'内圣'（修身）与'外王'（治国）的统一。"（李英华，2005 年：19）这里将"圣王"定义为一种"政治人"或"统治者"固然没有错误，但却没有看到它也包含了中国版本的"劳动人"的技术形象。如果说"三纲领"规定了"内圣外王"的伦理价值内涵的话，那么"八条目"从格物、致知、诚意、正心、修身和齐家到治国和平天下实际上是在明明德、亲民和至善的价值意义统摄各种技艺活动，既涉及认识事物活动又包括人工造物活动。《庄子》最早提到"内圣外王"一词，并给予明确说明：

> 天下之治方术者多矣，皆以其有为不可加矣！古之所谓道术者，果恶乎在？曰："无乎不在。"曰："神何由降？明何由出？""圣有所生，王有所成，皆原于一。"……配神明，醇天地，育万物，和天下，泽及百姓，明于本数，系于末度，六通四辟，小大精粗，其运无乎不在。……其数散于天下而设于中国者，百家之学时或称而道之。……天下大乱，贤圣不明，道德不一。天下多得一察焉以自好。譬如耳目鼻口，皆有所明，不能相通。犹百家众技也，皆有所长，时有所用。虽然，不该不遍，一曲之士也。判天地之美，析万物之理，察古人之全。寡能备于天地之美，称神明之容。是故内圣外王之道，暗而不明，郁而不发，天下之人各为其所欲焉以自为方。悲夫！百家往而不反，必不合矣！后世之学者，不幸不见天地之纯，古人之大体，道术将为天下裂。（《庄子》第 33 章）

从以上引证可见，所谓"内圣外王之道"就是要依据"无乎不在"的"一"的世界整体原则，"判天地之美，析万物之理，察古人之全"，以"圣有所生，王有所成"的道术（政治技艺伦理）机理来避免百家"道术将为天下裂"的"圣贤不明，道德不一"局面。"内圣外王"的这一特点显然是通过两个向度得以显现出来：一是参照现实（战国时代）中的"众方术者"或持有"众技"的"百家"，认为他们多是在"有所长"或"有所用"意义上从事各种技艺活动（包括政治技艺），但他们"皆以其有为不可加"且"往而不反"，即不对技艺做出价值反思，因此不能成为"圣王"；二是参照"古之所谓道术者"，认为他们能够在神明的价值支配下从事政治技艺活动，因此能够"配神明，醇天地，育万物，和天下，泽及百姓，明于本数，系于末度，六通四辟，小大精粗，其运无乎不在"，此即

"古人之大体"。也就是说,"内圣外王之道"是天下道术者共同追求的政治技艺之道,但因百家纷争,政治技艺之道不行,天下大乱,使之"暗而不明,郁而不发,天下之人各为其所欲焉以自为方"。因此要追求"内圣外王之道",就必须要见"天地之纯",学"古人之大体"。

那么,"古人之大体"作为"内圣外王"的政治技艺参照标准,对于一般技艺活动有何意义呢?《庄子》对此并未做出回答,但我们能够从其对墨家学术思想的批评中看出一二。墨家创始人墨翟和禽滑厘积极倡导各种技艺活动和器物发明,倡导"不侈于后世,不靡于万物,不晖于数度,以绳墨自矫而备世之急",但问题是其后世人因此而反对古代礼乐制度,甚至主张生前不唱歌,死时不厚葬。也就是说,"内圣外王"倡导的技艺活动,需要政治技艺之道对各种技艺活动进行价值统摄。这种诉求的历史经验基础,来自上古时期的伏羲、炎帝、黄帝、唐尧、虞舜、夏禹、商汤、文王、武王和周公等。这一菜单如果从中国古代神话和传说角度去考察,更能表明中国版本的"劳动人"形象:

伏羲:也作宓羲、庖牺、包牺、伏戏,亦称牺皇、皇羲、太昊。《史记》中称伏牺。《史记》记载:"太白皋庖羲氏,风姓,代燧人氏继天而王,母曰华胥,履大人迹于雷泽而生庖羲于成纪,蛇身人首,有圣德,仰则观象于天,俯则观德于地,傍观鸟兽之文与地之宜,近取诸身,远取诸物,始画八卦以通神明之德,以类万物之情,造书契以结绳昆之政,于是始创嫁娶,以俪皮之礼,结纲罟以教佃渔,昆古曰宓羲氏"。相传伏羲是中国远古历史上第一个帝王,建都陈国(今河南省淮阳县),在位150年,因而伏羲被列为"三皇"(伏羲、神农、轩辕)之首,亦称人皇。我国古代多以圣人为神,传说伏羲能缘天梯建木以登天。《山海经·海内经》载:"南海之内,黑水、青水之间,有木,名曰建木。太白皋爰过,黄帝所归"。伏羲为中华文明进步作出的巨大贡献是始画八卦,八卦是人类文明的瑰宝。17世纪德国哲学家莱布尼兹曾根据八卦的"两仪、四象、八卦、十六卦、三十二卦、六十四卦"发明了二进位记数法,成为当代电子学(计算机)和生物学发展的数学基础。伏羲在医药方面创造了八卦和九针,《帝王世纪》称伏羲"味百药而制九针",千余年来被我国医学界尊为医药学、针灸学之鼻祖之一。传说由他和其妹女娲通婚而生人类,教民结网,渔猎畜牧,制造八卦等。

炎帝:又称赤帝、烈山氏、神农氏。继女娲后为天下共主,传说为远古时期姜氏部落首领，与黄帝同为中华民族始祖。《国语·晋语》载："昔少典氏娶于有虫乔氏，生黄帝、炎帝。黄帝以姬水成，炎帝以姜水成。"炎帝生于烈山石室，长于姜水，有圣德，以火德王，故号炎帝。在阪泉之战中，炎帝被黄帝战败，炎帝部落与黄帝部落合并，组成华夏族，所以今日中国人自称"炎黄子孙"。历史传说中，炎帝发明木制耒耜，教民耕种，提高农作物产量，开创了华夏原始农业，是农耕文化的创始人；遍尝百草，为人医病，是华夏中草药的第一位发现者和利用者；利用火为人类造福，治麻为布，民着衣裳，始创弓箭，制作陶器，制造乐器，倡导物质交换。炎帝在历史传说中，是集农、工、商、医、文等各领域发明创造的神祇，因而受到历朝历代的敬仰和祭祀。

黄帝：号轩辕氏、有熊氏，姬氏部落首领。黄帝也被道教尊为道家之祖，在道教中有特殊地位。据史书记载，他在炎帝之后，统一中国各部落。传说他隶首作数，定度量衡之制，推算历法；风后衍握奇图，始制阵法；伶伦取谷之竹以作箫管，定五音十二律；元妃嫘祖始养蚕以丝制衣服；与岐伯讨论病理，作黄帝内经；使仓颉始制文字，具六书之法；采首山（河南襄城县南五里）之铜以造货币；发明舟车、弓矢、房屋等。黄帝在位时间很久，政治安定，文化进步，有许多发明和制作，如文字、音乐、历数、宫室、舟车、衣裳和指南车等。《史记》记载："黄帝二十五子，得其姓者十四人。"相传颛顼、帝喾、唐尧、虞舜，以及夏朝、商朝、周朝君主都是黄帝子孙，因此黄帝被奉为中华民族的共同始祖。

以上所列古代圣贤的技术创造，可以进一步从《易·系辞》的神话般描述看出：

古者包牺氏之王天下也，仰则观象于天，俯则观法于地，观鸟兽之文，与地之宜。近取诸身，远取诸物。于是始作八卦，以通神明之德，以类万物之情。作结绳而为网罟，以佃以渔，盖取诸离。

包牺氏没，神农氏作。斫木为耜，揉木为耒，耒耨之利，以教天下，盖取诸益。日中为市，致天下之民，聚天下之货，交易而退，各得其所，盖取诸噬嗑。

神农氏没，黄帝、尧、舜氏作。通其变，使民不倦；神而化之，使民宜之。《易》，穷则变，变则通，通则久。是以"自天佑之，吉无不利"。黄帝、尧、舜垂衣裳而天下治，盖取诸乾、坤。刳木为舟，剡木为楫，舟楫之利以济不通；致远以利天下，盖取诸涣。服牛乘马，引重致远，以利天下，盖取诸随。重门击柝，以待暴客，盖取诸豫。断木为杵，掘地为白，杵白之利，万民以济，盖取诸小过。弦木为弧，剡木为矢，弧矢之利，以威天下，盖取诸暌。上古穴居而野处，后世圣人易之以官室；上栋下宇，以待风雨，盖取诸大壮。

古之葬者，厚衣之以薪，葬之中野，不封不树，丧期无数；后世圣人易之以棺椁，盖取诸大过。

上古结绳而治，后世圣人易之以书契，百官以治，万民以察，盖取诸夬。（《易·系辞下》）

以上描述表明，在中国古代神话中，自伏羲至炎黄"跨越于自渔猎发明（传说为伏羲发明）到由采集而种植（神农时代），直到大规模畜牧及垦殖（黄帝、炎帝）的一系列经济时代"，"伴随着太古华夏文明的整个起源"（何新，1996 年：3）。这些神话人物在先秦时期的诸子学术思想经常提及，但同时提及的传说中的历史人物更多的是唐尧、虞舜、夏禹、商汤、文王、武王和周公等。这里对唐尧、虞舜和夏禹三个人物略加述之。传说尧号陶唐，姓伊祁氏，故亦称唐尧。相传尧父为帝（黄帝曾孙），卒后由尧之异母兄挚继位，挚为政不善禅让于尧。《尚书·尧典》记载，在唐尧时代首次制定历法，使先民能够依时按节从事生产活动。但唐尧在传说中最为人们称道的是，他不传子而传贤，禅位于舜。舜又称虞舜，据说是国号有虞。尧死以后，舜在政治上进行了重大改革。原已举用的禹、皋陶、契、弃、伯夷、夔、龙、垂、益等人，职责都不明确，此时舜命禹担任司空，治理水土；命弃担任后稷，掌管农业；命契担任司徒，推行教化；命皋陶担任"士"，执掌刑法；命垂担任"共工"，掌管百工；命益担任"虞"，掌管山林；命伯夷担任"秩宗"，主持礼仪；命夔为乐官，掌管音乐和教育；命龙担任"纳言"，负责发布命令，收集意见。上述这些人都建立了辉煌业绩，其中以禹的成就为最大。他尽心治理水患，凿山通泽，疏导河流，终于治服洪水，使天下人民安居乐业。舜在年老时确定威望最高的禹为继任者，并由禹来摄行政事。禹通常尊称为大禹，相传为夏王朝的开国君主，故也称夏禹。大禹治水的传说故事，历来传颂不绝。尧的时代洪水泛滥成灾，为患先民。尧用鲧治水，但鲧采用壅塞方法，所以九年无功。禹受命治水，以疏导为主，如《孟子》所说："禹之行水也，行其所无事也。"夏禹在治水过程中，同时注意人民生计，指导发展农业生产，特别是治水患时就考虑到兴修水利，修筑沟渠，使其兼具排水和灌溉功能。夏禹在年老时曾选择皋陶为继承人，皋陶先死，禹后来东巡死于会稽随授政于益，但益让天下于禹子启（另一传说是禹传位于启），中国历史由此从禅位制进入继位制。

　　20 世纪初，我国疑古学派认为，尧舜禹的传说出现较晚，尧舜更晚于禹，故其传说为后人编造。现在学术界普遍认为，尧舜禹禅让故事确实反映了原始社会末期的情况，作为传说自有其历史价值。儒家把上古帝王尧舜禹等视为圣人圣王，从而把圣人等同于"圣王"。孔子作为儒家创始人并未对"圣王"做出解释，更多的是通过推崇、赞叹尧舜禹来表达其圣王观。他说："大哉尧之为君也！巍巍乎！唯天为人，唯尧刚之。荡荡乎，民无能名焉。巍巍乎，其有成功也，焕乎其有文章！"（《论语》第 8 章）又说："无为而治者，其舜也与？夫何为哉！恭己正南面而已矣。"（《论语》第 15 章）还说："巍巍乎，舜禹之有天下也，而不与焉。"（《论语》第 8 章）有一次，当回答"子路问君子"问题时，孔子说："修己以安百姓。修己以安百姓，尧舜其犹病诸？"（《论语》第 14 章）这些话表明，孔子心目中的圣王主要包含修身、无为、法天、无私和安民等内容。以后《孟子》和《荀子》基本上把"圣人"等同于"圣王"，强调德行和王制。这种德行和王制对于技艺具有重要意义，孟子说："为政不因先王之道，可谓智乎？是以惟仁者宜高位，不仁而在高位，是播其恶于众也。上无道揆也，下无法守也。朝不信道，工不信度，君子犯义，小人犯刑，国之所存者幸也。"（《孟子》第 4 章上）其中"工不信度"表明的正是技艺的价值或者意义。至于禹则为墨家所推崇，但其与父鲧相反的治水方法则更符合道家学术思想，因为大禹治水故事反映的是人类改造自然环境过程的顺应自然向度。《庄子》曾借用墨翟的话赞赏大禹治水的精神："昔禹之湮洪水，决江河而通四夷九州岛也，名山三百，支川三千，小者无数。禹亲自操橐耜，而九杂天下之川；腓无胈，胫无毛，沐甚雨，栉疾风，置万国。禹大圣也，而劳天下也如此。"（《庄子》第 33 章）《庄子》中还强调圣王的无为而治："天根游于殷阳，至蓼水之上，适遭无名人而问焉，曰：'请问为天下。'无名人曰：'去！汝鄙人也，何问之不豫也！予方将与造物者为人，厌则又乘夫莽眇之鸟，以出六极之外，而游无何有之乡，以处圹埌之野。汝又何帛以治天下感予之心为？'又复问，无名人曰：'汝游心于淡，合气于漠，顺物自然，而无容私焉，而天下治矣。'"（《庄子》第 7章）。冯友兰先生把《庄子》第 7 章的"应帝王"这一篇名英译为"Philosopher – King"，即"哲学王"（冯友兰，1991 年）。这一译名将中国古代哲学家的圣王概念与柏拉图的哲学王概念联系了起来。

从技术哲学来看，圣王概念与哲学王概念，包含了技艺发展的榜样参照。荀子说："凡人有所一同：饥而欲食，寒而欲暖，劳而欲息，好利而恶害，是人之所生而有巾，暴无待而然者也，是禹桀之所同也。"（《荀子》第 4 章）"涂之人可以为禹……今使涂之人伏术为学，专心一志，思索孰察，加日县久，积善而不息，则通于神明，参于天地矣。故圣人者，人之所积而致也。"（《荀子》第 23 章）在荀子看来，任何人都要面临同样的生存条件，即要通过掌握适当技艺求得生存，但要达到技艺的价值化则需要进德修业，这样才能成为圣人。柏拉图的"哲学王"概念，其基本内涵是哲学家做统治者或统治者爱上哲学而成为哲学家。也就是说，只有哲学家才能看出城邦的种种弊病，并找到解决问题的相应政治技艺途径，因此应该由哲学家来统治城邦，统领各种技艺活动。在他看来，众人"虽然一土所生，彼此都是兄弟，但是老天铸造他们的时候，在有些人的身上加入了黄金。这些人因而是最可宝贵的，是统治者。在辅助者（军人）的身上加了白银。在农民以及其他技工身上加入了铁和铜"（《理想国篇》）。"虽则父子天赋相承，有时不免金父生银子，银父生金子，错综复杂，不一而足。"（《理想国篇》）这就是说，任何一个人的灵魂都包含理性、激情和欲望三部分，理性主要体现在统治者身上，而一般劳动者则主要表现出欲望，这里带有一种较强的等级意味。当然这种等级是相对的，因此柏拉图在《政治家篇》中认为掌握政治技艺的人，无论是统治者还是一介平民，都可以被称为"政治家"，因为他关于这种技艺的知识使他有资格得到这个头衔。但无论如何，中国古代哲学的圣王概念和古希腊哲学的哲学王概念，作为工匠或艺人参照的劳动人形象，其不同在于：圣王或圣人与一般依靠技艺求得生存的工匠或艺人，原本没有什么等级之分，只有进德修业深度不同；哲学王与一般工匠则存在着等级分层，其工匠阶层存在明显分离倾向。如果说古代哲学解释世界的事实前提在于人在改造世界意义上是一种劳动的动物，那么中西哲学思想从这一前提出发，按照自身设想的不同理想"劳动人"形象，设想了各自的技艺—价值模式。

2.2　技艺之道：人随应自然的实践态度

从"劳动人"这一事实前提，可以转向技术哲学传统生成的"技艺—价值"这一世代问题。古希腊人并没有如古代中国人那样有着许多值得夸耀的技术发明，但他们却对技艺活动及其社会文化结果进行了反思。"technê"（技艺）这一古希腊词语最初来自印欧语系词根"tek"，意指家庭完整安装木制房屋或建造木屋。随着社会生活日益安定和劳动分工加快，房屋建造技能需求日增，这时房屋建造不再完全由家庭完成，而是留给了"tektōn"（即"木工"）。这里技艺的原意非常具体，但其含义在以后的发展中逐步拓宽。据鲁齐尼克（David Roochnik）考察，前柏拉图时期对"技艺"的看法有两种态度（Roochnik，1996）。第一种态度包含于荷马（Homer）（《荷马诗史》）、梭仑（Solon）（《缪斯诸神的祈祷者》）、阿琪留斯（Aeschylus）（《普罗米修斯的锁链》）等人的著作中：

（1）技艺是特定领域的知识，具有确定的任务或属于某一特定行业，其主旨非常明确。医疗的主旨或任务直接针对健康问题，诸如木工、铁工、编织等不同技艺直接导向取得特定物质对象。如木工知识仅仅局限于木工领域，木工本身不知道如何熔炼金属。

（2）技艺通常但不是必然的是生产性的，具有直接或间接的有用结果。有些技艺导向具体目标，生产出有用的东西，如船只、房屋和冶炼的金属等。有关算术和写作的知识，可以用来补充和辅助生产过程。诸如领航这种技能虽然不能称为"技艺"，但可以通过"技艺"的衍生来加以描述，如先知、医生、歌手和使者均可以说是拥有一种技艺。

（3）技艺是可验证的、可靠或可信的和公认的。如可以期望木工正确地完成任务，木工建造的房屋表明他具备这方面知识，因此可以作为其信任的凭证。这里技艺的功能等同于技艺的目的。

（4）技艺必须是可应用的，以获得有用性或达到其完美性。技艺是人类智力对世界某一领域的有意识应用，因此能够对世界起到控制作用。这里的有意识应用表现为人类的意愿，只有这种意愿付诸实践，才能真正产生智力应用结果。如一位造船者如果不去造船，就不是一位完满的造船者。

（5）技艺产生有用或有益的结果，是"为了人"。从事技艺活动的人

（technitês）或专家知道自己做什么，其依据包含在产品（如他建造的房屋）中；当然专家较为稀缺，因此可以作为权威作出外行必须服从的判断。专家因其工作的有益而受到普通人的公认、信任和赞赏，因此具有"挂营业招牌"或受到邀请为别人服务的权利。

（6）技艺要求掌握能够解释的合理性原则，具有精确性和普遍性（数学是一个典型），因此是可教授或传授的。与仅仅依靠经验积累的人不同，木工和领航员可以展示一些基本的应用数学知识，可以向希望学习的人做出解释，能够帮助一个外行成长为其同行。这意味着技艺包含了某些支配该行业发展的合理性内容或原则或罗格斯（logos），因此是可以交流的。交流这些原则变成了一种确认技艺的方式：因为专家能够解释或教授他做的东西，所以具有作为专家的特殊地位。

（7）技艺的目的等同于其功能，在使用或价值上中立，技艺本身不能带来善或幸福，或者说它使人独立于诸神、自然和偶然。

上面（1）到（6）的陈述来自荷马、梭仑和阿琪留斯作品，他们提到的技艺门类包括房屋建造或木工、铁工或冶金、编织、钓鱼、耕作或饲养、医疗、造船、天文、算术、写作或写诗和占卜等，（7）是梭仑和阿琪留斯的独特看法。在梭仑看来，"拥有一种技艺只能导致合理性程序的成功执行，但却不能导向幸福或真正的人性繁荣"（Roochnik，1996：31）。这里的问题是，如果技艺是价值中立的话，那么工匠或其劳动者如何就其伦理行为作出正确的选择呢？在这个问题上，梭仑也许最终导向了悲观主义。但梭仑在雅典的整个事业却是遵从城邦的习惯或法律等规范的，而这种规范本身并不必然是善的，因此道德知识对于梭仑来说就应是重要的人类知识。梭仑虽然没有提出和回答这一问题，但他却相对于"技艺王国"勾勒了一个实践人类幸福价值的"伦理王国"。阿琪留斯并未如梭仑那样坚持价值中立的技艺观点，他在强调诸如算术这类技艺范式对人类生存的独立意义从而导向乐观主义时，由于主张技艺可以独立于自然、偶然和诸神，实际上包含了技艺价值中立含义。从这里看出，梭仑和阿琪留斯的技艺概念似乎代表了人类为获得对生活进行合理性控制的文化范式，因此可以算是善的。这固然与其价值中立命题存在着明显矛盾，但毕竟触及了人类自身与技艺的本质关系。

梭仑和阿琪留斯代表着古希腊人对技艺之伦理特征的首次反思运动，只是其价值中立观点成就了柏拉图的哲学王与工匠阶层的分裂倾向：把道德、美德和政治技艺一类的事业交给哲学王，至于纯粹的技艺或知识活动则由工匠去做。但这毕竟不是前柏拉图时期哲学思想的全部情形，希波克拉底（Hippocratic）作为对技艺知识特征的首次自我意识运动代表，基于医疗技艺发展了古希腊人第二种与价值中立不同的技艺观点，为柏拉图试图整合技艺—价值两者关系提供了重要线索：

（1）技艺具有明确但不是严格固定或不变的主旨或目标。如人体与木头或数字一样均是知识内容单元，但它非常复杂且是有意愿的活体，因此医疗技艺与木工和算术的不同就在于其主旨不是固定不变的。

（2）技艺获得有效或有用的结果，如通过医疗救治病人，使病人获得健康。

（3）技艺虽然局部意义上是可靠的，但并非整体上可靠。技艺提供的是"粗糙的经验规则"（rules of thumb），而非"刚性规则"（rigid rules）。技艺是随机的，要求对特定条件做出适当反应，包含失败的风险等。

（4）技艺是精确的，但这绝不意味着所有技艺范畴均能以数学提供的标准加以测量。

（5）技艺的目的不同于其功能。例如，医疗术的功能是治病行为，其目的是救人，它在其功能上可能会取得成功（手术成功），但未必达到目的（如手术成功却仍然导致死亡）。

（6）技艺只能部分地受到社会成员信任和公认，但不能确定无误地受到一切人的信任或公认。如将一位外行医生同内行医生区别开来，较之把一位外行造船者同内行造船者区分开来更为困难。

（7）描述技艺的语言是普通的，不是技术性的语言。技艺包含了罗格斯，但不是无懈可击的清晰可见，因为并非所有技艺都是源于"假设"的理论。

（8）技艺是可教授或传授的，但并不总是能够准确无误地加以相互交流，因为它还包含了不可言传的诀窍和特定情境限制。

按照上述观点，医疗技艺的主旨针对的不是像数那样的抽象形式目标，也不是像木头那样的被动物料，而是针对一种有生命的、复杂的、不可预见的人体对象。由于医疗技艺的主旨并非固定不变，因此医生不仅要掌握支配生理运动的基本原理，而且要培养一种对特定情况的敏感度或责任感，这种责任感或敏感度并不能在老师与学生之间进行机械式交流。希波克拉底在这里虽然已经涉及技艺的价值问题，但他只是鉴于身体的复杂性将技艺的目的与功能区分开来，却没有由此讨论技艺的伦理结果，进而明确技艺与价值之关系。当然他对基于经验的技艺与基于罗格斯的技艺的区分毕竟为柏拉图提供了一种新的向度，去挑战技艺价值中立论，拓展自己的技艺负载价值观点。

柏拉图的《高尔吉亚篇》对技艺进行了讨论，在西方哲学传统中首次明确提出了技艺与价值的关系问题。在这篇对话中，苏格拉底围绕修辞学的技艺或艺术之本质进行了争论，将技艺与机巧（empeiriae 或 knack）区别开来，认为技艺是基于对象的罗格斯，技巧是基于经验而非合理性原则。在柏拉图看来，罗格斯必须要参照善的价值。技艺或艺术的罗格斯之知识包含了其对象的目的论概念，即其本质被想象为潜在性功能或目的实现的规范理念。正是借助这种罗格斯，一种技艺才能在为善的问题上做出正确判断，至于机巧则由于缺乏罗格斯而只是迎合或取悦别人。苏格拉底指出善是人的一切行为的理性目的，正是为了善才去行动：行动就是实践善本身。按照这种理路，技艺或艺术需要服务于善，而技艺拥有的罗格斯或理性必然包含对善的参照。

技艺的逻辑及其客观终极关怀在真正的技艺或艺术中得以结合在一起，而机巧只是服务于主观的目的或利益。造船技艺的罗格斯不仅要启示造船者怎样去摆置甲板，而且特别要指导人造出坚固而安全的船来；医疗技艺的罗格斯不仅是某些有关草药的概念，而且也包括支配草药使用的医疗使命。这些技艺都不同于那些无需合理性原则或罗格斯的对木板或草药进行组合的经验机巧，但由于人总是倾向于接受现象和实在物而不是本质，追求快乐、利益和权力而不是善、美和公正，因此每种技艺或艺术都存在某些可以模仿其效果并误导其接受者的经验机巧，而当这种机巧普遍蔓延开来时虽然可以带来巨大物质财富，但同时也会对社会和文化造成冲击。美容术往往伴随医术而生，但美容术却无需借助本体就可以反映某种卫生现象，它直接产生的结果是虚假的优美和魅力。修辞学是以语言的本真替代现象的力量，试图通过掌握语言的机巧来获得对权力和快乐的占有，教唆其听众窃取所谓"正当权利"，因此成了最为危险的经验机巧。在围绕造船或医疗技艺的争论中，苏格拉底这位雄辩家对对方提到的行家里手总是保持沉默，好像目的已被手段战胜。他为自己辩护的唯一方法是将现象与实在区分开来，鉴别出每种技艺或艺术的罗格斯，强调知识对追求善的重要意义。

在《高尔吉亚篇》中，加里克利斯最为清晰地提倡修辞学的经验机巧，不加约束地热心于通过语言的刁诡追求权力和快乐。这种野心决不仅仅是加里克利斯一个人的性情，它也可以从阿里斯托芬（希腊戏剧家）、修希德底斯（希腊历史学家）等同时代其他作家的著作中看到。他们都对5世纪晚期雅典帝国的道德恶化和利己主义进行了公开指责：从外部来看，雅典人凭借其强大的技艺和军事力量试图证明全力控制和占有邻邦的合法性；从内部来看，雅典成了雄辩家们追逐权力的战场。在这种意义上讲，柏拉图要解决的一个时代问题是，技艺的力量或能力如何才是正当的？他对这一问题的解答当然是诉诸合理的伦理思想，即参照善的罗格斯，而这成为西方思想发展的重要基石。

由于苏格拉底对加里克利斯提出了反对意见，因此加里克利斯为此作了辩护。他在对话中认为苏格拉底提出的公正问题对于弱势者较之强势者更为有用，因为强势者无需借助法律就能体现其意志，而弱势者只能借助公正来提出自身的特殊利益诉求。在这里自然的公正明显在于强势者对弱势者的统治或支配，直接地与习俗或规范的公正相对抗。加里克利斯分析了双方的争论，强调苏格拉底是在修辞学取得的自然目标（如权力和快乐）与伦理学和美学的习俗价值之间，将论争对手陷于矛盾之中。例如，波鲁斯就是如此，他一方面认为施行不公行为较之忍受不公行为更好，但另外一方面又强调这是丑恶的。但加里克利斯认为，痛苦属于自然范畴，美属于规范范畴，两者并不一致，因此要求苏格拉底放弃任何伦理和美学价值的直接诉求，按照自然范畴来回答问题。这样加里克利斯把善看作是快乐的一种纯粹主观感觉或自然价值，由此为其快乐主义学说辩护。按照这种逻辑，善的现象与实在之间并没有差别。但如果现象与实在之间没有区分，苏格拉底的技艺与机巧之分就会重叠在一起，因为合理性原则或罗格斯与追求作为一种不证自明的感觉无关。芬伯格按照加里克利斯使用的术语和苏格拉底使用的术语（括号中的效用）给出了如下结构图（Feenberg，2005：26）：自然（physis）—快乐（hedonē）和（效用）（ohelia）—善（agathon）—美（kalon）和公正（dikē）—规范（nomos）。

苏格拉底同意加里克利斯的以上价值结构，并很快使加里克利斯承认没有节制的快乐追求会导致伤害，如产生疾病。在这种意义上，快乐不是最高价值，因为人们之所以追求快乐是为了善。柏拉图由此鉴别出了另外一种自然价值，即有用性或效用性，所以加里克利斯在确定快乐是否为善的矛盾中不能在自然与规范的差异上被谴责为一种吊诡。经过这种具有决定意义的反驳后，苏格拉底便从自然之善回到了伦理学和美学的价值问题上。神圣的公正是按照美学标准——非扭曲和非丑恶给出的，这种美学标准带有强烈的本体论色彩，是对赤裸裸的灵魂的测度，它参照的劳动人形象是柏拉图设想的那种具有高尚道德品质的"哲学王"，即能够通过美德来规约自身的行动。也就是说，自我约束行动是按照伦理学和美学标准合理地自我控制的一种功能。在《政治家篇》中，柏拉图为此区分出一种非本质的和相对的衡量标准，这就是以"型相"（idea）的理想状态（善）作为技艺终极依据的"恰当比例"标准①。在他看来，一切技艺都可以做到较大或较小的测量，而这种测量不仅与其相互比较有关而且同"恰当比例"的标准确定相关，只有将"恰当比例"应用于一切技艺及其人工制品或恰到好处地进行技艺活动和运用技艺，才能产生和保持"一切美好的事物"。在这里，柏拉图把中道、适度、合宜和善的必要性看作是技艺发展的衡量标准②，而这一原则显然与道德和美学强调的诸如善、美和公正这类普遍的绝对价值原则结合起来，才能使技艺避免机巧的危害而真正符合罗格斯的善的价值方向。

　　无论如何，古希腊人在技艺—价值问题上已经涉及到了自然（physis）与实践（poiēsis）之间的关系。"physis"被古希腊人理解为自然生成或出自自身的天然实体，而"poiēsis"则是人参与其中的生产或制造活动。与实践形式相关的是表示知识或学科的"technē"（技艺）概念，这一概念尽管有着不同于今天的技术的意义，但在当代每种西方语言中都是现代技术或技巧的最初来源。技艺性的人工造物无疑取决于人类活动，其目的具有客观性，在客观意义上代表了做事情的恰当方式，其中包含的知识或学科绝不仅仅是主观意向。从这种意义上讲，柏拉图借助苏格拉底与加里克利斯的对话就技艺—价值关系提供了一幅整体论图像。古代中国哲学就技

---

　　① 朱宝信曾经强调柏拉图的理念论（或型相论）包含了知识和价值的合一思想，认为事物（包括活动）实际上既包含了物理性质的知识一面又包含了向善的价值一面。在这一主题下，他也注意到柏拉图不仅将型相或理念这一概念用于主体的人和国家设计，而且也用于对技艺实践的哲学考察：技艺的人工制品包含了型相或理念，工匠正是要依据这种型相制造出诸如桌子、床等人工制品，并按照"中"的标准达到善的目标。（朱宝信，2002 年：6 ~ 10）

　　② 这有些类似于中国圣哲孔子的中庸之道原则，当然也类似于亚里士多德的《尼各马科伦理学》中的中道原则，但亚里士多德显然不能享有这一学说的创始人地位，而只是试图校正柏拉图及其学园的"恰当比例"或"适中"的伦理原则。

艺—价值问题是否也提供了与之相同或不同的整体论设想呢？这里首先引证汉代道家陆贾的如下言论：

传曰："天生万物，以地养之，圣人成之。"功德参合，而道术生焉。

故曰：张日月，列星辰，序四时，调阴阳，布气治性，次置五行，春生夏长，秋收冬藏，阳生雷电，阴成霜雪，养育群生，一茂一亡，润之以风雨，曝之以日光，温之以节气，降之以殒霜，位之以众星，制之以斗衡，苞之以六合，罗之以纪纲，改之以灾变，告之以祯祥，动之以生杀，悟之以文章。

故在天者可见，在地者可量，在物者可纪，在人者可相。

故地封五岳，画四渎，规涛泽，通水泉，树物养类，苞植万根，暴形养精，以立群生，不违天时，不夺物性，不藏其情，不匿其诈。

故知天者仰观天文，知地者俯察地理。跂行喘息，蚑飞蠕动之类，水生陆行，根着叶长之属，为宁其心而安其性，盖天地相承，气感相应而成者也。

于是先圣乃仰观天文，俯察地理，图画乾坤，以定人道，民始开悟，知有父子之亲，君臣之义，夫妇之别，长幼之序。于是百官立，王道乃生。

民人食肉饮血，衣皮毛；至于神农，以为行虫走兽，难以养民，乃求可食之物，尝百草之实，察酸苦之味，教人食五谷。

天下人民，野居穴处，未有室屋，则与禽兽同域。于是黄帝乃伐木构材，筑作宫室，上栋下宇，以避风雨。

民知室居食谷，而未知功力。于是后稷乃列封疆，画畔界，以分土地之所宜；辟土殖谷，以用养民；种桑麻，致丝枲，以蔽形体。

当斯之时，四渎未通，洪水为害；禹乃决江疏河，通之四渎，致之于海，大小相引，高下相受，百川顺流，各归其所，然后人民得去高险，处平土。

川谷交错，风化未通，九州岛绝隔，未有舟车之用，以济深致远；于是奚仲乃桡曲为轮，因直为辕，驾马服牛，浮舟杖楫，以代人力。

铄金镂木，分苞烧殖，以备器械，于是民知轻重，好利恶难，避劳就逸；于是皋陶乃立狱制罪，县赏设罚，异是非，明好恶，检奸邪，消佚乱。

民知畏法，而无礼义；于是中圣乃设辟雍庠序之教，以正上下之仪，明父子之礼，君臣之义，使强不凌弱，众不暴寡，弃贪鄙之心，兴清洁之行。

礼义不行，纲纪不立，后世衰废，于是后圣乃定五经，明六艺，承天统地，穷事察微，原情立本，以绪人伦，宗诸天地，纂修篇章，垂诸来世，被诸鸟兽，以匡衰乱，天人合策，原道悉备，智者达其心，百工穷其巧，乃调之以管弦丝竹之音，设钟鼓歌舞之乐，以节奢侈，正风俗，通文雅。

后世淫邪，增之以郑、卫之音，民弃本趋末，技巧横出，用意各殊，则加雕文刻镂，傅致胶漆丹青、玄黄琦玮之色，以穷耳目之好，极工匠之巧。

夫驴骡骆驼，犀象玳瑁，琥珀珊瑚，翠羽珠玉，山生水藏，择地而居，洁清明朗，润泽而濡，磨而不磷，涅而不淄，天气所生，神灵所治，幽闲清净，与神浮沈，莫不效力为用，尽情为器。故曰，圣人成之。所以能统物通变，治情性，显仁义也。（《新语·道基篇》）

上述引证可以被看作是中国哲学对技艺—价值关系提供的一种以道为中心的整体论论述。所谓"道"既是道家的学说范畴，又含有儒家的道德仁义概念，而所谓"道基"则表明"道"是一切事物或活动的根基，类似于柏拉图的罗格斯。《道基篇》开篇就引《周易》认为，万物都是天生地养的，圣人则顺应这一规律以成事，道术乃至各种技艺的诞生则与圣人的功德参与有关。如果按照古希腊人的争论线索，道基似乎可以分为自然之道和人伦之道。自然包括天和地，天以养育众生，地以载立万物，其中众星环卫北斗星，与春、夏、秋、冬相关联的酸、苦、辛、咸及调和四味的滑、甘等，以灾害或祥瑞宣告其意志，制约着人间世事，此即自然之道。作为人的代表，"先圣"、"中圣"和"后圣"表现为如下历史秩序："先圣"观天察地、规划天地和人类社会，如神农教民辨五谷粮食，黄帝教民盖房屋，后稷（传说是有邰氏女踏巨人足迹感孕而生的周族祖先）教民耕种，大禹教民治水，奚仲（黄帝的后人）教民造车，皋陶（传说是尧的法官）教民法度等；"中圣"进行办学以及礼仪、等级和尊卑之教化；"后

圣"（即孔孟等圣人）则删修编定《易》、《尚书》、《诗》、《礼》、《春秋》
五种经典，明确礼、乐、射、御（驭）、书和数六艺。这里引出中国古代
诸多技艺活动，如耕种、建造房屋、医药、治水、制造舟车、制造陶器、
音乐、雕刻、射击、算术等。这些技艺活动如果不是"弃本趋末"的话，
那么似乎也与古希腊人的设想一样包括两种价值诉求：一是强调实用、便
利的自然价值，种食五谷以解决温饱，建造宫室以避风雨，制造舟车以代
人力行走，等等；二是礼仪、审美和法度一类的规范价值，如雕刻和油漆
以穷人耳目等。规范价值的意义在于，消除因自然价值蔓延的消极意义，
即制备器械会导致人的好逸恶劳、避重就轻和重易轻难。按照这种理路，
可以给出如下与古希腊人类似的技艺—价值结构图：自然（天地）—自然
之道（随应自然）—便利、审美和实用—道—法度、审美和礼仪—人伦之
道（功德参合）—人（内圣外王或圣王或圣人）。

　　陆贾虽然提到了天然的天地，但并未给出自然的概念。这里的问题在
于，中国古代哲学是否存在着与古希腊人相同或不同的自然概念？我国学
者一般把老子作为最早将"自然"概念引进哲学思考的人（张岱年，1982
年：421），但在老子以后的哲学思想中，"自然"常被用来指称不同于人
伦的天然状态，因此被批评为"蔽于天而不知人"（《荀子》第21章）。
王庆节试图打破这种将"天然"与"人为"绝对区分的对立看法，确立了
另外一种对老子"自然"概念的理解方式（王庆节，2004年：143～
163）。有关老子在《道德经》第25章中引出"自然"概念的一段语录，
王庆节注意到传统通行版本与唐代道家李约注释本有着句读方式的明显不
同，分别是：

　　　　道大，天大，地大，王亦大。国中有四大，而王居一焉。人法
　　地，地法天，天法道，道法自然。
　　　　故道大，天大，地大，王亦大。域中有四大，而王居其一焉。人
　　法地地，法天天，法道道，法自然。

　　如果按照前一句读方式，其意即为历代注释家和研究者们的一般看
法：一是老子给出一个宇宙的等级秩序，"道"位于顶端，作为人的
"王"为末端，"天"和"地"位于中间；二是"自然"不是"实体
物"，而是不同于"天"、"地"和"王"的"道"的"自然而然"。尽

管后一方面与古希腊人的自然实体概念不同，但这种解读整体上包含三个方面的不连贯：一是"法地"、"法天"和"法道"的效法对象与"法自然"的效法对象的句法不连贯；二是"道大"、"地大"和"天大"的"大"与"王亦大"的"大"的语义不连贯；三是按照"四大"规定得出的"道"、"天"、"地"、"王"均应效法"自然"与按照等级秩序规定得出的"道法自然"排斥"王"、"天"和"地"效法"自然"的逻辑不连贯。为了解决这些问题，王庆节依照李约的句读方式，提出两点看法：一是道、天、地和人只是一种平行关系，人（"王"）作为"四大"之一的"自然"就在于效法地之为地（"地地"）、天之为天（"天天"）和道之为道（"道道"），这就是"法自然"；二是其中重复的"地"、"天"和"道"分别各有一个是动词，表明人所效法的"地"、"天"和"道"是"自然而然"的，这可以解释"道大，天大，地大，王亦大"的"大"。他也由此解释了《道德经》第25章的上半部分："有物混成，先天地生，寂兮寥兮，独立而不改，周行而不殆。可以为天下母，吾不知其名，字之曰道，强名之曰大。大曰逝，逝曰远，远曰反。"这里的"逝"、"远"和"反"都是对"大"的解释和延伸，因此"老子的'四大'无非是宇宙间的'四大'的自身生发、生成过程罢了"（同上：151），所谓自然就是自然而然或自己而然之意。

正是在以上意义上，王庆节指出："任何一种事物，无论它低贱如无生命的岩石，还是高贵如有意识、有思想的人，当它以一种自己而然（self－so－ing）的方式自生、自长、自成、自衰、自灭之际，并由于这种自己而然而向自身产生出一种肯定性的要求之时，它就展现出老子自然观念中的'积极意义'；与之相应，当它根据同样的理由要求自己对他人、他物的'他者的自己而然'（other－in），或者要求他人对作为他者的他者的'自我'的'自己而然'加以尊重和不得干涉之际，它就展现出老子'自然'观念中的'消极意义'或'否定性意义'。"（同上：144）自然概念的积极意义和消极意义其实是自然作为整体的两个方面，对"自己而然"意义的正面肯定同时也就包含了反对任何对这种"自己而然"的压制、干涉或破坏。这意味着老子在哲学上试图给予"他者"以合法性，为"自我"设限，建立起"他者"的界限并加以尊重。这一思想可以通过老子的"无为"概念表现出来，它从"是"的事实命题转向了"是否应该"的价值命题，"暗示了中国哲学传统中'实践论'之于'认识论'的优先地位"（同上：161）。也就是说，中国传统哲学的自然概念问题，从根本上说不是一个科学认识问题，而是一个实践问题。

在中国古代道家哲学传统中，当从老子的自然概念导向人的实践向度时，必然会转到庄子的技艺概念上来。在《庄子》中，与技艺概念相关的词语主要包括"技"、"艺"、"术"和"工"。"技"有多种含义，其中"今一朝而鬻技百金"（《庄子》第1章）的"技"指制造或锻造之意，"技盖至此乎"、"因众以宁所闻，不如众技众矣"（《庄子》第3章）、"骐骥骅骝一日而驰千里，捕鼠不如狸狌，言殊技也"（《庄子》第17篇）和"三年技成而无所用其巧"（《庄子》第32章）的"技"意指技巧、技能或才能。"犹百家众技也"（《庄子》第33章）的"技"则指思想或学术方法，与"天下之治方术者多矣，皆以其有为不可加矣！古之所谓道术者，果恶乎在"（同上）和"彼假修浑沌氏之术者也"或者"且浑沌氏之术"（《庄子》第12章）的"术"具有相近之处。当然"术"也还有更为一般的方法、手段或途径之意，如"君之除患之术浅矣"、"子何术之设"（《庄子》第20章）和"臣，工人，何术之有"（《庄子》第19章）、"心术之动"（《庄子》第13章）的"术"则指心机或心眼。"工"是对工匠的称呼，如"百工有器械之巧则壮"（《庄子》第24章）等；还指擅长于某种技艺活动或指各种技艺领域，如"工为商"（《庄子》第5章）等。"工"或"术"可以归入"技"的概念范畴，如"工技不巧"（《庄子》第31章）就把"工"（匠）与"技"联系起来，意指工匠的技艺没有达到精湛程度。但无论是"术"还是"工"均具有技艺价值中立之嫌，因为"俪工倕旋而盖规矩，指与物化而不以心稽，故其灵台一而不桎"（《庄子》第19章），"毁绝钩绳而弃规矩，俪工倕之指，而天下始人有其巧矣"（《庄子》第10章）。如果说庄子对技艺的工具方面给予了批判的话，那么庄子便倡导技艺与价值合一的实践方式，只是要做到这一点唯有以圣王、圣人或真人为榜样。"夫工乎天而俍乎人者，唯全人能之"（《庄子》第23章）；"是于圣人也，胥易技系，劳形怵心者也"（《庄子》第11章）。同样的，"说圣邪，是相于艺也"（同上），则将"艺"与圣人相提并论，表明"艺"不能脱离圣德而存在，但"能有所艺者，技也"（《庄子》第12章），以"艺"对"技"加以界定，因此在《庄子》中"技艺"本身负载道德和价值。有关这一点，还可以从"说礼邪，是相于技也"（《庄子》第

11 章)、"臣之所好者道也，进乎技矣"（《庄子》第 3 章）等说法看出。正是在由"道"至"技"或由"技"至"道"意义上，我们可以对庄子的技艺—价值整体论思想给予阐释。以下是《庄子》涉及技艺概念的完整引证：

> 故通于天地者，德也；行于万物者，道也；上治人者，事也；能有所艺者，技也。技兼于事，事兼于义，义兼于德，德兼于道，道兼于天。（《庄子》第 12 章）

对于上述文字的一般理解是把"道"统摄万事作为前提，然后按照两个方向展开：自上而下言之，道通于天，施于地，行于万物，贯穿于政事，支配技艺；自下而上言之，技艺合于政事，政事合于义理，义理合于德，德合于道，道合于天，因此"道"、"德"、"义"、"事"、"技"，"道"一以贯之。但就技术哲学来说，这种理解显然存在如下问题：一是忽视了圣王或圣人作为人的主体存在，仅仅把"道"看作是抽象的绝对原则；二是如果将"上治人者，事也"局限于"政事"，那么"技兼于事"的"技"就只能限于"政治技艺"，这与《庄子》中"技"的广泛含义不相吻合；三是自下而上的"技"、"事"、"义"、"德"、"道"和"天"的各"兼"显然存在一个等级，似乎只有"道"兼于"天"，"技"、"事"、"义"和"德"不别兼于"天"，这不符合顺遂自然或自然而然的道家思想传统；四是自上而下的"天"、"德"、"道"、"事"和"技"与自下而上的"技"、"事"、"义"、"德"、"道"和"天"，并不存在可逆的对等一致。为了解决这些问题，可以仿照李约的句读方式，将上述引证的后半句转变为如下表述："技兼于事事，兼于义义，兼于德德，兼于道道，兼于天。"由此我们把这段话做出与前面老子"自然"概念相一致的理解或诠释：一是在圣王或圣人意义上，"技"、"事"、"义"、"德"、"道"和"天"并不存在一种等级秩序，而是一种整体关系，不能把它们随意分割开来，所谓"技"不仅仅是指政治技艺，而是各种与人相关的做事方式（"事事"），而"技"之道则在于其兼于事之为事（"事事"）、义之为义（"义义"）、德之为德（"德德"）和道之为道（"道道"），这就是"兼于天"，即技艺的自然而然；二是"技兼于事事，兼于义义，兼于德德，兼于道道，兼于天"中的一个"事"、"义"、"德"、

"道"作为动词表明技艺负载的"事"、"义"、"德"和"道"的自我生发过程，即"有所艺"、"上治人"、"通于天地"和"行于万物"。正是在这种意义上，"以道泛观而万物之应备"（同上）包含了技艺之道，而圣王或圣人则已在技艺之道方面提供了示范，"古之畜天下者，无欲而天下足，无为而万物化，渊默而百姓定"，"玄古之君天下，无为也，天德而已矣"（同上）。有关这一说法，老子也曾经说道："圣人抱一以为天下式：不自见，故明；不自是，故彰；不自伐，故有功；不自矜，故长。"（《老子》第 22 章）只是老子并未像庄子那样，把这种思想直接同技艺联系起来。

应该说，在"自然"概念问题上，庄子采取了与老子基本上类似的看法或观点。"吾所谓无情者，言人之不以好恶内伤其身，常因自然而不益生也"（《庄子》第 5 章），"莫之为而常自然"（《庄子》第 16 章），"知尧、桀之自然而相非，则趣操睹矣"（《庄子》第 17 章），"夫水之于灼也，无为而才自然矣"（《庄子》第 21 章），"真者，所以受于天也，自然不可易也"（《庄子》第 31 章），这些说法中的"自然"概念都指自动生成的自然而然或自己而然之意。现在如果将道家哲学的这种"自然"概念与技艺概念结合起来，技艺便成了一种自然而然的实践方式。但这里一个非常现实的历史问题是：如果在人的生存意义上不能完全拒绝技艺干涉自然的话，那么技艺应该采取一种什么样的技艺方式做到自然而然呢？按照"自然"的自己而然或自然而然概念，技艺作为人类一项实践活动显然包含两个向度：一是人的技艺活动需要随应人自身的自己而然，即人的自生、自长和自成的生存需要或人的技艺目的、功能和价值；二是人的技艺活动对他者（他人或他物）有所干涉要确立的便利或效用，一定是要随应他者的自然而然加以尊重。这两个方面均是出于自己而然，分别构成了技艺的建构和批判向度。关于前一向度，老子说："道生之，德畜之，物形之，而器成之。"（《道德经》第 25 章）如果把"器成之"看作一种人工造物的技艺活动的话，那么技艺活动必定不能离开"道成之"、"德畜之"和"物形之"。庄子也说："夫至乐者，先应之以人事，顺之以天理，行之以五德，应之以自然。"（《庄子》第 14 章）对于后一向度，老子的"无为"概念具有对技艺活动的批判含义，即人的技艺活动不应对他人或他物的自然而然进行强制或侵犯。老子说："是以圣人欲不欲，而不贵难得之货；学不学，而复众人之所过；能辅万物之自然，而弗敢为"（《道德经》第 64 章）。庄子则说："吾又奏之以无怠之声，调之以自然之命。"（《庄子》第 14 章）在这里技艺的价值意义既不是无所作为，更不在于违背人和自然的自己而然，而在于达成自我与他人和他物的和谐统一。

古希腊哲学和中国道家哲学对自然的理解显然存在较大差异：前者强调自我生成的自然实体，因此与人有着明显的分割，后者的自然概念是一种自然而然方式，而非实体，因此能够统摄万物，包括天然与人为的任何事。前面已经表明技艺与人和物（天然物）均能够在自然而然意义上达到统一，下面将要说明的是可以在价值意义上达成技艺、人和物之间的相互诠释。《庄子》中涉及有关技艺活动的内容多为寓言故事，其寓意或隐喻之意包含的这种哲学解释方法在于寻找宇宙或世界的自然而然之道，这至少包含三个方面内容：

（1）技艺活动非只掌握了价值中立的方法或手段而已，而是人要对人的目的与他物的对象整体把握，经过自然而然的实践训练进入出神入化的自然而然境地，即以自然而然成就高超技艺。"梓庆削木为锯，见者惊犹鬼神。鲁侯见而问焉，曰：'子何术以为焉？'对曰：'臣，工人，何术之有？虽然，有一焉。臣将为锯，未尝敢以耗气也，必斋以静心。斋三日而不敢怀庆赏爵禄，斋五日不敢怀非誉巧拙，斋七日辄然忘吾有四肢形体也。当是时也，无公朝，其巧专而外滑消。然后入山林，观天性，形躯至矣然后成，见锯然后加手焉。不然则已，则以天合天。器之所以疑神者，其是与'！"（《庄子》第 19 章）在这里"以天合天"，就是在技艺活动中以自己的自然而然会合他物的自然而然。"入山林"之前的"斋以静心"等准备工作说的是排除一切意识，包括排除"庆赏爵禄"的功利意识、"非誉巧拙"的名誉意识、"忘吾有四肢形体"的自我意识，返回到自然而然的心态。然后"入山林，观天性"，以自己的自然心态体会他物的自然本性，"形躯至矣然后成，见锯然后加手焉"，强调人与他物的自然契合，当发现林木之自然形躯酷似一锯时，才用手把它做成锯子。

（2）如果把技艺活动看作人的一种自然而然的经验实践方式，那么在隐喻意义上也可以技艺活动对天然的他物和人的认知的自然而然做出解释，也由此显现出技艺活动的美学含义。"庖丁为文惠君解牛，手之所触，肩之所倚，足之所履，膝之所踦，砉然响然，奏刀騞然，莫不中音。合于桑林之舞，乃中经首之会。文惠君曰：'嘻，善哉！技盖至此乎？'庖丁释刀对曰：'臣之所好者道也，进乎技矣。始臣之解牛之时，所见无非牛者。三年之后，未尝见全牛也。方今之时，臣以神遇而不以目视，官知止而神

欲行。依乎天理，批大郤，道大窾，因其固然。技经肯綮之未尝，而况大
軱乎！良庖岁更刀，割也；族庖月更刀，折也。今臣之刀十九年矣，所解
数千牛矣，而刀刃若新发于硎。彼节者有间，而刀刃者无厚；以无厚入有
间，恢恢乎其于游刃必有余地矣，是以十九年而刀刃若新发于硎。虽然，
每至于族，吾见其难为，怵然为戒，视为止，行为迟。动刀甚微，謋然
已解，如土委地。提刀而立，为之四顾，为之踌躇满志，善刀而藏
之。'"（《庄子》第 3 章）这一寓言一方面展示了技艺生成的自然而然
方式，但更重要的是这种技艺活动使庖丁获得了"目无全牛"的自然而
然之道。庖丁所看到的"骨肉"是自然而然的存在物，当然这种"骨
肉"也是牛。这表明"牛并不一定只能被看作牛，它也可以被看作一组
骨肉"，因此"作为一个存在物，同一样东西既是牛也是一组骨肉"（李
晨阳，2005 年：18）。也就是说，在认识论上人对物的认识并非只有一
个答案，只不过不同的答案仍然是来自自然而然。庄子说："道行之而
成，物谓之而然。恶乎然？然于然。恶乎不然？不然于不然。物固有所
然，物固有所可。无物不然，无物不可。故为是举莛与楹，厉与西施，
恢诡谲怪，道通为一。"（《庄子》第 2 章）在这里"物谓之而然"的主
观认识与"物固有所然"的客观自在两者之间的同一性表明，人尽管对
同一物可以有不同角度的认识，但不能任意地把它看作任何东西。正是
在这里可以从技艺活动的认识论角度转向其伦理学或美学角度：庖丁使
用"无厚"之刃进入"有间"的骨节之间，达到"游刃有余"的美学高
度；但一旦像"族庖"那样费刀于"有间"之外，就只能获得"难
为"、"怵然"、"视为止"、"行为迟"的不快感觉。

　　以上有关通过技艺隐语来解释自然而然的观点，也可以从如下寓言故
事获得说明：

　　　桓公读书于堂上，轮扁斫轮于堂下，释椎凿而上，问桓公曰：
"敢问，公所读为何耶？"公曰："圣人之言也。"曰："圣人在乎？"
公曰："已死矣。"曰："然则君之所读者，故人之糟粕已夫！"……
"臣也以臣之事观之。斫轮，徐则甘而不固，疾则苦而不入。不徐不
疾，得之于手而应于心，口不能言，有数存焉于其间。臣不能以喻臣
之子，臣之子亦不能受之于臣，是以行年七十而老斫轮。古之人与其
不可传也死矣。"（《庄子》第 13 章）

通过技艺实践所能把握的世界比通过言语或概念更接近真理，而这种真理的世界正是语言或概念要显现的世界。关于语言与真理的关系，庄子中有许多论述，如"夫《六经》先王之陈迹也，岂所以迹哉？今子之所言，犹迹也。夫迹，履之所出，而迹岂履哉？"（《庄子》第 14 章）这里用足迹比作言语，而用鞋子比喻事实，足迹只是鞋子的痕迹，并不能代表鞋的全部特质，从而形象地说明了语言或概念的局限性，因为不发表言论的自然事物之理与分辨事物的主观言论并不相同，"不言则齐，齐与言不齐，言与齐不齐也"（《庄子》第 27 章）。在认识到言语的不确定性和局限性之后，那么怎样才能更加接近自然事物的本来面目呢？庄子通过桓公与轮扁的寓言，主张知识并不是能够从言语或概念中全部学到，而是要像轮扁从事技艺活动那样通过人体与事物相应才能生成，此即庄子说的"天地有大美而不言"的深刻含义。

（3）无论是以自然而然成就高超技艺还是以技艺解释物的自然而然，都要回到以技艺诠释人自身的自然而然上来，并从此来说明技艺活动的伦理价值意义。梓庆削木为锯的寓言隐喻的是人为了养足精神需要抛弃世事和心正气平，与天然物推移变化和自我更新一致，从而可以反过来辅助天然物化育，此即"达生"。与此类似，庖丁解牛的寓言隐喻的是人应顺循天然正中之道以为常法，以保全身体，不辱身以伤命，此谓"养生"。文惠君听了庖丁有关解牛技艺的高论后说道："善哉！吾闻庖丁之言，得养生焉。"（《庄子》第 3 章）这里所谓"养生"是指人的自然而然与他物的自然而然融合为一，并在一个"以无厚入有间，恢恢乎其于游刃必有余地"的境域中展开。圣人并不具有超乎常人的现成德性，他的德性在于不拘泥于任何可能性，不偏倚任何一种现成状态。只有这样才能够成就万物，展开各种可能性，使得自然而然的现成状态显露出来。《庄子》中诸多有关技艺的寓言显然不是教导人如何追求技艺的精湛，而是引导人怎样才能在日常生活中把握人与物的自然而然本性，怎样才能重新拥抱自然，怎样才能按照自然而然的本性生活。但这种引导又何尝不是一种对人的技艺活动的伦理价值导向呢？所谓"技兼于事，事兼于义，义兼于德，德兼于道，道兼于天"是指，不仅技艺活动要因材制宜、因具体用途制宜，而且技艺活动应充分考虑人的伦理、道德和情感，同时应充分结合环境因素。关于这一点，也许可以进一步从对技艺活动的产品或人工造物——

"器"的哲学分析中得到理解。

2.3　道器合一：人工造物的文化建构特质

技艺—价值问题涉及自然与实践的关系，但这种关系也通过技艺产品或技艺性存在物表现出来。一般来说，经过生产或制造活动创造出来的产品或存在物称为人工造物（artifact），如艺术品、工艺产品和社会习惯等。在物的意义上，人工造物作为人技艺活动的实践对天然物进行价值转换的结果或产物，可以体现出"存在物"（existence 或 beings）与"本质"（essence）之关系的一般哲学问题。存在物概念回答的问题是是否为某物，本质概念回答的问题是物是什么。这种"是"和"所是"似乎构成了西方哲学传统围绕"存在问题"（question of being）涉及的两个独立概念，但它们所受到的关注显然不同。与存在物作为一个难以界定的概念并未在西方哲学传统中占据主流地位不同，本质概念在西方主流哲学中占据中心地位，并经过现代科学发展所丰富，本质本身因此成为知识内容。正如自然与实践的关系问题一样，存在物与本质的关系问题也是整个西方哲学思想的基础，并与技艺概念纠缠在一起。古希腊人正是借助技艺产品或实践活动产生的人工造物模式，来想象或诠释自然甚至整个世界或宇宙。

就人工造物来说，存在物与本质存在明显区别。人工造物最初作为一种理念而存在，然后才通过人的制造活动成为存在物。值得注意的是，人工造物的理念并不是随意的或主观的，而是属于技艺的知识范畴。每种技艺都包含了先于制造行为的造物本质，因此物的理念或本质是一种独立于物自身及其制造者的实体或实在。也就是说，人工造物的目的或筹划包含在其理念中，属于世界的客观层面。但存在物与本质之间的这种区分并不明显，物毕竟不能与本质相分离，本质并不能独立存在。如同人工造物一样，花儿与使其成为花儿的东西共在，"是"和"所是"同在。花儿的本质概念是后天建构的，这只是人的滞后反映，并非自然的存在物所使然。但与人工造物的技艺活动不同，有关自然的知识似乎是一种纯粹的人类行为，它似乎可以独立于自然本身。柏拉图的"型相"或理念理论作为西方哲学传统基础，是说物的概念存在于一个先于物自身而存在的理念王国里，它使人们能够了解和认识该物。值得注意的是，这种理念理论类似于前面分析技艺时所得出的结论：理念独立于物。但柏拉图并没有将其理念理论仅仅限于人工造物范畴，而是将它应用到所有存在物。也就是说，柏拉图借助技艺的结构形成，不仅解释了人工造物，而且也试图解释自然。如同人工造物一样，他把自然看作是由存在物与本质组成的实体，这一点构成了古希腊哲学本体论基础。其结果是技艺制造与天然的自我生成并不存在根本差别，因为它们拥有共同的结构。既然技艺包含目标和意义，柏拉图及其学生亚里士多德等古希腊哲学家在参照人工造物模式理解自然王国时，便对自然界作出了目的论诠释。按照这种目的论诠释，所谓世界不过是充满了意义和意向的时空结构。这种世界观又要求与之相适应的人类观念，即人类并非自然的主人，但却可以利用自然的潜在力量使有序世界为人所用。

根据以上对古希腊哲学的历史考察，芬伯格认为："技术哲学肇始于古希腊人，它事实上是全部西方哲学的基础。"（Feenberg，2005：24）这种断言强调的是，古希腊人参照人工造物的目的和意向，以目的论对物质世界的本质进行追问，从而为西方哲学传统奠定基础。目前有关中国古代哲学思想研究，还没有表明它基于人工造物模式来解释世界，但中国古代哲学中的一个重要概念——"器"毕竟与西方人的人工造物概念有着相似的人工之意，其是否是以"器"的概念来成就自身独特的哲学传统是一个颇为有趣的技术哲学主题。

中国古汉语里没有"哲学"这一词汇，但中国古代思想中的"道"概念近似于古希腊人罗格斯或理念之类的哲学本质追思。正是在对"道"的追问中，涉及到"器"的概念。《周易·系辞上》说："形而上者谓之道，形而下者谓之器。"现在人们使用的"形而上学"一词译自西语"metaphysics"，在今天特指唯心主义哲学，即超越物质实践的哲学意识。如果在这种意义上来理解《周易》，似乎中国古代哲学就只是追问"道"，"器"完全可以弃之不顾。但"形而上学"一词最初来自古希腊亚里士多德的"第一哲学"，意指存在之为存在的学问，要回答的问题是什么东西存在以及如何存在。如果在"形而上学"的亚里士多德意义上理解《周易》，就应该对"形"、"道"、"器"的整体关系做出诠释。清代学者戴震曾解释说："形谓已成形质，形而上犹曰形以前，形而下犹曰形以后。阴阳之未成形质，是谓形而上者也，非形而下明矣。"（《孟子字义疏证·天道》）这里"形"是指形状、形制和造型等，以"形"对"道"与"器"所做的区分是："形而上"的"道"是无形的或者超越人工制造的，是对宇宙万物、人生和社会运动的最高抽象，包括宇宙本体、规律、道德、治理、道术、方法、知识等，如"变化之道"、"一阴一阳谓之道"（《周易·系辞上》）说的是规律和本体；"形而下"的"器"是有形的天然之物或经过制造的人工之物，"如见乃谓之象，形乃谓之器"（《周易·系辞上》）说的是一切器物的有形或造型，"《易》有圣人之道四焉：以言者尚其辞，以动者尚其变，以制器者尚其象，以卜筮尚其占"（《周易·系辞上》），指出了人尚象制器或按照某种形态制造产品，"备物致用，力成器以为天下利"（《周易·系辞上》），说明了器作为人工造物的实用功能。"器"作为人工造物的概念，也可以从中国其他古代经典著作获得佐证。《周易》中的"器"主要是指与"道"相对的物的概念，它在天然与人工之间的区分并不是十分清晰。但《周礼》第5章的"冬官考工记"显然突出了"器"的人工之意，"审曲面势，以饬五材，以辨民器，谓之百工"说的是古代"天之六工"（土工、金工、石工、木工、兽工、草工）通过各种技艺活动，按照一定规格或标准对天然物进行改造，然后制造出各种产品，这些人工产品就是"器"。《东方朔传》中的"程其器能用之如不及，又驿程道里也，又示也"，进一步说明了"器"作为产品必须要按照一定规矩制造而成。老子和庄子明确地将万事万物区分为天然造物和人工造物，如"朴散则为器"（《道德经》第28章）、"人多利器"（《道德经》第57章）、"残朴以为器"（《庄子》第9章）等所说的"器"，都是基于对天然与人工的区分基础。

如果认为"形"是人工造型或形质，"器"指非隐喻的人工造物，那么正如古希腊人认为人工造物是从目的或理念开始一样，人工器物也是以人的无形的设想或者道为开端，然后经过制造、生产被赋予造型或形质，最后才成为人工之"器"。如下引证是对这种从"道"到"形"至"器"的整体关系的经验描述：

> 国有六职，百工与居一焉。或坐而论道，或作而行之，或审曲面执，以饬五材，以辨民器，或通四方之珍异以资之，或饬力以长地财，或治丝麻以成之。坐而论道，谓之王公；作而行之，谓之士大夫；审曲面执，以饬五材，以辨民器，谓之百工；通四方之珍异以资之，谓之商旅；饬力以长地财，谓之农夫；治丝麻以成之，谓之妇

功。……知得创物，巧者述之守之，世谓之工。百工之事，皆圣人之作也。铄金以为刃，凝土以为器，作车以行陆，作舟行水，此皆圣人之所作也。（《周礼》第5章）

以上描述表明，古代器物是一个从"坐而论道"的造物构思到富于艺术想象力的"巧者"的"作而行之"，最后由"工"通过"饬五材"的"守之世"的形质物化过程而制作为"器"。"冬官考工记"把这一人工造物过程看作"圣人之作"，不过仍有分工："坐而论道"者为王公，"作而行之"者为士大夫，"饬五材"者为百工，"通四方之珍异"者为商旅等等。这种分工与柏拉图说的哲学王或贵族阶层贬抑技艺活动不同，"坐而论道"的王公和"作而行之"的士大夫并非耻于器物制造，而是以内圣外王为模板直接参与器物的设计和制造等技艺活动，把"辨民器"的百工设置为"国有六职"之一。《拾遗记》第2卷中说"禹铸九鼎"，《楚辞·王逸传》说轩辕"始作车服，天下号之为轩辕氏"，《山海经·海内经》说"少皞生般，般是始作弓矢"，《周易·系辞下》说"神农氏作，斫木为耜，揉木为耒，耒耨之利，以利天下"，《艺文类聚》第9卷引《周易》说神农"作陶冶斤斧"等，都说明中国古代器物尤其是宫廷礼器制作乃是国家大事。

从"道"到"形"至"器"的形而上学或者本体论追问，主要表现在道家思想中。老子说："道可道，非常道；名可名，非常名。无名天地之始，有名万物之母。"（《道德经》第1章）"道冲，而用之或不盈。渊兮，似万物之宗。"（《道德经》第4章）"道之为物，惟恍惟惚。惚兮恍兮，其中有象，恍兮惚兮，其中有物。"（《道德经》第21章）"有物混成，先天地生。寂兮寥兮，独立而不改，周行而不殆，可以为天下母。"（《道德经》第25章）这里表明"道"是"形而上"的"无"，"无状之状，无物之象"（《道德经》第14章），但天地是有形的，其"形"为"大"和"伸"、"长"和"久"，因此老子说"天长地久"（《道德经》第7章）。天地间的自然"万物"和"众物"，其天然之"形"为"朴"，当此"朴"破坏时便变成人工造物，所以老子说"朴散则为器"；作为人工造物的"埴器"、"兵器"、"利器"、"法物"、"奇物"等，其人造之"形"为之"利"和"用"，所以老子说"有之以为利"和"有车之用"、"有器之用"、"有室之用"（《道德经》第11章）。在这里从天然造物到人工造物是一个技艺制造或形制过程，其"形"的转换是从"朴"到"利"、"用"以及结构或外观的美学特征显现。

正是由于作为人工造物的"器"之"形"较之其他天然造物更容易为人所把握，因此可以反过来从"器"之"形"参透万事万物之"形"，然后超越"形"追问人间乃至世界之"道"。在这种意义上讲，与古希腊人把人工造物作为解释世界的模式相似，中国古代哲学实际上也试图以"器"的概念来诠释世界。老子的"天下神器"（《道德经》第 29 章），实际上是用来隐喻天地、天下之"大物"。老子还说："天地之间其犹橐乎？虚而不屈，动而愈出，多言数穷，不如守中。"（《道德经》第 5 章）。这里作为"器"的"橐"即风箱，是古代冶铸生产过程中吹风炽火的重要设备。风箱在使用时鼓动成风，助人成事；不需要时，便悠然止息，缄默无事。老子用"橐"为喻，以气喻道，说明物质世界及世间一切活动，犹如气的合分变化，动而用之便有，静而藏之，就好像停留在止息的存在状态。但与古希腊人以人工造物模式侧重于解释自然客体结构不同，中国古代哲学以"器"解释世界的一切方式都要落脚到人道上来。老子的"大器晚成"（《道德经》第 41 章）以及庄子的"故天下大器也，而不以易生"（《庄子》第 28 章）和"彼圣人者，天下之利器也，非所以明天下也"（《庄子》第 10 章），均是用"器"隐喻具有高尚道德操守的圣人、圣王、至人、真人和"大人"；庄子的"名，公器也"和"怨、恩、取、与、谏、教、生、杀八者，正之器也"（《庄子》第 14 章），则以"器"表明人的语言、心理和行为的正确运用。"器"作为技艺性的人工造物或产品，由于自身兼备的天然和人工结构，因此具有多重实用和美学之"形"，其各种隐喻意义自然可以用来诠释人的礼仪和美德。孔子作为儒家思想奠基者，为以器论人德提供了经典解释方式：

　　　　子贡问曰："赐也何如？"子曰："女，器也。"曰："何器也？"曰："瑚琏也。"（《论语》第 5 章）

如果联系到子贡是一个成功的生意人，"赐不受命，而货殖焉，亿则屡中"（同上），那么孔子用玉器瑚琏形容子贡也许包含了对商人重利的贬低之意。但朱熹在这里对"器"做了另一种注解，他说："器者，有用之成材。夏曰瑚，商曰琏，周曰簠簋，皆宗庙盛黍稷之器而饰以玉，器之贵重而华美者。"（《论语集注》第 3 卷）如果按照这种注解，那么孔子的隐喻便含有以器喻德的赞赏之意。事实上，孔子为了赞赏子贡曾引《诗》说："如切如磋，如琢如磨。"这说明即使是重利的商人，也能如同玉器那样不断雕琢成器而提升自己的高尚道德人格。"子贡曰：'有美玉于斯，韫椟而藏诸，求善贾而沽诸？'子曰：'沽之哉！沽之哉！我待贾者也！'"（《论语》第 9 章）子贡报孔子以器（美玉），孔子欣然接受，更说明孔子以器的形美喻人之美德。孔子以后的人们也多以器字论人，如器宇、器局、器量、器度、器能、器识、器重等，多是按照器的形态、结构和功能特征来隐喻人的各种德能。《礼记》就曾借孔子之口，更是坚持了这种解释方式：

> 子贡问于孔子曰："敢问君子贵玉而贱玟者何也？为玉之寡而玟之多与？"孔子曰："非为玟之多故贱之也、玉之寡故贵之也。夫昔者君子比德于玉焉：温润而泽，仁也；缜密以栗，知也；廉而不刿，义也；垂之如队，礼也；叩之其声清越以长，其终诎然，乐也；瑕不掩瑜、瑜不掩瑕，忠也；孚尹旁达，信也；气如白虹，天也；精神见于山川，地也；圭璋特达，德也。天下莫不贵者，道也。《诗》云：'言念君子，温其如玉。'故君子贵之也。"（《礼记》第 48 章）

按照这种解释，玉器由特定石料加工而来，其品种包括盛器、玉玺、朋币、佩饰（玉衣）以及其他造型等，它们所以受到人的重视是因为它的形质特征（如光洁、美丽、坚实等）具有喻仁、知、义、礼、乐、忠、信、天、地、德、道之用，前七项为君子诸种美德，后四项则是宇宙普遍概念。《荀子》第 30 章、《孔子家语》第 8 卷"问玉"第三十六，也有类似于《礼记》的解读或诠释方式。但玉器的形质特征隐喻特定的美德范畴毕竟会随不同人的联想而有所不同，因此《说文》展示了另外一种隐喻内涵："石之美有五德者"，此五德为仁、义、智、勇和絜。由此看出，在中国哲学传统与西方哲学传统形成过程中，技术哲学起着明显不同作用。如果说技术哲学从古希腊开始构成了西方自然主义哲学传统的重要基础的话，那么技术哲学则是中国人文主义哲学传统生成的一个重要方面。

从人文主义传统出发，现在可以转向中国古代哲学对器的文化、伦理价值的意义批判。道家强调天然造物与人工造物之分，认为天然的万事万物都依其天然能力而自由运动，其存在方式是一种自然而然，因此有着快乐和向善的天性，是朴、善的根源；人工行为如果外在于人和物的自然而然，便会导致"朴散"，自然而然的存在方式遭到破坏，最后形成痛苦和向恶。老子的"朴散则为器"，庄子的"故纯朴不残，孰为牺尊！白玉不毁，孰为珪璋"，"夫残朴以为器，工匠之罪也"（《庄子》第 9 章），都表明人工造物或制器是对天然造物的"朴"的干扰、侵犯或消解。如果说人作为特殊的天然造物之"朴"也会受到器的影响，那么器的出现也导致由人组成的社会混乱与道德堕落。老子说："夫兵者，不祥之器，物或恶之，故有道者不处"（《道德经》第 31 章），"天下多忌讳，而民弥贫；人多利器，国家滋昏；人多伎巧，奇物滋起；法令滋彰，盗贼多有"（《道德经》第 57 章）。在这里，无论神器还是利器，舟舆还是甲兵，似乎都会破坏人类社会的淳朴道德风尚。庄子对器的批判继承了老子的思想，但其著名寓言"丈人抱瓮"更为侧重于道德价值评判：

　　　　子贡南游于楚，反于晋，过汉阴，见一丈人将为圃畦，凿隧而如井，抱瓮而出灌，然用力甚多而见功寡。子贡曰："有械而出灌，一日浸百畦，用力甚寡而见功多，夫子不欲乎？"为圃者仰而视之曰："奈何？"曰："凿木为机，后重前轻，挈水若抽，数如溢汤，其名为槔。"为圃者忿然作色而笑曰："吾闻之吾师，有机械者必有机事，有机事者必有机心。机心存于胸中，则纯白不备，则神生不定；神生不定者，道之所不载也。吾非不知，羞而不为也。"（《庄子》第 12 章）

　　庄子在这里借圃者之口对机械化的效率追求展开批判，认定机械会损害心性，"有机械者必有机事，有机事者必有机心"。这里涉及一个普遍的哲学命题是人与人工造物的对立问题，即人工造物本是技术文明发展的重要成果，却反过来成为奴役人、解构人本性的工具或手段。关于这一问题，庄子说："今世俗之君子多危身弃生以殉物，岂不悲哉！"（《庄子》第 28 章），还说"丧己于物，失性于俗者，谓之倒置之民"（《庄子》第 16 章）。这些论述深刻地认识到了人工造物的机巧之性内化于人心，从而遮蔽和损害人的朴质或善性。以器械的利用可能导致人的机巧心理生成来否定机械效率，是否意味着道家哲学是反技术的或完全拒绝人工器物的使用呢？这要从如下两个方面来加以看待：

（1）道家哲学以追求人的本真自由境界为其核心价值观念，倡导人之身体与物化的技艺观念，与此相关的制器和用器应该得到赞扬。庄子虽然对机械技术采取了批判态度，但并不由此反对所有技艺。如庖丁解牛、轮扁斫轮、匠人运斤等，都因技艺而得到庄子的高度赞扬。对这种神乎其技的推崇反映了道家简朴单纯的生活方式理想，但这种返璞归真并不意味着弃器，因为任何技艺活动如果离开了制器和用器便不能施行。事实上，庄子有时对制器和用器还大加赞扬："以天合天，器之所以疑神者，其是与！"（《庄子》第 19 章），"大马之捶钩者，年八十矣，而不失豪芒。大马曰：'子巧与！有道与？'曰：'臣有守也。臣之年二十而好捶钩，于物无视也，非钩无察也"（《庄子》第 22 章）。庄子在这里强调制器和用器的技艺"显然不是机械技术"，而是属于"审美的身体技术"，即"'寓居'或'内化'于物"从而"消除了人与物、心与手之间的隔阂"的技艺活动（贾丽敏，2006 年：74）。只有在这种技艺境界里，制器和用器才能显现本真的天地人道，因此也才能得到提倡。

（2）道家哲学坚持器道合一原则，制器和用器的限度在于不伤及人体和超越自然，从而采取了与物有宜的造物文化包容态度。关于人工造物的功能，可以通过对"器"与"械"的汉语含义获得说明。《周易·系辞上》在哲学意义上将"器"与"道"相对使用，这里"器"必然是有形有象而且可以致用，这只说明了器的有形和有用性，但在空间意义上，"器"显然有着不同于"械"的含义。《说文解字》说"器，皿也"，"众器之口，犬所以守也"，说明"器"作为人工造物包含了空间兼容的意思；"械，桎梏也，从木，戒声"，还作"持"和"治"等管理意用，说明"械"的空间控制含义。孔颖达说"械者，戒也，戒人不得游行也"，也表明了"械"这一意思。至于《周礼》第 1 章说"三岁大计，官吏之治，以知民器械之数"，则是将"器"和"械"并列使用，说明技艺管理问题。尽管在古汉语中"器"与"械"的用法经常在有形和有用的意义上相互替代并互做总称，但按照其基本的空间性含义，两者区别非常明显。《说文解字》说，"有所盛曰器，无所盛曰械"。这是对"器"和"械"典型的空间性界定，而且对于"械"字常常有诸如机巧的贬义解释。《孟子》说，"为机械变诈之巧者，无所用心焉"。这里至少表明，中国古代人工造物包含两大类：一是用于盛、包、导、疏、容、防、乐等的空间内容性"器"类，主要包括陶瓷、鼎、建筑物、道路交通、水渠、乐器等；二是用于攻、治、控、取、记、测、加工等的空间性外控"械"类，如兵械、猎弓和箭、铜壶滴漏、纺棉车以及其他生产性工具（耕犁、锤、剪刀等）或设备。如果认为中国古代哲学思想中把"器"看作一个与"道"相对应的一般概念，那么上面对两类人工造物的区分实际上可以还原为"器"的两种功能：一是包容功能，一是控制功能。

按照以上对器物的功能区分，道家哲学在人工造物观上强调器道合一原则，其意图不仅是对器物的控制功能的批判方面，而且也包含了制器和用器的包容性文化建构向度。老子说："朴散则为器，圣人用之则为官长，故大制不割。"（《道德经》第 28 章）王弼注释道：朴，真也，真散则百行出，殊类生，若器也，圣人因其分散，故为之立官长，以善为师，不善为资，移风易俗，复使归于一也。这就是说，制器会导致天然物的自然而然的物性本质崩解，圣人可以遵循朴的原则，以道治技，使器物复归于世界的自然而然和谐状态。由于人工造物的技艺活动毕竟是为了适应人的生存需求之"利"和"用"，因此这种"朴散为器"与"大制不割"的技术批判—建构机制，显然表现为"有"与"无"、"有用"与"无用"或"有利"与"无利"的辩证实践。老子一方面强调"有之以为利，无之以为用"，"卅辐共一毂，当其无，有车之用。埏埴以为器，当其无，有器之用。凿户牖以为室，当其无，有室之用"（《道德经》第 11 章）。"辐"、"器"（陶器）和"室"均为器物的具体表现，而"无"则成为"器"的本质。所谓"无"在空间意义上显现的是"器"的内容性"物性空间"，应该说是辅助自然的结果，而非如"械"那样对自然带来侵犯或强制。如果从老子用以隐语的"器"概念来加以考察，同样也可以得出相同的结论。"将欲取天下而为之，吾见其不得已。夫天下，神器也，非可为者也。为者败之，执者失之。"（《道德经》第 29 章）在这里老子虽然根据其"无为"概念向人们提出一种政治伦理警示，但从他使用"神器"来作隐喻仍可以看出他把"器"看作是顺应和辅助自然以尊重和承认他物的产物，而反对那种以外在强制和侵犯为特征的"取"、"为"、"执"等行为。在这种意义上讲，"有"和"无"以及相应的"利"和"用"存在一种相互依存和互为前提的辩证整体关系，这一整体关系意味着既要注重现实生活中器物的"有"之"用"，更要注重器物的"无"之空间包容意义。

从器物的空间性功能区分，同样可以就庄子对人工造物的态度做出判断。正如老子一样，庄子将自然哲学与社会人生问题融会在一起。庄子在论述人与物的关系时说："或之使，莫之为，未免于物而终以为过。或使则实，莫为则虚。有名有实，是物之居；无名无实，在物之虚。"（《庄子》第25章）这里物的存在就是无或人的"莫之为"，"物之居"表明了天然造物的在场或空间包容，"物之虚"则意味着天然造物的自然而然展现。但庄子对道、德、真、物等抽象概念的思考始终没有脱离人工造物活动，并从人类福祉这一出发点揭示天然造物与人工造物、无为与有为、无用与有用的互容互纳关系。庄子对这样一种制器活动的清晰描写还来自如下的寓言：

> 北宫奢为卫灵公赋敛以为钟，为坛乎郭门之外，三月而成上下之县。王子庆忌见而问焉，曰："子何术之设？"奢曰："一之间，无敢设也。奢闻之'既雕既琢，复归于朴。'侗乎其无识，傥乎其怠疑；萃乎芒乎，其往送而迎来，来者勿禁，往者勿止；从其强梁，随其曲傅，因其自穷，故朝夕赋敛而毫毛不挫，而况有大涂者乎！"（《庄子》第20章）

正如常翼秋（Chan Wing – Cheuk）指出，从这则寓言中可以发现"人"与"天"（即"朴"、"自然"或"道"）是不同的，奢之所以以很短的时间造出钟来是因为他达到了人与自然互补、有为与无为相容的空我境地（Chan Wing – Cheuk，2003）。不以人工毁天然，毋以制造伤苍生，这是庄子有关人工造物的根本宗旨。庄子的"匠石之齐"寓言更是说明了"无用之用"的包容关系：匠石去往齐国，见道旁有一巨树，大至"百围"，观者甚众。匠石却对它不予理睬，断其为散木。"以为舟则沈，以为棺则速朽，以为器则速毁，以为门户则液瞒，以为柱则蠹，是不材之木，无所可用。"（《庄子》第4章）无用即是此木之本质，如果强取妄为，即使残生伤性，也终归事与愿违。也就是说，无用便是有用。正是在这种意义上，庄子的"惠子有大瓠"寓言表明了有用与无用的明确选择：

> 惠子谓庄子曰："魏王贻我大瓠之种，我树之成而实五石。以盛水浆，其坚不能自举也。剖之以为瓢，则瓠落无所容。非不呺然大也，吾为其无用而掊之。"庄子曰："夫子固拙于用大矣。宋人有善为不龟手之药者，世世以洴澼絖为事。客闻之，请买其方百金。聚族而

谋之曰：'我世世为拼澼絖，不过数金。今一朝而鬻技百金，请与之。'客得之，以说吴王。越有难，吴王使之将。冬，与越人水战，大败越人，裂地而封之。能不龟手一也，或以封，或不免于拼澼絖，则所用之异也。今子有五石之瓠，何不虑以为大樽而浮乎江湖，而忧其瓠落无所容？则夫子犹有蓬之心也夫！"惠子谓庄子曰："吾有大树，人谓之樗。其大本臃肿而不中绳墨，其小枝卷曲而不中规矩。立之涂，匠者不顾。今子之言，大而无用，众所同去也。"庄子曰："子独不见狸狌乎？卑身而伏，以候敖者；东西跳梁，不避高下；中于机辟，死于罔罟。今夫斄牛，其大若垂天之云。此能为大矣，而不能执鼠。今子有大树，患其无用，何不树之于无何有之乡，广莫之野，彷徨乎无为其侧，逍遥乎寝卧其下。不夭斤斧，物无害者，无所可用，安所困苦哉！"（《庄子》第 1 章）

在这里惠施用世之心炽，视大用为无用；庄子息心逃世，强调无用即有用。这说明不能仅以人的需要为出发点，狭隘而功利性地去估价自然的价值，而要具备"天地与我并生，万物与我为一"的包容胸襟；同样的，"器"作为人工造物应该适应不同自然属性的特殊效用性，具有为物的自然而然的空间容纳特征。

在以上意义上，我们再次回到"丈人抱瓮"的寓言上来。在这则寓言中，"槔"是一种典型的机械技术，其普遍的效率或效用明显可见。尽管从"机械"到"机事"再到"机心"和"道之不载"并无因果关系，但在经验上庄子确实看到一种重要的社会现象，那就是对"械"的过分应用确实会造成对人的心灵的"侵犯"。对于"械"的使用对自然空间"征服"或造成的秩序混乱，庄子有一段更为精彩的描述："夫弓、弩、毕、弋、机变之知多，则鸟乱于上矣；钩饵、罔罟、罾笱之知多，则鱼乱于水矣；削格、罗落、罝罘之知多，则兽乱于泽矣。"（《庄子》第 10 章）正是基于此，庄子的无用即是有用的哲学命题显然有利于克服"械"的工具性使用的征服空间的世界总体性挑战。但这种挑战的实践向度在于其建构性，即在对外物内化于心造成的心性伤害的充分认识基础上，应该应随、亲近和尊重物在，并正确对待或使用外物或人工造物："贱而不可不任者，物也"（《庄子》第 11 章），"爱人利物之为仁"（《庄子》第 12 章），"泛爱万物，天地一体也"（《庄子》第 33 章），"物物者与物无际"（《庄子》

第22章），"与物有宜而莫知其极"（《庄子》第6章），"物物而不物于物"（《庄子》第20章），"物而不物，故能物物"（《庄子》第11章），"处物不伤物，不伤物者，物亦不能伤也"（《庄子》第22章）。在庄子看来，只有这样才能获得人与环境和谐相处的生态效果，因为"德者，成和之修也"，"德不形者，物不能离也"，"与物为春，是接而生时于心者也"（《庄子》第5章）。

2.4　整体论：中国技术哲学思想传统维系

从前面已经看到，以老子和庄子为代表的道家思想对技器道思想采取的是一种整体论态度，可以概括为如下三个方面：一是中国古代思想传统是以"技"（或"艺"、"工"）统摄建筑、木工、水利、冶金、医药、音乐等各种人工造物活动，即使数学这类纯粹理性活动也被看作是一种"艺"，这是中国古代技术哲学思想的传统渊源；二是中国古代哲学包含的"技"、"器"和"道"概念的相互关系隐含了整体论哲学倾向，显现的是"技艺之道"或"由技至道"思想以及"观象制器"、"道器一体"观念，这可以说是中国古代技术哲学整体论思想的重要特色；三是中国古代哲学思想有关技艺或人工造物的哲学批判，并非如当代一些学者认为的那样是反技术或反文明的，它恰恰说明了中国技术哲学思想传统的整体论哲学意义，即反对离道之器，倡导使用载道之器。现在继续对老庄思想做出进一步阐释，以表明中国技术哲学思想传统的整体论思维基础。

"庄周梦蝶"寓言已为人熟知："昔者庄周梦为胡蝶，栩栩然胡蝶也，自喻适志与！不知周也。俄然觉，则蘧蘧然周也。不知周之梦为胡蝶与，胡蝶之梦为周与？周与胡蝶，则必有分矣。此之谓物化。"（《庄子》第2章）其实"庄周梦蝶"与"蝶梦庄周"之间有着很大差异，不过在庄子看来两者均是"道"的"物化"而已，而这正是一种整体论哲学思维方法。这种思维在如下引证中表现为道器关系："荃者所以在鱼，得鱼而忘荃；蹄者所以在兔，得兔而忘蹄；言者所以在意，得意而忘言。吾安得夫忘言之人而与之言哉！"（《庄子》第27章）从结论来看，他要说明的显然是言与意的关系问题，但前面三个隐喻则可以反过来表明：正如人类使用言词进行交流是为了获得某种意义或意向一样，那么人类使用渔网、捕器等人工造物则是为了捕鱼和狩兔，技艺与目的在这里具有同质或一致之处，至于"忘荃"和"忘蹄"之类的说法则是告诫人们忘记道不离器的道理。"庄周梦蝶"与"蝶梦庄周"的整体论思维方法，在南宋陆九渊那里则变成了"我注六经"与"六经注我"的解释学表述①。这虽然讲的是对六经的注释问题，说明了注释是一个继承与批判、批判与建构的文化过程，但如果将六经作器喻，那么清代学者章学诚则在更为广泛的意义上说明了器不离道和道不离器的道理："《易》曰：形而上者谓之道，形而下者谓之器。道不离器，犹影不离形。后世服夫子之教者自六经，以谓六经载道之书也，而不知六经皆器也"；"夫子述六经以训后世，亦谓先圣先王之道不可见，六经即其器之可见者也。后人不见先王，当据可守之器而思不可见之道，故表彰先王政教与夫官司典守以示人，而不自著为说，以致离器言道也。"（《文史通义·原道中》）

既然中国古代技术哲学思想是围绕"道"展开的，那问题就变成了"道"的哲学概念是否能在本体论上确保其整体论传统？为解决这一问题，现在需要再次回到老子的思想上来。老子说："有物混成，先天地生。寂兮寥兮，独立而不改，周行而不殆，可以为天下母。吾不知其名，字之曰道，强为之名曰大。大曰逝，逝曰远，远曰反。"（《道德经》第 25 章）这段引证的前两句清楚地表明"道"是"天下母"②，如果由此强调"道"的概念是指向万物的"本体"的话，便可以说明从道至器的基本机制，但却无法确保从器至道的机制说明。其实老子在本体论意义上并不完全知道"天下母"为何物，只是勉强命名它为"道"，并从本质上赋予其"大"、"逝"、"远"和"反"等特征。前三者是在空间意义上对"道"的描述，后者则是在时间意义上对"道"的描述。老子对于"反"作了进一步的解释："反者道之动；弱者道之用。天下万物生于有，有生于无。"（《道德经》第 40 章）意思是说，万物必须要返回到其原初。那么，什么是物的原初呢？老子在《道德经》中的诸多经验观察表明，物的对立面就是物的原初，如弱是强的对立面、穷是富的对立面和朴是器的对立面等。这样"反"便具有对立和原初两个含义，用作名词是指对立面，用作动词是指返回原初的运动机制。"反"既是道的运行机制，也是万物运动的宇宙内在要求：万物均有其对立面，从其对立面中产生，又返回到其对立面。按

① 原话是："或问先生：何不著书？对曰：六经注我！我注六经！"（《陆九渊集·语录》）。
② 关于这一点，老子还说："无名万物之始；有名万物之母。"（《道德经》第 1 章）

照这一宇宙运动要求，有学者将"反"称为"循环原理"（cyclic principle）（Wenyu Xie, 2000：471）。由于老子正是在"反"的意义上强调"有无相生"（《道德经》第2章），所以我们可以在认识论或哲学思维意义上将此称为"整体论原则"，而这一原则显然包含了从器至道之理，因为这符合"反"或"返朴"的运动机制。

老子哲学思维中有关"道"的上述整体论原则，也体现于庄子与惠施的"濠梁之辩"中："庄子曰：'鯈鱼出游从容，是鱼之乐也。'惠子曰：'子非鱼，安知鱼之乐？'庄子曰：'子非我，安知我不知鱼之乐？'惠子曰：'我非子，固不知子矣；子固非鱼也，子之不知鱼之乐，全矣！'"庄子曰："请循其本。子曰'汝安知鱼乐'云者，既已知吾知之而问我。"（《庄子》第17章）惠施作为庄子的论敌，从逻辑上辨明了人和鱼是不同的，人无法知道鱼的心理；庄子作为辩论的另一方，从审美体验上表明了任何动物的动作、表情、痛苦或快乐，都是可以凭观察体验到的。他们之间的辩论究竟谁是谁非，历来智者见智，仁者见仁，但庄子明显的哲学思维优势在于他采取了与老子的"反"相似的"请循其本"的整体论原则。这里的问题是，老子把"道"看作"天下母"，汉代道家陆贾甚至称为"道基"，有确立宇宙本原之嫌，而从"道"推演出的"反"这一概念又对"道"的本原具有否定意义，这两者之间在老子那里存在着逻辑上的矛盾。正是针对这一逻辑矛盾，庄子的"请循其本"正是要消解"天下母"的本体概念意义："古之人，其知有所至矣。恶乎至？有以为未始有物者，至矣，尽矣，不可以加矣！其次以为有物矣，而未始有封也。其次以为有封焉，而未始有是非也。是非之彰也，道之所以亏也。道之所以亏，爱之所以成。果且有成与亏乎哉？果且无成与亏乎哉？"（《庄子》第2章）这里的"古之人"无论是否指老子，庄子试图对所谓本原的存在进行批判。在他看来，"无"是万物的对立面，但它也并非是绝对的，因为"无"生于万物或"有无相生"，所以按照"反"的整体论原则强调所谓"天下母"在逻辑上是不适当的。"有始也者，有未始有始也者，有未始有夫未始有始也者；有有也者，有无也者，有未始有无也者，有未始有夫未始有无也者。俄而有无矣，而未知有无之果孰有孰无也。今我则已有有谓矣，而未知吾所谓之其果有谓乎？其果无谓乎？"（同上）当然庄子并不会在整体论意义上滑入相对主义或绝对自由，他强调"凡物无成与毁，复通为一"（同上）。这里的"一"不是指"天下母"，只是要表明万物具有"齐一"的整体特征。接下来的问题是，如果按照这种整体论原则，应该如何引导包括技艺在内的实践活动呢？在这方面，庄子似乎陷入某种困境：一方面为了提供一种为此非为彼的精确实践指南就需要对善恶作出区分，而这又违背道的整体论原则；另一方面如果不向人们提供某种实践指南，那么这种整体论原则又对人类生存毫无意义。庄子为了解决这一悖论，设想了一种与其理解的"道"相一致的人类生活方式：

> 古之真人，不知说生，不知恶死。其出不欣，其入不距。翛然而往，翛然而来而已矣。不忘其所始，不求其所终。受而喜之，忘而复之。(《庄子》第 6 章)

对于庄子描述的这一人类生存图景，有两种解释方法：一是认为在庄子那里，掌握"道"的"真人"不受任何物的限制而能够做其自身愿意做的事情，这是中国人追求自由的理想状态，庄子称其为"逍遥"；二是认为庄子建议人们不要受任何物的限制，但由于按照道的整体运动机制——善恶相生，因此可以诉诸新的观念、态度和见解进入一种新的生存状态，此即"改造"。后一种解释显然是基于一种对美好未来理想的设定，但按照庄子的整体论原则，似乎并不存在这样一种未来图像，因为万物在价值尺度上具有同一性。前一种解释的前提是万物处于相互作用和相互决定之中，因此自由的追求就是打破人对某种力量的束缚，这符合庄子的整体论原则。庄子在这里强调的是，人类必须要面对当下的生存状态，将自身开放给现实世界的全部可能性，由此来把握自己的生存状态。也就是说，"道"即人类生存现实本身，其中包含了所有开放的可能性，所谓"真人"就是要善于把握人类生存现实的所有可能性，挣脱一切束缚，获得自由。庄子设想的人类生活方式虽然并不提供一种对未来的善的预期，但从其把握人类生存现实来看，仍然包含了对技艺或制器与道的合一性关系的整体论实践向度：按照从器至道和从道至器两种辩证运动机制，促进技艺活动实现人类自由。

从上面论述可见，尽管老子非常模糊地设计了"道"为"天下母"的本体论基础，庄子也强调"道"的人类生存意义，但他们的"反"和"请循其本"概念又包含了对"道"的"本体"或"原初"的否定意义。这种依循对立面相互转化的事物变化机制观点，与古希腊人的观点有着明显不同。正如前面已经表明，古希腊人提出了技艺制造体现价值和人工造物包含目的这样一种技术哲学模式，具有某种整体论意义，甚至包含了"技艺即善"或"知识即美德"的哲学命题。但在柏拉图那里，这种整体论意义是通过"分有"（diairesis）与"综合"两条思维原则加以展现的。在《斐德罗篇》中，苏格拉底首先对医术和修辞术进行类的分析，注意到医术不过是借助对身体的诊断，通过开列药方或食谱，达到保持身体健康或强壮的目的，而真正的修辞术则是要分析灵魂的天性，通过讨论，达到促进德行培育的目的，然后综合得出结论认为，任何技艺只要经过哲学的辩证法培育，就可以赋予善的价值，并通过公民德行而在城邦中得到广泛应用。但当古希腊哲学家将这一模式扩大到对整个世界的认知时，采取了目的论的思维方式，总是试图追求所谓本体论意义的哲学对象：存在一种"始基"或"本原"，它产生和决定万物，且不受万物影响。这种哲学追问成就了西方哲学的"存在物"与"本质"的关系命题，而西方哲学对这一关系命题的处理则是以分离的形式展现出来。柏拉图从人工造物模式获得了"理念"（型相）、"善"、"罗格斯"、"理性"等概念，但由于"分有"和"综合"的思维方式以及对相对于存在物的本质的热烈追求，哲学王与工匠、自然与伦理或美学规范、技艺与价值的整体关联本身就像加里克利斯与苏格拉底争论的分歧那样具有分裂倾向。这一分裂倾向在柏拉图以后的西方哲学传统中愈演愈烈。其中亚里士多德虽然强调一切技艺均以善为目标，把研究形式因和物料因看作同一知识范畴（如医学或医术既研究健康又研究胆汁和黏液汁，既是研究健康的知识又是维护健康的技艺）或把知识和技艺看作一种混合（如他认为拥有知识的人和拥有技艺的人具有相似之处），并沿着柏拉图的路线把知识与技艺之间的某种中道或中庸作为每种知识或产品发展的功能标准，但他却通过如下途径将技艺与价值推上了分裂之路：

（1）将知识从技艺中分离出来。在前苏格拉底时期，知识一般被包含在技艺中，柏拉图也未对其作出区分。但亚里士多德在《尼各马科伦理学》第6卷开始探讨知识与技艺问题，并对它们进行了明确区分（亚里士多德，2003a年：119~135）。他首先把理性精神分为精打细算（logistikon）和认知（epistêmonikon）两个部分，认为精打细算部分针对的是可变事物（日常生活的偶然性），认知部分针对的是不变事物（数学的必然真理）。前者对应于实践思维（praktikê dianoia），相应于人的行动获得真伪判断；后者对应于理论思维（theõrêtikê dianoia），由此同样能够获得真伪判断。因此真伪判断便成为所有思维目标，当然真伪判断作为实践思维目标与正确预期密切相关。亚里士多德在作了这种区分之后，便引入理性精神的五种德行，就是技艺（technê）、知识（epistêmê）、实践（phronêsis）、智慧（sophia）和理智（nous），然后对前两者进行区分。他将"epistêmê"界定为精确意义的知识①，它的对象是被认为不变的、永恒的、必然存在的客体部分，可以从第一原则出发进行演绎。也就是说，当了解了物质因时便可以说认识了该物。当然他也把几何学作为知识的例证，如把某些几何公理看作直角三角形性质或定理的原因。但无论如何，在亚里士多德那里，纯粹理论与纯粹实践或涉及必然真理世界的科学知识领域与涉及偶然日常世界的技艺领域，存在着根本差异。正是在这种意义上，亚里士多德将知识完全从技艺领域剥离出来，不仅使知识进入了不变和必然的演绎系统（如几何学、逻辑学等），而且还使知识相应于自然的分割以分门别类的形式出现，如物理学、动物学等。

（2）将德行从技艺中分离开来。为了将知识从技艺中分离开来，亚里士多德也将德行（aretê）从技艺中分离开来了。他首先区分了造物（poiêton）与行动（praktikon），认为两者在"筹划"（hexis）上根本不同。技艺作为一种通过推论生产物品的造物筹划，关心的是存在或不存在的物品或产品的生成（peri genesin）问题。在这里被生产物品的"始基"或"本原"存在于制造者的头脑中，这与自然存在之物的"始基"或"本原"存在于物自身完全不同。也许就是在这种意义上，亚里士多德试图将目的在于自身的自然活动与目的在于产品的制造活动区别开来。《尼各马科伦理学》第1卷开头几段，对于这种区分给予了清晰论述（亚里士多德，2003a：1~24）。在他看来，每种技艺、调查、行动和事业，其目标均为善，但其目的不同，有些在于活动自身，有些在于超越活动的产品（erga）。医术是为了健康，造船是为了制出航船，指挥是为了取得胜利，这些技艺的目的均是不同于相应活动的产品，但吹奏长笛的目的仅仅在于这一活动自身，因为某人在吹奏长笛时，并未进一步制造出长笛这种产品来。对造物与行动的这种区分有利于将德行从技艺中分离开来，因为德行是一种行动筹划。在亚里士多德看来，工匠（technai）的劳动（ginomena）

---

① 这种精确知识与现在理解的科学知识不同，尤其是以实验证明假设是现代科学获得知识的基本方法。

价值在于劳动本身；德行的价值依赖于动机，必须诉诸知识和为自身的行动选择，因此它最终来自自身品格的特定筹划。这两者均不属于技艺，从事技艺活动的工匠并不是为了技艺活动本身而是为了某种目的才选择技艺活动，因此技艺活动的价值在于被制造的产品或人工造物，而德行的价值不在于与自身分离的产品或人工造物，而在于活动本身。

亚里士多德将技艺从德行中分离出来，还有一个重要理由，这就是技艺作为一种理性力量（dunamis meta logou）能够产生相反的结果，如医术既会产生健康又会导致疾病。在他看来，知识是一种合理的规则或罗格斯（logos），既能解释某个事物的存在又可以说明该事物的缺乏状态，医术或医学作为一种合理规则包含了对健康和疾病的界定，因此它导致两种互为相反的状态。但德行从整体上说，并不是这样一种能够导致两种相反结果的力量，它总是导向善。

（3）将技艺从价值判断中分离开来。亚里士多德在将知识和德行从技艺分离开来之后，实际上就把技艺仅仅限于生产性的工艺或手艺范畴。工艺或手艺活动无疑是要生产出产品的，这一点在柏拉图那里也是如此。但问题在于柏拉图并未将技艺的生产性同价值判断分割开来，而是试图要在德行意义上赋予其善的价值。与此不同，亚里士多德竭力突出的是，技艺目的与德行价值不同的形式理性或实践理性基础。在他看来，生产过程的形式理性包含于生产者的灵魂或精神之中。他甚至认为医术是一种生产性形式理性或实践理性，因为健康作为一种形式理性目标描述存在于医生的灵魂中。由于健康属于一种特殊状态，因此如果病人不健康，那么他应该处于另外一种特殊状态。医生可以按照这种方式加以无限推论，直到他最后能够采取某种行动。正是经过这样一种实践理性推理，便能够严格把握某些可变事物的形式理性。针对健康这一目标所采取的理性推理流程，实际上就成为一种生产，因为既然健康是实践理性推论的原因，通过健康就可以解释治疗行动的方法。即使医术包含的技艺与知识两者存在诸多模糊性，亚里士多德仍然将它称为知识，因为拥有医术的人虽然在严格意义上并不拥有知识，但却可以接近于理解相应知识。他由此对拥有经验的人与拥有技艺或知识的人做了比较，认为前者只是知道某人患某种疾病，然后再推及其他人，后者则能够超越经验获得普遍判断，这种普遍判断作为一种形式理性可以对所有患同样疾病的人进行治疗。因此工匠（technitês）师傅较之只有经验的人更有智慧，因为他知道之所以那样行动的原因，而一般手工艺者（cheirotechnês）并不具备这种知识。亚里士多德要表明的是，工匠追求知识的精确性①，其智慧表现在他能够作出形式理性的普遍判断，这在思想上倾向于将技艺从价值判断中分离开来。他与柏拉图一样曾强调技艺是为了至善，这一最高的道德要求与这里强调普遍的精确判断在逻辑上并不一致。因为工匠即使能够围绕技艺的知识层面（如疾病的原因）作出普遍判断，这种判断也只能适合于多数情况，并不能保证技艺实践的绝对"精确"，必须要结合来自经验的其他价值判断进入技艺的行动程序。但这种矛盾并未受到亚里士多德重视，这就更加助长了技艺与价值的分裂倾向。

（4）从生产性技艺走向自动机器。在亚里士多德那里，是否产生人工造物或产品，乃是区分技艺与德行的重要途径；人工造物与天然造物的不同不在于其物料因，而在于形式因。如果按照这种图式，必然会将原来包含丰富学科和行业门类的技艺实践还原为狭窄的作为人工造物的"自动机器"（automaton）。在《物理学》中，亚里士多德认为"技艺模仿自然"（he techne mimeitai ten physin）（亚里士多德，2004 年：48）。这种模仿包含两种形式：一是技艺传达自然无法实现的目的；二是技艺模仿自然本身。尽管在传统上将第二种形式界定为结构设计模仿，但第一种形式也属于模仿——在场者的功能模仿。前者仅仅限于自然本身赋予的有效性复制或拷贝，而后者作为一种补充则是超越自然生产出人工产品，是一种生产性模仿或生产性力量。在亚里士多德那里，这种补充显然也是自然模仿，而自然又具有自主性。如果这样来理解生产性技艺的话，那么就使人工造物本身具有自动化特征。亚里士多德为此引入两种随机性概念，以便认识自主的实在：一是如果随机性与人和自然的意向相关，那么自动化就指向了无法还原为技艺实践的因果关系；二是如果以人和自然的意向为基础，建立一个随机性模型并体现自动化特征，那么就可以期望这样一种哲学选择，这就是通过实验手段获得自主的技艺操作——理性化的"自动机器"。亚里士多德说："自发（αυτοματηγ，自动或自主。——引者注）这个词

① 在亚里士多德看来，追求技艺上的精确性与追求纯粹知识的精确性显然有所不同，如木工与几何学两者均追求直角的精确性，但前者是致力于获得产品，后者则是为了获得一种真理性。（亚里士多德，2003a 年：第 1 章）也就是说，实践意义的精确性概念不同于数学的精确性，也不同于自然研究的精确性。但亚里士多德并未因此认为技艺也包含除精确性判断之外的其他价值判断，而只是过于强调精确判断的形式理性。

就其辞源而言，意思就是：'自身（αυτο）无目的的（ματηγ）发生'，例如石头掉下来打了这个人，并不是因为要打他而掉下来的，所以它是自发的掉下来的，但它也可以是由于一种要打击的目的而掉下来的。"（亚里士多德，2004 年：59）这就是说，自动化虽然是在自然本身意义上界定的，但在激进意义上又具有非自然特征。他由此继续说道："如果一个事物产生得违反自然，我们不说它是由于偶然产生的，宁可说它是自发产生的。"（同上）这种自发发生总会有其"或自然或思考"的原因，因此必然"后于思考（努斯）和自然"（亚里士多德，2004 年：60）。一旦将亚里士多德这种思想用于解释生产性技艺实践，其结果就是：技艺本身可以思考、思想和具有理性，走向自主发生或者产生人工造物，它因形式理性而与背景发生关系，就可以自我操作。

亚里士多德的技艺—价值分割架构在于，他将人类活动或生活形式区分为理论（theõria）、物质实践（poiêsis）和精神实践（praxis），以及与此相对应把知识、德性或习惯分为知识、技艺和善（phronêsis[①]，或 frone-sis）。按照这一架构，斯多葛学派完全进入德性世界，将技艺看作一种生命的道德艺术形式。克里西波斯认为实践判断是一种与生命相关的物的技艺活动，芝诺甚至说技艺可以用于治愈灵魂疾病。在亚里士多德那里，德行具有知识可传授的理性特征，技艺包含了作为形式理性的普遍判断，斯多葛学派正是由此强调工匠活动是灵魂的自发理性冲动。这并不意味着要将灵魂区分为理性欲望和非理性欲望，或者将德行区分为智力美德和技艺操作，而是主张仅仅存在一种对善恶进行评判的合理指导原则。也就是说，人类任何理性控制冲动仅仅来自人的自身的道德判断。在这里亚里士多德的形式理性变成了情感，因为既然情感不能离开理性，所谓对善行的道德判断便不能追求与理性不同的善行。进一步说，如果理性属于冲动的工匠，那么理性必定要通过善的知识塑造工匠的冲动。善的知识足以规定人的冲动情感，并由此导向人的行动。当然善的知识自身包含了自然的知识和宇宙的运行规律，因此克里西波斯强调除了灵魂的这种世界本性和对宇宙的控制之外，再无其他接近于描述或把握善、恶、美德和幸福的更适

---

① 希腊语"phronêsis"目前一般译为实践智慧，但它及其相对应的"praxis"（一般译为实践）在亚里士多德那里主要用于指罗格斯的精神方面，它作为精神实践的智慧或德性可以译为"善"。

当方式了。正是在这里，斯多葛学派连同伊壁鸠鲁学派与犹太人的基督教信仰相遇。古罗马哲学家柏罗丁曾经试图恢复柏拉图的哲学体系，重建丢失的世界总体意识。但古罗马帝国的技艺实践（包括军事技术）再强大也终究不能避免其衰落的命运，因此在古代世界消亡之后犹太基督教传统便把技艺纳入到了天启的经验之中。等到这种传统被欧洲人打破之后，有关技艺的观点便进入了现代主义的机械论范式中。

　　与古希腊技艺与价值的分裂倾向不同，中国自先秦形成的整体论思维一直维系到明末清初，构成了中国古代技术哲学的思想传统。正如前面已经表明，儒家非常重视器的隐喻意义，并以以器论人方法超越对器的经验诠释。汉代独尊儒术后，儒家主要沿着从道至器的思想线索思考道器关系，将思想重心落到了人道上来。魏晋时期以后，出现了用体用范畴解释道器的整体论关系。有关体用范畴的观点在下章给予阐述，这里仍然以道形器范畴说明从道至器的思想意识。王弼基本上是崇无轻有，人们由此推测他是一位"重道轻器者"（陈少明，2005 年：50）。但这并未改变中国古代技术哲学思想的整体论思维传统，因为唐代孔颖达试图重拾道器的整体关系："'是故形而上者谓之道，形而下者谓之器'者，道是无体之名，形是有质之称。凡有从无而生，形由道而立，是先道而后形，是道在形之上，形在道之下。故自形外而上者谓之道也，自形内而下者谓之器也。形虽处道器两畔之际，形在器，不在道也。既有形质，可为器用，故云'形而下者谓之器'也。"（《周易正义》）这种"形在器，不在道也"的哲学诠释，虽然容易导向轻器以至弃器的与《周易》相反的立场，但却能够将老子思想引入对《周易》的解读，仍然是以"凡有从无而生，形由道而立，是先道而后形"揭示道与器的有无和先后生生关系。至于同属唐代的韩愈虽然在哲学上没有形成以器为范畴的专门论述，但他在《原道》中针对轻器或弃器的思想倾向，强调圣人的伟大不在于抽象地宣道，而在于制器以体道。宋代儒家学者们（如朱熹等）尽管是以心或理为中心观念对抗佛老相关精神，但仍未离开以道论器的整体论视角。

　　在整体论意义上，如果说汉代独尊儒术之后基本上是坚持先道后器从而出现了重道轻器的思想倾向的话，那么到明末清初则产生了先器后道的新型道器关系意识。这一意识在王夫之（王船山）那里达到了高潮。他针对上道下器的说法，通过对《周易》的诠释来表达其重器的观点，由"上下无殊畛，而道器无易体"断定"天下惟器而已矣"，因为"道者器之道，器者不可谓之道之器也"。他继续论述道：

> 无其道则无其器，人类能言之。虽然，苟有器矣，岂患无道哉？君子之所不知，而圣人知之，圣人之所不能，而匹夫匹妇能之。人或昧于其道者，其器不成，不成非无器也。
>
> 无其器则无其道，人鲜能言之，而固其诚然者也。洪荒无揖让之道，唐、虞无吊伐之道，汉、唐无今日之道，则今日无他年之道者多矣。未有弓矢而无射道，未有车马而无御道，未有牢醴璧币、钟磬管弦而无礼乐之道。则未有子而无父道，未有弟而无兄道，道之可有而且无者多矣。故无其器则无其道，诚然之言也，而人特未之察耳。
>
> 故古之圣人，能治器而不能治道。治器者则谓之道，道得则谓之德，器成则谓之行，器用之广则谓之变通，器效之著则谓之事业。（《周易外传·系辞上传》）

王夫之这种先器后道的立场显然是基于他的整体论前提，这就是：天地万物"象"寓于其内在之"道"，两者合一，不可分离。他说："天下无象外之道，何也？有外则相与为两，即甚亲而亦如父之子也。无外则相与为一，虽有异名，而亦若耳目之于聪明也。"（《周易外传·系辞下传》）老子的"先天地生"的道，王弼的"以无为本"和朱熹的"气外有理"，正是王夫之所批判的"象外之道"。王夫之认为，道是天地所表现的功能或规律，不能脱离天地单独存在，如果道先天地生，在天地之外，就成了无所依托的东西。他说："道者，天地精粹之用，与天地并行而未有先后者也。使先大地以生，则有有道而无天地之日矣，彼何寓？"（《周易外传·乾》）如果以此来认识人工造物与道的关系，就是道寓于器中。他认为"形而上"与"形而下"是一个一般与个别的关系问题，一般（形而上）只能存在于个别（形而下）之中，离开"形而下"的"器"，就无所谓"形而上"的"道"。他说："形而上者谓之道，形而下者谓之器，统之一乎一形，非以相致，而何容相舍乎？"（《周易外传·系辞上传》）他由这种整体论前提指出："形而上者，非无形之谓。既有形矣，有形而后有形而上。无形之上，亘古今，通万变，穷天穷地，穷人穷物，皆所未有者也。"（同上）在这种意义上，他强调说："器而后有形，形而后有上"，"故圣人者，善治器而已矣"，"君子之道，尽夫器而已矣"；"老氏督于此，而曰道在虚，虚亦器之虚也"，"释氏督于此，而曰道在寂，寂亦器之寂也"（同上）。也正因为如此，他甚至把《周易》的象爻卦辞全部理解为围绕器而展开的知识价值系统，从而将器的哲学意义推到了道的前台。

明末清初的儒家学术思想界，无疑是将其道德哲学与经世经验意识相结合，出现了"体用并重"、"内圣外王兼治"的实学思想趋向，并回到了先秦技器道的整体论传统上来。在这种学术思想嬗变过程中，唐顺之的"道器不二"、"技艺与德岂可分两事"等实学思想观念，在说明形下意义的"技艺"之形上理论的同时，也使得原本在儒家意识中处于紧张的"道德"与"技艺"关系得到了缓解（向燕南，2006年）。唐顺之学术思想相当博杂，但均与经世实务的经验意识相关。他不仅致力于学习六经、百子史氏、国朝典故和律历之书，而且对天文、乐律、地理、兵法、弧矢、勾股、壬奇、禽乙等技艺莫不究极原委。唐顺之的这种广泛学术视野远远超越宋明知识界主流的所谓"内圣"意识，形成了其技艺与道德、器与道相关联的整体论思想：

> 夫业无定习，而心有转移，苟真有万物一体之心，则从事于举业以进身，未尝不为义涂也。……至于道德性命技艺之辨，古人虽以六德六艺分言，然德非虚器，其切实用处即谓之艺。艺非粗迹，其精义致用处即谓之德，故古人终日从事于六艺之间，非特以实用之不可缺而姑从事云耳，盖即此而鼓舞凝聚其精神，坚忍操练其筋骨，沉潜缜密其心思，以类万物而通神明。故曰洒扫应对，精义入神，只是一理。艺之精处，即是心精；艺之粗处，即是心粗，非二致也。但古人求艺，以为聚精会神、极深研几之实；而今人于艺，则以为溺心玩物、争能好胜之具，此则古与今之不同，而非所以为艺与德之辨也。执事所举尧、舜。夫尧、舜所未闻与若阁闻云云者此道也。羲和之历象，夷夔之礼乐，皋之刑名，至于垂工和矢、伯益鸟兽，孰非道哉？然诸子为之……盖君逸臣劳，道则然耳。若谓尧、舜以道自处，而以艺诀之人，何其自待者厚，而待人者薄也？皋以刑名自处，而乃为其君陈迪德之谈，夔以击石拊石自处，而教宵子以简廉直温之德性，则是以艺士自处而德望之人，又何其自责之薄，而责人之厚也。历象、礼乐，艺也。修五玉如五器，而彰施五采。在玑衡独非艺哉？则尧舜亦屑屑矣。孟子曰：尧舜之知而不偏物，急先务也。若在羲和，则历

象便为先务；在夔，则在击石扮石为先务，又安得以尧舜之所不编者而遂不急也！执事以好博技艺为仆之病，此则不敢不承，而至于分技艺与德为两事，则辨之亦不敢不明也。盖儒者慕古之论，莫不以为必绝去举业而后可以复古之德行道艺，此则不务变更人心，而务变更法制，将有如王介甫所谓本欲变学究为秀才，不谓变秀才为学究者矣。儒者务高之论，莫不以为绝去艺事而别求之道德性命，此则艺无精义而道无实用，将有如佛老，以道德性命为上一截，色声度数为下一截者矣。是以都意不敢不尽执于执事也。（《荆川先生文集》第5卷）

《易》不云乎"言天下之至赜而不可恶也"？曾子论道之所贵者三，而归笾豆于司存。以反本也。论者犹以为颇析道器而二之。庄生云：道在稊稗、在瓦砾、在尿溺。其说靡矣。孺者顾有取焉，以为可以语道器之不二也。语理尽于《六经》，语治而尽于《六官》，蔑以加之类。然而诸子百家之异说，农圃工贾、医卜堪典、占气星历，方技之小道，与夫六艺之节脉碎细，皆儒者之所宜究其说而折衷之，未可以为赜而恶之也。善学者由之以多识蓄德，不善学者由之以溺心而灭质，则系手所趋而已。史家有诸志杂编者，广诸志而为之者也，以为语理而不尽于《六经》，语治而不尽于《六官》也。（《新刊唐荆川先生稗编》卷首）

唐顺之在这里历举儒家所谓圣贤艺德双修之事，既为自己的博学技艺辩白，也为"德非虚器"、"器道不二"和"技艺与道德"不分提供思想理路，批判了那些腐儒"莫不以为绝去艺事而别求之道德性命"的技艺—价值分裂做法。这种将形而下之"技艺"与形而上之"道德"等量齐观，可以说是对王阳明"道即事，事即道"，"道事合一"，"道"统一于"事"的心学理论的一种实学思想发挥，因此构成了唐顺之的实学思想之核心。

从以上叙述可见，在中国古代哲学传统中，无论是讨论内圣外王一体，还是穷究技艺之道和道器合一，均为技艺—价值关联提供了整体论解答，借助技艺或器物隐喻成就了"有即无"、"无用即有用"等哲学命题。这里无论是由技至道或从器到道还是由道至技或从道到器，均是源于中国哲学的整体论思维方式。但当中国历史进入近代时期后，西方现代技术连同其殖民主义价值开始冲击中国传统技器道思想的整体论技术哲学传统，直到西方现代主义的机械论范式占据主导地位。

第 3 章 现代技术形塑：西方机械论范式遮蔽中国传统整体论范式

在中国语言中并没有一个与西方的"Modern"相对应的本土词语以别于传统时代特征，但它在我国近现代历史文化意义上却成为一个预期美好生活的固定术语。在纯粹历史阶段划分意义上，中国人多数根据自身与西方的比较历史，将其翻译为"近代"或"近现代"，但在文化意义上人们从正面的肯定角度更愿意接受西方第二次世界大战后流行起来的词语"现代化"（Modernization）这一术语。"现代化"显然是一种世界性或全球性现象，艾恺(Guy S. Allito)对有关这一现象的历史解释进行了考察，将其含义概括为如下三个方面：一是始于欧洲特别是西欧的现代化过程及其结果，显现出了与传统或前现代社会不同的性质；二是现代化发展可以回溯到西方所独有的文化传统，如古代希腊文化传统；三是非西方文明认同现代化，可以呈现出不同模式（艾恺，1991 年：2~3）。如果从比较技术哲学来看，那么在第一层意义上，可以将现代技术发生看作是现代化的突出特征；按照第二层含义，要想为现代技术寻找所有相关文化渊源，需从根本上"到古希腊和古罗马文明中去找"；就第三层意思来说，中国在接纳西方现代技术时明显的是被动的，这不同于俄国和日本的主动接受态度。本章正是基于此，试图要说明从前现代技艺到现代技术的观念发展过程，揭示现代技术不同于传统的机械技术特征和现代主义的技术哲学思想传统——机械论范式生成，然后分析中国人在被动进入近现代时期后在接受西方现代技术时认同西方现代主义机械论范式的思想历史过程。

3.1 从前现代技艺到现代技术的历史转变

中国古代技术哲学思想的整体论传统，扎根和渗透于其长期技艺实践之中。事实上，直到西方现代技术兴起，中国一直维系着一种整体论的技艺实践。这就是前章表明的以"器"的文化包容为特征的空间构型，它强调的是虚实相生、时空一体和情景交融。我国学者王前认为，中国传统技艺实践能够达到"道近乎技"和技艺浑然一体或者"绝艺"水准，"显然是以某种特定的思维方式为基础，这种思维方式就是注重意会和直觉的思维方式①"（王前，2004 年）。这种意会或直觉的隐性知识或个人知识显然具有地点性或本土性，如炼钢、制陶强调的"火候"，绞丝需要的"水温"等这些知识绝不仅仅是工匠把握时机的问题，而是在"作坊"的空间意义上经过某种师徒关系不断积累的经验产物。这种地方性技艺知识来自对"器"的空间把握，而尽量将其在空间上的控制功能限制在适当范围，由此形成了中国传统技艺活动（除了水利、建筑、制陶、道路和桥梁之外，也包括中医、炼丹、农耕、酿造、编织等）顺应自然、因势利导的行为模式或空间构型。

中国传统技艺活动的"作坊式"经验活动首先表现为人与自然的和谐关系方面，而水利工程可能又是这方面的典型事例。在中国古代历史上，水利工程不仅起着农业灌溉、供水和养殖的重要作用，更具有防洪的空间容纳意义。最近张成岗和张尚弘讨论了战国时期李冰父子借鉴前人治水经验修筑的都江堰工程何以历两千多年而不衰的原因：一是都江堰工程因地制宜和道法自然的引水排沙设计，为工程本身的持续发展奠定了基础；二是都江堰工程布局合理，尤其是局部工程设施之间以及工程与自然环境之间相互协调，形成了人工—自然和谐一体；三是都江堰工程历代的维护管理制度，则是都江堰工程持续发展的直接原因（张成岗、张尚弘，2004年）。在他们看来，秦国强盛时期的郑国渠工程和秦统一六国后的广西新安县灵渠工程，都是在历史上发挥了重要作用的水利工程，但它们在失去运、灌等的空间功能后，便不再属于管理维护的制度范围，因此不再如都江堰工程那样持续发展到今天。在这里水利工程的空间意义在于防、灌、运等方面，它强调的是整体设计和维系，它有意识地利用相应的空间特性，使人在辅助自然的同时获得人与自然和谐共处的功效。

① 他还强调，当今学术界经常议论的"意会知识"（tacit knowledge），为现代管理学家十分关注的"隐性知识"，或如英国科学哲学家波兰尼（Polanyi）所说的"个人知识"，其实都是这种思维方式的产物。

在空间性向度上，中国传统建筑工程不仅反映了人与自然的和谐关系，而且反映了人与人之间的权力空间结构关系。远古时代的人们曾经在树上"构木为巢"，或利用天然洞穴为居住地点，直到新石器时代，人们居住方式才开始多样化起来，出现了住房。在以后漫长的历史中，建筑逐步出现了选择地势、向背和风水、分别阴阳的顺应自然的空间意向。人居者为阳宅，墓葬者为阴宅，相宅相地均出乎"阴阳五行生克制化"的整体论思维。居住地选择要求"材方水便"，坐北朝南或坐西朝东无非是便于接纳阳光；园林修筑贵在"理水叠山"，城池构筑"必于广川之上，嵩毋近旱而水用足，下毋近水而沟防省"（《管子·乘马篇》）。同时，建筑工程也反映了"以家统人"和"以国统家"的民族文化风格。与西方建筑的单体风格不同，中国家居一般以"间"为单位，然后再以"间"为基础构成"院落"。从院落（三合院、四合院和庭院等）、佛寺宫观、宫室官邸、帝王陵寝乃至都城到万里长城，都表现出"王在中央，臣服四方"[①] 的"一点四方"的权力空间秩序。这种权力空间秩序自周朝开始，在长达三千多年的封建社会中，逐步从礼制规范的人际社会关系演变成为一种建筑空间制度。唐朝对长安城官员和百姓住宅的门的开启方位、厅堂大小、建筑形式及装修都有严格规定，宋朝遵循礼制而形成的《营造法式》则进一步从工艺和工料上保证了建筑空间制度的体现，从而构成了一套完整的工程营造体系。清代"工部则例"与此一脉相承，依照房主的社会地位选择相应的建筑空间形式，建筑构件的形与数被赋予了礼制内容，以至于看看建筑的屋顶就可以知道主人的身份，数数堂屋的开间就可以了解主人的官阶，同居一个院内使用房屋的不同也标识着家庭各成员的长幼尊卑。

以上仅仅从水利工程和建筑工程两个方面展示了中国古代技艺实践的包容性空间生产范畴，但这决不意味着这种空间生产是完全封闭的。尤其是当中国传统技艺实践达到一定繁荣程度，而政治权力又需要扩大其中心地位时，空间生产的完全封闭更不可能。事实上，中国传统技艺实践的空间构型不仅表现为一种民族风格和地点特征，而且在地理上显然也存在某种延伸。只不过这种空间延伸与西方现代机械工程技术以资本积累为动力的空间扩张急欲求得世界市场并具有殖民特征存在着明显差别，它是在时空相映成趣的缓慢历史过程中进行的，其表现出来的空间伸张仍然具有包

---

① 这里的"王"指帝王、父母官、家长等权威，"臣"指官员、随从、子孙等。

容性特点。一旦这样来看待中国传统技艺实践的空间延伸，就马上会想到中国古代"沙漠丝绸之路"的那种质朴空间图像：在酷热的烈日和漫漫的沙海戈壁滩上，一队队中国商人和波斯胡贾们，赶着长长的骆驼队在艰难地跋涉着，骆驼身上满载着绵绵西去的绫罗绸缎、漆器铁器、工匠技师和缓缓东来的香药、玻璃、佛经、僧侣以及葡萄、大蒜、胡豆、红花等。这种空间延伸从先秦开始直至唐代达到鼎盛历经一千多年，虽然也有较强的权力中心扩张背景（如汉武帝派出使节张骞出使西域，意图打通西域通道扩大中央政治影响），其西去方向非常明显，起点在当时政治经济中心长安，沿河西走廊经武威、张掖、酒泉抵敦煌，再从敦煌开始分为南北两条大道，殊途同归到达条支（波斯湾口）和大秦（古罗马帝国），它借助皇帝、官员、商人、工匠、骆驼、陶器和瓷器、丝绸织物、庙宇（如石窟）等各种异质因素的流动性、连接性和稳定性编制了一种力量之网，但仅仅限于其可以包容的空间范围，并没有如后来西班牙人、葡萄牙人乃至英国人那样形成类似殖民地的远距离空间控制霸权。至于经过四川、云南进入缅甸再到印度的"西南丝绸之路"、穿过蒙古进入俄罗斯的"草原丝绸之路"、合浦出海绕过马来半岛和缅甸沿海再到印度的"海上丝绸之路"等，其特点与沙漠丝绸之路大致相同，仍然不是以空间外控为目标。

对于中国传统技艺实践的包容性空间构型，需要诉诸中国技术哲学思想的整体论传统做更为具体的历史说明。李约瑟曾在西方科学语境下把道家思想解释为这样一种"科学精神"：对自然的好奇，经验优于权威或不受惯例扰乱，以远古社会（内圣外王）为参照构造未来的历史意识，相信人们都能够在同等水准上为达到社会的善而奋斗，等等。在他看来，这种精神渗透于中国古代科学家和工程师的个人风格，并推动了中国古代科学技术和工程的长期繁荣和发展。但美国科学史家席文（Nathan Sivin）认为，如果相信道家精神对中国古代技艺实践是必要的，那么就应该能够鉴别出中国所有或大部分古代工程师和科学家都是坚持这种精神的"道家"、"道教信徒"、"道人"、"道士"和"道术者"。席文对中国古代39位科学家、医学家和工程师（或技术人员）传记进行研究发现，只有葛洪、陶弘景和孙思邈三个人属于道家，华佗只是坚信道家的养生之道，至少15位具有官方背景，其他人多数来自民间，属于个人选择。席文认为这种实证研究并不能支持李约瑟道家思想的技艺实践建构："李约瑟曾经向我们表明，道家哲学的兴盛时期开启了各门科学的某种迷人的可能性，但这种可能性与以后 18 个世纪中以公共或个人拯救为目标的各种道教传统生成没有联系，这些道教传统也并不关心道家如何鼓励人们创造历史。"（Sivin，1995）在这里不管是李约瑟和席文都是在西方科学语境下来讨论道家学术作用的，但道家学术包含的技术哲学思想其实与西方现代技术并不是同一条进路，它影响中国传统工程也并不是在宗教意义上进行的，而是在承接了以往的空间思维方式之后以其独特的表述与其他文化分支（儒家、佛教等）和政治权力进行了社会融合来发挥相应作用的，它采取的技艺态度由此在文化意义上变成了中国古代各个技艺领域行动的自觉意识。

公元前 6 世纪，我国古代工程师姜夏曾说"善驾水者让其自由流泻，善驭民者由其直抒胸臆"。他在水利工程方面曾经提倡宽河道的"无为"或"非干预"理论，相信宽河道可以为水的自然流泻提供较大空间。在这种意义上讲，姜夏是一位道家工程师。但他又经常被贴上"反道家"、"儒家"或"法家"的标签，因为按照他的工程设计风格，他非常喜欢规划，包括对河道两岸人口的整体安置等，而看上去与道家的"无为"策略相左。与其称姜夏为一位道家工程师，还不如说他是融合道家和其他学术思想成分的杂家。这表明道家思想必然意味着"无为"，但坚持"无为"并不限于道家思想，而且坚持"无为"也并不拒绝包括儒家和佛教在内的其他思想因素影响。这一情况虽然显得有些扑朔迷离，但的确表明中国传统技艺实践是中国古代不同思想文化的复杂现实反映。如果说汉代以后中国传统技艺主要体现了道家和儒家的文化融合的话，那么魏晋南北朝时期以后由于道家与佛教的融合就更加使中国人工造物的文化成分显得异常复杂。这一时期，出现了大量"方士"，他们从事桥梁、建筑、冶金、铁艺、装饰、灌溉等活动。他们一般都接受道家思想，但不一定都是"道家"或"道士"，他们在建筑工程等方面也不乏有吸收佛教思想理念的人。进入隋唐甚至宋元明时期，一直都维持着"方士"的技艺职业传统。"方士"一般被认为是拥有一定技艺的人，主要包括占星家、相士、占卜人、皇帝宠信、佛寺方丈、道士、富商贾、建筑师、各种艺人、御医和各种民间医生等。一般来说，"方士"属于有一定阅读范围并留有适当记录的社会下层，往往具有世袭家族背景，坚持传统道德和政治理念，在民用工程实践中没有什么高级头衔，很少在正统文献留下记载。大多数"方士"之所以进入道家思想的文化视野，是因为他们对老庄哲学给予个人的解释和补充。"方士"对技艺的兴趣来自他们在儒家与道家之间的相互矛盾中对道家思想的强调和看重，而这又与萨满教①的巫术相关。就社会文化影响技艺活动的复杂背景来说，中国传统技艺实践的智力来源虽然直接与道家思想直接相关，但这并不意味着每个古代科学家和工程师都出生于道家，也并不排斥他们的个人选择，更不意味着他们不属于道教就不受到道家思想影响。

道家或道教偶尔受到古代官方支持，也同样显示出了其影响中国技艺实践的复杂社会背景。汉武帝曾经接触过道教思想的萨满教成分，但他又雄心勃勃地推动了"独尊儒术"的意识形态计划。汉代前后的历史学家有意强调道家和儒家之间的思想冲突，但汉武帝推行的意识形态不仅源于当时历史学家赋予儒家的概念、隐喻、符号和仪式，而且也从老子那里吸收了养生和不朽之类的道家思想。北魏太祖确立了道家职业传统，建立了调制药品的作坊，允许太医或博学之士专门教授服药以求不朽的知识，这种传统一直延续到唐宋时期。宋朝真宗皇帝要求把炼丹术同重要军事发明结合起来，并希望从上天获得某种"军事力量"。即使官方仅仅从炼丹术方面来放纵道家思想，也可能激发某些官方和民间科学家和工程师去积极从事各种技艺活动。宋朝徽宗皇帝曾经连续支持改革，其改革派多数成员都试图平衡道家和儒家思想，并转向道家强调的技艺实践。应该说，在北宋时期官方诉诸道家思想和技艺实践是适合徽宗皇帝祭天行动的政治权宜之计，但这却引发了当时人们对自然现象和技艺活动的智力追求。无论如何，宋代建筑工程（木结构技术）、水利工程、城市建设、纺织技术、瓷器发展以及医学等，在政治、经济和文化的大融合中取得了巨大成就。这种技艺实践传统一直延续到明代，并以郑和下西洋为标志达到了高潮，不能不说与官方对强调顺应自然的道家活动的支持及其民间放大有一定关系。

可以说，中国传统技艺实践发展到明末清初，已经解决了与农业和手工业领域相关的基本工艺问题。直到19世纪，中国不仅没有任何对对外

---

① 一般认为，萨满教在地理上限于亚洲和美洲，其宇宙观包含如下特征：其一，宇宙是巫术性的，自然与超自然都是巫术的变型，不可以创造；其二，宇宙是分层的，神灵控制人类，萨满（即巫师）依靠动物助手与神灵交流；其三，人与动物具有平等性质，并可以相互转换；其四，自然的一切都是平等的，具有生命；其五，灵魂与肉体可以分离，用药物可以促成昏迷。萨满教这些特征如果用中国文化术语来说就是"天人合一"，其诸如占星、龟卜、炼丹以及各种仪式活动应该说包含了一定的迷信成分，但绝对与各种技艺有关，在中国古代表现为"数术"（天文占星、历谱、五行等）。

贸易的巨大需求，而且基本上也没有追求自身之外的智慧或知识的内在冲动，其技艺实践这时反而对中国以外的世界产生了重要影响。至迟在 1675 年，俄国沙皇曾向中国提出请求，派一批中国桥梁工程师为俄国提供相关工艺服务。至于欧洲国家则直到 19 世纪中期仍然派出考察团，试图获得中国传统技艺的工艺学秘密，包括制陶、纺织、油漆和茶叶生产等领域。由此看到，直到 19 世纪初期，中国始终保持着前现代技艺风格。这种风格以前现代技艺的统摄作用无疑包含了机械技术发明的诸多经验成果，不过鉴于其整体论思维方式仍然缺乏改变顺应自然的劳动人形象的内在冲动，因此尚未发展出以征服自然为特征的现代机械技术。但恰恰就在这时，在中国以外的欧洲国家，人类作为"劳动人"的形象正在发生着重大变化，这就是借助从前现代的"技艺"向现代形式的"技术"（technology）的历史转换，实现对"智力人"（homo spiens）的文化超越。"technology"这一欧洲各国语言通行的概念源出于希腊语"tekhnologia"和拉丁语"technologia"，最早在 17 世纪用来指诸种艺术或手艺门类的系统研究。它的希腊语词根为"tekhne"（或英译"technê"）（技艺），指艺术（art）或手艺（craft）。尽管人们还无法清楚地理解从"tekhne"到"tekhnologia"的过渡过程，但有一点是非常清楚的，那就是包括柏拉图在内的希腊哲学家对技术的思考首先关注的是"tekhne"这一希腊词语的知识指称，并逐步将理性或"罗格斯"（logos）纳入其中。当然从"tekhnologia"发展而来的"technology"只是自 18 世纪初期以后才具有了现代含义，它的意指逐步从广泛的艺术或手艺转向了狭窄的机械领域，到 19 世纪中期时（该词 1859 年进入英语世界）主要意指制造领域的研究或问题解决①。在英语中，"technology"实际上是一种对技艺（或艺术）与理性的完美结合。这种语义学表明从前现代技艺到现代技术经历了较长的历史转换，其中机械技术的不断积累显然是这一历史跨度的重要特征。正如下面要揭示的，正是机械技术使"劳动人"具备了强大的自然控制能力，也使其日常生活进入了一个前所未有的标准化阶段。

在地球上所有生物中，人是唯一没有如神学家认为的那样以精心设计

---

① 至迟从 1817 年开始，人们甚至使用了"technique"（技巧或技术）这一术语，专指技术实践活动的形式细节包括的艺术执行或操作方式，即精致艺术的机械形式部分或机械技能（skill）和能力（ability）。从词源学来讲，"technique"这一术语的出现意味着"技术"（technology）真正具备了现代意义。

的固有模式来调整其物质与社会环境之关系而诞生的，人总是不得不成为智力人和劳动人。毫无疑问，马克思正是从劳动人的视角讨论现代技术本质的。只不过在这种讨论中，由于"技术"一词尚未在当时欧洲普遍流行开来，马克思使用了诸如劳动、劳动资料、工具、制造、机器、工艺学、工业、技巧和技术等大量术语，尤其是使用"机器"和"工业革命"等词语考察了从前现代技艺到现代技术的历史过程。他在考察机器的发展时，一开头就借用了穆勒的话从"劳动人"对机器发展提出了质疑："值得怀疑的是，一切已有的机械发明，是否减轻了任何人每天的辛劳。"（《资本论》第 1 卷，1975 年：408）正是基于此一质疑，马克思为自己设定了一个首要使命，就是研究"劳动资料如何从工具转变为机器"这一问题。马克思为了考察这一转变过程，首先强调了分工在前现代手工业时代的简单工具发明和创造中发挥的作用。在他看来，诸如刀子一类的简单工具也许形式多样，但它们只适合于切割各种东西这一特殊目的，但一旦把为了生产一定产品的不同种劳动分配给不同的人来做时，那么完成这些不同种类劳动的难易程度就取决于过去发挥不同职能的简单工具是否发生了一定改变。因此劳动分工的主要结果是产生了"同类用途的工具，如切削工具、钻孔工具、破碎工具等的分化、专门化和简化"（《机器、自然力和科学的应用》，1978 年：51）。只有在简单工具形式固定的分化过程中，专门的特殊工具才能通过人的简单操作变成有效的工具。这种由劳动分工引起的工具分化、专门化和简化，成了机器在工场手工业中发展的工艺基础和物质前提。

然而，机器决不是到处都从工场手工业中产生，以手工业生产的劳动分工为前提产生的许多简单工具在城市工场手工业繁荣时期最多不过是同使用这些工具的工人结合在一起，采取简单的协作形式，集中在一个场所。机器的产生还有赖于如下条件：资本强制工人服从纪律，共同利用诸如建筑物、工具等一般劳动条件，以及大量采购原材料。马克思根据这些条件，认为机器的产生包括两个过程：一个是从最古老的劳动工具中产生了纺纱机和织布机等，二是利用机器制造机器本身。从历史上看，工业革命起源于第一种情况所说的机器，依赖于纺纱技术从手工工具到机器的历史转变。脚踏式纺纱机是人用脚的动力推动轮子，用轮子推动直接与羊毛材料接触的工具，即纱锭。古代人纺纱（开毛和把羊毛捻成线）是手工操作的，现在则使用纱锭来纺毛，同一动力既推动轮子，又让工具本身纺毛，而工人的作用简化为推动轮子，照看并调整工具纺毛过程。这时脚踏式纺车便转化为手工业机器，尽管工作机仍然由人力来完成，但不管是这种力的传送方式还是机器中夹杂材料和改变材料部分的直接动作，都与人的体力、技巧和手工操作完全不同了，产品的数量也与作为动力的脚的体力强度不一致了。随着纱锭数量的增加，劳动工具变成了由同一动力推动的许多原来独立纱锭的工具组合。在这种工具组合中，以前需要由技术能手轻巧地运用自己的工具来完成的那些操作，现在变成了把直接由人用最简单的机械方式（转动手柄、踩动轮子的踏板）所产生的运动转变成工作机的精细运动。正是因为这样，马克思才断言："资本主义生产方式所特有的工业革命，正是起源于同加工的材料直接接触的那一部分工具的改革，并且为把每台走锭精纺机的纱锭数量从 6 个增加到 1800 个铺平了道路。"（同上：54）

如果说纺纱机、织布机等的发展代表了从一般工具到现代机器并导向工业革命的话，那么磨的历史作为人类智慧的一个缩影[1]则代表了从前现代技艺到现代技术的过渡。"磨"是以手为动力和自然力推动的劳动工具的集中体现，具有马克思所说的现代机器性质，它的历史表明了劳动人的关键作用。从罗马时期由亚洲传入第一批水推磨时起（奥古斯都时代以前不久），直到 18 世纪末期美国大量建造第一批蒸汽磨，经历了极其缓慢的发展过程。这里的所谓进步只是世世代代的大量经验积累，不断出现的成果也只是获得零散利用；从单个机器发展到机器系统——几台磨用同一个动力来推动，这一过程由于面粉磨坊的农村副业性质和产品性质也十分缓慢。这种缓慢的经验积累尽管推动了摩擦理论、流动力学、水槽理论，特别是牛顿、马里奥特、别尔努力家族、达兰贝尔、欧拉等人的水轮理论研究，但更重要的是它说明了劳动人对智力人的经验超越，因为"劳动资料的这种分工、专门化和简化，是与分工本身一起自然产生的，并不要求预先认识力学的规律"（同上：51）。马克思这里是说在历史上相当长一段时间内，技艺是远远走在自然科学前面的，只是进入 19 世纪当资本把自然科学纳入为现代技术和工业服务后，智力人作为一个独立群体才从劳动人那里分离出来。生产和制造的任意操作原本包含在前现代技艺中，但它从

---

① 这一点可以从如下隐喻看出：人们很早就把工场一类的地方称为"磨坊"，直到现在还有人用"磨坊"一词表示工场和工厂。

一般劳动工具变成现代机器操作时，便越来越扮演着具体推动历史发展的重要动力角色，具有了"绝对创造性力量"，承担着改造一切存在的技术任务。磨既作为劳动工具又作为机器，在长期的历史演化过程逐步具备了现代技术形态，即具备了或多或少独立的、发展了的和互相并存的机器基本要素：动力作用于其上的原动机与处于原动机和工作机之间的传动机构（传动装置、杠杆、齿轮等）。马克思说："从磨的历史还可以探索机器发展的这样一个特点：以前与磨碎谷物本身分开并且成为独立工序的工作，后来开始用同一个动力来完成，从而与磨碎工作在机械上连成一体。"（同上：59~60）。机器系统这一完美的现代技术特点表明，技术似乎不再受任何内在限制，它依靠自身的自主机制推动了普遍的单一计划、目标实现和历史整体运动的方法和手段发展。简言之，现代技术是一种简单的机械技巧，但却在整个历史发展的前景中取得了马克思赋予它的支配和控制地位，因此完全不同于前现代的技艺或劳动工具。前现代技艺开始具有的改造性劳动现在实际上已经达到了极点，具备了改造一切对象的现代技术特征。也就是说，现代机械技术就是整体的、普遍的技艺。马克思对工具和机器的区分说明，一般工具实际上代表了前现代时期的技艺，机器则成为现代技术的典型现象。

那么，前现代技艺或工具与现代技术或机器在本质上有何不同呢？显然诉诸单纯的工艺学视角是远远不够的，只有进入生产方式变革及由此引起的生产关系变革的视角中，才能真正把握两者之间的本质区别。正是基于此，马克思指出所有发达的机器都由三个本质不同的部分组成：发动机、传动机构和工具机（或叫工作机）。发动机是整个机构的动力，它要么产生自己的动力，如蒸汽机、卡路里机、电磁机等，要么接受外部某种现成的自然力推动，如水车受落差水推动、风磨受风推动等；传动机构由飞轮、转轴、齿轮、涡轮、杆、绳索、皮带、连接装置以及各种各样的附件组成，它调节运动，必要时改变运动形式（如把垂直运动变为圆圈运动），把运动分配、传送到工具机上。发动机和传动机构两个部分的主要作用仅仅是把运动传给工具机，对生产方式变革不具有决定性作用。只有工具机才能在发动机和传动机构的协作下抓住劳动对象按照一定的目的来改变它，因此也只有工具机才在前现代技艺实践过渡到机械生产中起到变革作用，成为18世纪工业革命的起点。从历史上看，工具机或者真正的工作机——机器中改变材料形状的那个特殊部分，大体上还是手工业生产和工场手工业使用的那些器具和工具，在很多情况下都由以前的工具构成——包括锭子、针、锤、锯、刨、剪刀、刮刀和梳子等。工具机与一般工具的区别在于，它不再是人的工具，而是一个机构的工具或机械工具，作为一整套同类工具的一个组成部分而起作用。因此"工具机是这样一种机构，它在取得适当的运动后，用自己的工具来完成过去工人用类似的工具所完成的那些操作"（《资本论》第 1 卷，1975 年：411）。这一界定可以说是一种历史界定，把工具机的工艺学内容和人类学内容有机地结合在一起，说明机器作为工业革命的起点，是用一个机构代替只使用一个工具的人，这个机构用许多同样的或同种的工具一起作业，由一个单一的动力来推动。在这里动力是来自人还是来自另一台机器，这并不改变问题的实质。只有当人同时使用的工具数量受到人的自然的工具数量（即自己身体的器官数量）的限制时，动力问题才变得重要起来："正是由于创造了工具机，才使蒸汽机的革命成为必要。"（同上：412）

前现代技艺或工具是一种需要的馈赠，是一种适合清楚明白的近期目的的有限手段和措施，而非实现人类的任意目标之路，但现代技术——机械技术成了人种发展的无限推动力，成为最为重要的人类事业。从这一事业持久的、不断自我超越的进步中可以看出，它成功地对人和物的最大限度控制成了人的命运和定数。在这种意义上讲，劳动人对其外在对象的胜利也就意味着他对智力人的内在体质的胜利，智力人不过是扮演一种边角料的角色。换言之，现代技术除其客观的劳动之外，还借助其中心地位支配甚至占据了人类目标。现代技术的创造性积累和人工环境的扩张迫使人们把自己不断取得的发明成果应用于管理和发展中，从而强化了人的技术创造能力。不可忽视的是，这种功利性需要的积极反馈以一种成果激励的方式确证了人对其他一切事物的单向度支配地位。毫无疑问，这是一种传统与现代的技术转型，这种转型当然成了现代主义传统得以确认机械技术的控制力量的重要基础。

3.2　机械论范式：现代主义思想传统生成

毫无疑问，只要大部分人还使用自然界的生产资料（如水磨），人就要以自然为条件或者受到自然束缚，而文明创造的生产手段（反过来，生产手段，也即技术文明，同样会创造整个文明）有助于人更为有效地应对自然挑战。

生产资料的发展必然导致机器的创造和发展,因为劳动预设了机器是最适合脱离自然束缚或控制自然的生产资料。在这个意义上讲,从前现代技艺到现代技术和从工具到机器的历史转换过程,其基本朝向在于以机器这一物化的现代技术为手段达到人在空间上的无所顾忌。这一历史朝向除了与前现代技艺实践的经验积累有关外,也与现代主义以机械论哲学对整体论的观念解构密切相关,否则无法解释人们习惯于工厂纪律和精确计算以及被迫在强有力的织布机上工作的"在生活上总体适应新型生产系统"(Alvares,1991:134)的大众文化现象。

在空间问题上,古希腊甚至到中世纪,一直存在着以柏拉图为代表的空间中心观和以亚里士多德为代表的地点中心观之争:柏拉图认为,空间先于特定的"topoi"(古希腊语,意指地点)而存在,是形式和理念作为现实所处的预设容器;与柏拉图不同,亚里士多德则是把这种有限秩序颠倒过来,强调地点在日常生活中的重要地位,具体事物构成了作为"topos"的特定地点,存在即是在地点中。尽管柏拉图和亚里士多德各有侧重,但他们针对技艺实践均展示了空间和地点之间的辩证整体关系,或者说都强调技艺实践与空间的整体和谐。这与古代技术实践强调的直观空间和谐(例如,古罗马排水管系统就是这样一种同物理背景、高贵建筑综合协调的技术设施)相一致,因为前现代技艺本身诉诸人们对待世界的方式,表现为技能、技艺、启发、试错、知识和数学间接运用、建筑和规划经验以及直观。在这种意义上,柏拉图虽然强调纯粹理论的空间优先性,但他并不排斥导向善的技艺实践或技艺与地点的充分结合;亚里士多德虽然以贬抑的形式强调技艺实践的地点优先性,但他同时特别强调纯粹理念的普遍实践意义,特别是其自动机器概念更包含了现代意义的技术概念。但这种具有分裂倾向的整体论观念进入现代时期以来逐步被解构了,现代主义思想家们将柏拉图的纯粹理念和亚里士多德的自动机器发挥到极致,使地点完全成为一种脱离地方价值的抽象物理空间,以便现代技术能够发挥不受具体地点影响的普遍作用。关于这一过渡,正如摩里亚蒂(Gene Moriarty)从工程哲学传统角度指出:

> 继柏拉图提出空间优先之后,亚里士多德推动地点成为"一种为完全生成的物质对象的已有场所"。在亚里士多德与现代之间,在斯多葛派、伊壁鸠鲁派和怀疑派的哲学家那里,经过新柏拉图学派以及中世纪和文艺复兴时期思想家的诸多思考,本土的、特殊的和具体的地点初期

均占据优势地位,但这种优势地位由于客观的、抽象的、科学的和一般的观念与理论的强劲流行而逐步受到侵蚀。(Moriarty,2000:8)

现在让我们沿着摩里亚蒂的思想线索,对现代主义的机械论哲学范式形成予以考察。现代机械技术虽然不是应用现代早期兴起的数学与科学理论的直接结果,但两者在哲学上具有相同的意向。现代科学理论以抽象方法展现了宇宙的本质,如果说哥白尼通过日心说和伽利略通过物理学理论(如自由落体定律等)引发的天文学革命或科学革命,表明了一种"同质空间"的世界观的话,那么笛卡尔的解析几何理论和牛顿的经典力学和微积分学,则可以在同质空间意义上服务于对物质世界的筹划、设计和改造。随着这种客观的、抽象的、科学的和普遍的观念和理论的不断发展,同质空间意义的普遍概念日益占据优势,而地方的、特殊的和具体的地点和事物概念则日益受到侵蚀。从文艺复兴时期开始,这种"新科学"在方法上坚持从若干实验获得一般结论,一般结论较之特殊结果变得越来越重要,因为特殊结果不过是从一般结论推论而来,其功效或功用经过实验检验获得证明。同时,这样一种归纳和演绎的程序和执行,均能以抽象的理性时空形式呈现出来,具有数学和机械力学特征。以同质空间取代地点概念作为一种现代性策略在西方世界开始流行起来,与此同时参与性的地方化自我则变成了世界的私人看客,作为客体的物被赋予超越或对抗作为主体的自我的无上地位,由此便形成界限明确的主客二分或分割。原先地点化的物开始被筹划成为"可化约和测量的空间关系模式,其筹划行为原则上与如此测量的物的特征没有关系"(Romanyshyn,1989:79)。在这里物的特征被解释成为可数学化或可分析的对象特征,以便为作为征服者的自我意识之人所控制;世界成了人工制造的时空展现,成了点运动的空间或点随时间变化的预定轨道。这些数学化测量对现代技术和工程活动的意义在于,最初用于辅助规划和建造实践,后来便成为现代技术和工程事业关键的分析和设计要素,最后变成了现代机械技术发明和应用的必要条件。数学在前现代时期本来属于技艺中的数术或算术,但现在却成了其他诸种学科的"王后",其"王子们"包括机械力学、热力学、材料学、电磁学甚至今天的信息科学,这些学科现在均属于工程学科门类。

现代早期的科学革命只是为现代主义的机械论哲学奠定了科学基础,真正把数学化的分析思维方法带入现代主义的工程技术筹划则要归功于达·芬奇、培根和笛卡尔。达·芬奇将数学化的科学空间运用于雕刻、绘画、绘图设计、飞行和机械设计等实践中："他出类拔萃的开发和图解能力不仅体现在诸种精确艺术领域，而且特别表现在各类技术结构设计上。他深受佛罗伦萨工场传统影响，非常熟悉不同物质性质及其应用于工场的各种可能性，他致力于通过实验发现自然界的简单数学规律。所有这些都使他成为一位现代意义的工程师。"（Klemm，1964：125）他认为宇宙存在着所谓理性结构，且能通过数学获得观察，因此可以将抽象的数学时空概念用于对自然界和人工造物的机械性筹划。达·芬奇正是由此通过其艺术作品和机械设计表明了科学态度的现实意义，这就是运用科学手段获得知识并将该种知识用于解决人类日常生活的实践问题。沿着这一思想线索，培根认为科学知识作为一种减轻人类负担的力量，直接指向的是新世界建构。只是自古希腊以来的诸多形而上学前提，如形式/物料、本质/存在物等的二分法，还不足以去筹划一个新世界。建构一个新世界要以科学方法为基础，服从数学—逻辑—科学规划的无限时空网格指令，以科学理论解释框架构成指导和服务现代主义技术实践的世界观。这种世界观的基本图式是：首先在抽象的空间中将对象和事件确立为理想的数学关系，然后再到具体的地点中对物和场地进行占有。尽管培根试图使理论服务于人类生活实践，但理论本身并不能完全适合实践，在某种意义上只是对他者的驯服。由于理论是一种妄动，实践往往会超越清晰的概念化所及范围，只有基于经验通过直觉才能为人所把握。但他在其《新大西岛》（1672年）中描绘新世界时，以严格的实验取代仅有的经验。培根倡导清理场地以便在一块"白板"①（tabula rasa）上重建诸科学和艺术门类："海盗行为有两类，一类涉及轻佻的争论、辩驳和唠叨，一类诉诸盲目的实验、耳语的传统和欺诈，两者均带着大量肮脏。我希望我也应该，能够为人类带来勤劳的观察、有理有据的结论和有利可图的发明和发现。"（Jones，1969：74）作为现代主义技术事业的推动者，培根坚持以科学推进人类进步。在这里如果说培根的归纳方法毕竟还带有特殊主义的地点痕迹的话，那么笛

---

① 拉丁文"tabula rasa"原指洁白无瑕状态，在西方哲学家那里用来比喻人类心灵的本来状态像白纸一样没有任何印迹。古希腊哲学家亚里士多德在其《论灵魂》中认为，灵魂如同蜡块一样，从外物接受印纹。17世纪英国经验论哲学家洛克继承和发展了这个思想，认为人出生时心灵犹如白纸或白板，对任何事物均无印象；人的一切观念和知识都是外界事物在白板上留下的痕迹。这里用"白板"作隐喻，是说培根试图在抽象意义上把科学和艺术建立在价值中立基础之上。

卡尔去为现代主义技术筹划提供更为普遍的演绎方法，则试图消解这一点最起码的地点痕迹。

按照现代早期科学的哲学基础，自然现象可以还原为其内在的性质或其组成要素的因果作用，因此可以根据其内部构成获得解释。在这方面，原子论者（atomist）与物质空间论者（plenist）（认为空间中总是存在物质而不存在真空）以及理性主义者与经验主义者几乎没有什么不同，前两者的区别仅仅在于是否存在不可分析的终极粒子或者每个构成要素是否可以构成可以做进一步还原性分析的系统，后两者的区别则在于是否可以假定存在一种产生自然现象的机械组成或者是否可以观察到影响自然现象的特定机械组成。笛卡尔作为理性主义的机械论者，正如古代哲学家以人工造物隐语成就其哲学学说一样，引入两个钟表作为隐语来说明他的方法论：

> 由于正如经同一钟表匠制造的两个钟表，其时针指示准确，外表相似，只是其内部小轮子整体组合不同一样，所以伟大的造物主无疑是以诸多不同方式创造了我们眼前的万事万物。（Descartes，［1644］1983：300）

按照这种图式，所谓科学解释如同人工造物构成一样，除非打开钟表背面直接观察其组成结构，便没有别的方法了。如果说把机器分为若干部分就能发现其真正的运动原理的话，那么对于自然现象也需进行分割以便了解其内部的运动规律。在这种意义上讲，科学解释就是设计一种机械模型，从原则上推演出一种可解释的自然现象。这种机械论哲学强调，一个系统由若干子系统组成、一个结构由若干子结构组成和一种机制由若干子机制组成等，与此相关的科学方法必然是分析—综合方法。这种机械化的人工造物解释模式，不仅用于物理学，也用于生物学等。拉美特里用机器隐语人体，正是由此而来。这样机械论虽然采取了与古希腊哲学相同的人工造物隐语修辞方法，但不同在于它使用"自然规律"代替了古希腊的"合目的性"。当然这里之所以在技术哲学意义上，将机械论称为一种现代主义技术范式，是因为笛卡尔与培根和牛顿等人一样试图通过对钟表的内部结构隐语，向世人说明如何从使用设备和手段达到目的的现代技术途径。

其实，笛卡尔不仅表达了一种对科学及其解释的乐观主义态度，而且

"坚信科学进步和人类生活的未来改善"（Romanyshyn，1989：180）。在这里笛卡尔与培根是一致的，但培根的方法仍然停留在特定地点的具体方位上，这无法为笛卡尔的普遍主义方法论所接受，因为培根的归纳方法从具体的特殊事件出发，无法割断盲目的人和物与具体现实的紧密联系。笛卡尔的方法就是要精确地割断这种联系，推动一种被称为"抽象"的根本分割方法。美国当代技术哲学家鲍格曼（Albert Borgman）说"这是程序对内容的胜利"（Borgmann，1992：24），摩里亚蒂则由此表明笛卡尔的演绎方法促进了"从受包括一系列技能和规则的实践束缚的传统到以科学为基础的事业"（Moriart，2000：11）的现代主义过渡。笛卡尔的分割程序包含四个要素：抽象（把问题从其背景和自我理解中抽象出来）、解剖（把问题分割为若干简单部分，每个部分作为因变量在抽象的三维空间中代表一个理想点，时间是变量，因变量随变量变化）、重建（确立变量之间的关系模式，以便按照抽象的或分割的要素结构重建一种新的实体、产品或设备）和控制（对最后实体构成进行控制，完成任务）。这一现代主义的技术设计程序可以称为机械分析或设计流程，它进一步可以分为建模、模拟、样机分析、测试和调试等子任务。这些子任务可以排序为若干阶段，每一阶段可以彼此反馈。笛卡尔的方法不只限于设计本身，可以用于分析、设计、研究、样机研究、试验、开发、制造系统、设备研制和结构等各个方面，但无论如何都要适合客户的需要、期望和规格明细。在此基础上，笛卡尔以其机械论范式还解释了现代技术的目的—手段模式。

笛卡尔在本体论上是机械论的，在逻辑上是二元论的，在认识论上是唯我论的。从前面论述已经看到，他不是把宇宙看作一种有机体而是看作一种机器。宇宙机器由于诸多离散的触觉小体构成，这些触觉小体运动无一例外地可以参照因果关系来加以解释。在宇宙中产生运动的力尽管最终可以归为上帝的意志，但它本身并不是拟人化的、精神的和与生俱来的，力的存在不过是物质运动的一个功能，因此自然运行无疑服从于经典力学揭示的运动规律。人类如同其他动物一样不过是拥有体壳的物，只是一架由血肉组成的自动机器。在笛卡尔看来，这种肉体装置"对于那些了解如何精巧地设计诸多自动控制的运动机器的人们来说似乎不应该感到惊奇……较之人发明的任何机器，经过上帝之手制造的人体这种机器，其构成更为有序，运动更为值得赞扬"（Descartes，1980：32）。借助这种比较，笛卡尔坚持人体的机械论运动解释方法，它要求的不过是那些说明星球轨道的基本原理而已。肌肉和腱是弹簧，心脏不过是喷泉，肺脏接近于轮子和磨盘，因此活体与死体的区别就如同钟表的运动与停动之区别一样。但就人能思维来说，笛卡尔将人的理性能力归于非物质的自我意识（res cogitans）。如果说人体或外界物质的延展（res extensa）问题可以归于物理科学（包括生物学）解决的话，那么人的自我意识或认知问题显然要归于认识论的哲学事业。

那么，在认识论意义上，能够认知的人与其要认识的外界事物之间的关系是什么呢？笛卡尔发现古希腊人有关自然的目的论隐喻难以令人信服，因为哥白尼—伽利略式的物理宇宙中的中立对象并不承诺任何内在价值意义。无论中立对象承当何种价值，只能通过精神的存在即人的筹划进行推演获得。例如，人捶打木头是一种手段，它的物有所值只是其对家庭住宅建筑的工具性功能。在这种意义讲，自然界可以被界定为具有潜在控制意义的异质对象，人独立于自然界的机械作用的自我本质表现为将外界事物整个地附属于人的自主意志指令。按照这种形而上学见解，工具变成了具有因果关系的手段，人借助这种手段将其意志施加于自然界缺乏内在意义的实体之上。这样工具虽然为人制造，但它与人的劳动对象一样不具有内在意义。也就是说，人工造物作为手段只是非道德的器具，其价值毫无例外地属于服务制造目的的效能或功能而已。但制造本身并不包括制造者的再造含义，自然资源、人造工具和物对象均保持着服从主人驯服的无生命奴仆地位，没有任何讨价还价的余地。假如它们还能做点别的什么或者还能与其同伴进入不受外界控制的对话的话，那么这些微型的"生灵"便无法通过自身的思维能力将自身同钟表、鳄鱼、星球和其他运动物质形式区分开来。

笛卡尔的机械论范式及其手段—目的模式，实际上显现出了现代技术的自主倾向。关于现代技术这一中立形象，当代技术哲学家皮特（Joseph Pitt）实际上进一步发挥了笛卡尔的机械论思想："不是机器令人恐惧，令人恐惧的是与机器相关的另类个体。机器是给定的，我们借助评价和规划还能再做什么呢？关于技术的自主性，可以说没有任何疑问。问题在于作为个体的人，工具本身如果没有人的操作便无所作为。你能为技术所做的唯一的事情，就是寻找自主性的深刻意义。"（Pitt，1990：130）目前大量标准教科书均将技术界定为人类为自身利益控制环境而设计的工具和方法总和，这一界定也不过是重复了笛卡尔的技术与世界的工具关系命题：人类是技术的创造者而非技术的创造物，技术是一种道德中立力量，其滥用问题只能诉诸反思普遍的善的意志力量。

当然笛卡尔的机械论范式也以不同形式的官僚体制或经济主义话语表达出来，特别是成本—利润分析和环境控制描述。按照笛卡尔的以上手段—目的模式，现代技术追求的是以最小成本设计上市产品，并使其栖居自由空间的中立区域。在这里所谓产品只是中立的实体，因为使用它们究竟是为善还是为恶完全取决于目的用户。例如，一台本田雅阁轿车作为一种中立实体，或者以每小时 100 英里速度飞驰在高速公路上，燃烧大量汽油，也可能会把许多人命推到危险境地，或者仅仅用来在乡间小路上徘徊，但所有这些都只是用户选择的结果。这看来并非来自在地点与空间之间的选择，而是不同空间的选择，因为汽车只是提供了一种从地点中解放的手段，或者说仅仅是割断与地点关系进而探索其他不同空间的手段。但即使技术产品属于空间要素，它们也会以或多或少的参与方式为地点增添些许活力。因此现代主义技术筹划的关键问题在于，它并不具备参与地点和为地点带来生气的意向，它考虑的只是要从其巨大机器系统中生产出产品，至于是否具有生气和魅力仅仅取决于目的用户而与产品本身完全无关。因此技术评估和规划便只能是考察技术应用的工艺、经济和社会结果，主要关心的是其意想不到的、间接的或明显的社会影响。对这种社会影响的强调意味着，人类与其技术行为的关系是机械的和单向度的，而非有机的、整体和辩证的。由于这里涉及到较多的离散动机，所以只有诉诸不同的非道德工具力量，才能取得预期的特定目的。必须要精心计算那些外部问题，以便确定通过使用工具获得的利润是否超越其成本。这里的目的是获得最大利润，外部影响的结构或组成是否得到平衡并不重要，多数时候只要经济结果够好，便不会考虑社会影响和环境影响。

从以上叙述可以看到，进入现代以来，欧洲思想传统在反对基督教传统的上帝创造秩序观念过程中，实际上将作为"认知"的人类主体与作为"延展"的客观世界对立起来。笛卡尔承诺人通过科学将成为自然界的主人和占有者，培根则声称"知识就是力量"。因此技艺的目的或意义不再与物的天性为一体，而成了人自身的创造；技艺不再是展示柏拉图意义上的罗格斯参照的善的天性，而只是为了确认存在物的运行方式。正是在这种意识形态支配下，现代意义的技艺，即技术作为展现人的意志的巨大力量便成为一种主导世界发展的存在模式。18 世纪启蒙运动时期，哲学家和科学家们更是以伽利略、牛顿、培根和笛卡尔的机械论观点彻底摧毁了以柏拉图为代表的古代整体世界观，把整个宇宙运转看作是一种任人调拨的时钟装置。于是，现代技术不再如前现代技艺那样实现的是宇宙天性固有的本质和对世界的内在目的或价值做出回应，而只是表现为价值无涉的纯粹工具，只是服务于人的主观目的的手段或方法。这就是所谓现代主义的工具论技术哲学思想传统，按照这一纲领技术开发可以把自然作为原料来对待：自然不是一个整体世界，而是有待改造成为人期望的产品；世界不是在目的论意义上而是在机械论意义上得到理解，因此可以不考虑其自身任何内在价值而得到控制和利用。自 19 世纪以来，西方人正是以这样一种对实体世界的理解为基础，借助分析—综合的理性和智力将自然加以肢解并通过开发变为可用之物，从而取得了有效而强劲的技术进步，而正是通过这种技术进步才取得了今天人们一直谈论的现代化的巨大成功。在这里如果说机械论哲学通过自然科学实现了其取代任何传统秩序的文化霸权的话，那么机械论范式作为一种意识形态则通过现代机械技术实现了控制人和征服自然的实践霸权。

现代主义的机械论哲学无疑代表了西方人对现代机械技术兴起的自觉认同，但进入现代以后的中国显然缺乏这种自觉认同的历史土壤。关于这一点，需要对工业革命（1760～1830 年）之前的英国与鸦片战争（1842年）之前的中国作些比较。至迟到 16 世纪，英国与中国一样均处于农业文明中，但与中国的不同在于它存在着从农业文明向大规模制造业过渡的急迫的技术发展需要。从中世纪到 18 世纪，英国这段历史中有三次广泛的人口运动：第一次发生于中世纪与 14 世纪期间，第二次发生于 15 世纪中期与 1640 年期间，第三次从 1740 年开始到工业革命发生。在每次人口运动中，人口增长均与技术发展有着明显关系：人口增长往往发生于技术变革之前。在 12 和 13 世纪，英国人口增长导致了对新土地的殖民化，这就是林地和沼泽地的开垦和利用。这种殖民化一旦完成，农民便诉诸既有土地的集约利用。这时土地要素收益递减规律开始发生作用，土地收成开始衰减，小麦价格增长 3 倍。这一历史现实大大激励了英国制造业发展，特别是羊毛生产业获得了大发展。羊毛生产业从老的城区扩大到乡村，推动了农村经济繁荣，反过来也促进了漂洗机的技术发展。14 世纪鼠疫流行之后的人口衰减导致农业活动衰退和农村劳动力缺乏，直到 16 世纪中期人口再度增长又为农业增长提供了条件，其结果之一便是食品价格和土地价值飙升，为土地拥有者和土地买卖者带来巨大物质财富。但失去土地的农业劳动力很快便在城市中集结成一大社会阶层，在刺激了当时制造业规模扩大的同时受到了来自剩余劳动的工资压力。例如，直到1571年，工资水平只有此前一个世纪的三分之二，由此导致的低生活标准一直持续40多年。这种状况，可以通过因土地价值增长形成的圈地运动得到最好说明。圈地运动最早从13世纪开始，主要是因为羊毛贸易有利可图而使牧羊农场保护成为必要，直到工业革命时期愈演愈烈。当然在工业革命时期，圈地运动的不再是羊毛贸易，而是食品供应。在18世纪中期，英国人口又一次获得巨大增长，直到1757年英国便由一个食品出口国家变成一个食品进口国家。随着小麦价格上升，农业产量也不断提高，围绕土壤生产力的技术创新也迅速展开。其结果是大量农业人口被赶出土地，要么游走在乡镇之间寻求救济，要么进入城市极不情愿地充当了工厂体系中的廉价劳动力。

在对工业革命的历史背景作了描述之后，现在可以进一步说明工业革命需要解决的特定技术问题。从生态学视角来看，工业革命的发生最初直接源于如下背景：资源短缺及其相关问题直接导致了经济体系扩大，以满足相关区域的人口增长需要。与欧洲大陆国家的人口增长不受区域限制相反，英国由于传统资源已经达到稀缺状态，所以必须要诉诸新的替代资源——新技术发明和延长劳动时间。随着人口增长，不仅土地资源日益短缺，而且与此相关的其他资源也出现了短缺。在1540～1640年人口增长期间，英国木材开始出现短缺，木材价格增长将近3倍。这一情况部分原因是制铁业和造船业需求，但更为重要的是人口大量增长扩大了家庭的木材需求，即使是木材进口都难以满足这种需求。这时煤炭迅速成为替代木材的资源，但开采煤炭需要从矿井中抽出相当水量，这推动了从水轮排水到马拉泵到蒸汽泵的技术变革。之所以在技术上选择蒸汽泵倒不是因为蒸汽动力强于马力和水力，而是因为蒸汽动力更容易得到传递，且蒸汽机就在井口，煤炭燃料使用非常方便。应该说，自纽可门的"火力引擎"（1712年）以后将近一个世纪，蒸汽机主要限于矿井抽水。直到18世纪末期，博尔顿和瓦特才成功地制造出了第一台用于产生旋转运动的蒸汽机。这种时间差距也许是由于那时英国许多地方棉纺织工场已经习惯于使用水轮来提供旋转运动的简易技术手段，瓦特发明的蒸汽机之所以逐步被接受是因为它是一种可靠的动力源，且与水轮不同，它可以从一个地方移到另一地方，不受地点限制。但即使如此，旋转式蒸汽机当时仍未取代传统技术方法，这尤其与纺织业的原材料结构有关。在工业革命之前，毛纺业早已成为英国制造业基础。进入 18 世纪以后，"毛纺业的方法和规模已经进入了需要平衡社会、生态和经济瓶颈因素的发展阶段"（Alvares，1991：130）。毛纺业大多集中于人口稠密而土地收益较低的农村地区，纺工和织工均来自贫困人口。同时羊毛价格和供应量由于土地资源相对短缺而变得固定，其市场有限，效率低下的机器技术只能维持少量酬劳的广泛分配和一定的比较竞争优势。在这种背景下，凯伊的飞梭（1733 年）以及维亚特和保罗的纺毛机（1758 年）等早期发明均是伴随着毛纺业发展而来，但同时也遭到了毛纺业工人的对抗和敌意。当时英国政府的立法行为虽然倾向于支持工人利益，但很快就证明它无法避免资源短缺导致的根本变革。越来越多的人依赖于土地意味着牧羊的草地减少，特别是粮食的有利可图更加剧了这一生态危机。随着羊毛价格攀升和工人工资降低，将棉花作为一种新的制衣材料成为必要。尽管在英国寒冷气候条件下棉花被认为是次于羊毛的资源，它由于价格便宜一般为贫困阶层使用，但不可忽视的是这样一个事实：英国土壤不生长棉花，因此可以弥补已经相当严重的土地短缺。粗棉多数是进口，先是来自印度，后来是从美国进口。从第三次人口增长后的 1760 年到 1775 年期间，棉花进口从 200 万英镑增长到 700 万英镑，1790 年增长到 3500 万英镑。伴随着棉花大量需求，开始出现诸多关键发明：哈格里夫斯的珍妮纺纱机（1765 年）、阿克莱特的水力纺纱机（1769 年）和克隆普顿的骡机（走锭精纺机）（1779 年）等，更为重要的是蒸汽动力这时首先被广泛引入到棉纺业的纺织机上。从这里可以看出，人们之所以将工业革命发生确定为 1760～1830 年这一时期，其关键原因就在于，只是到这时此前的诸多纺织机发明才与蒸汽动力结合了起来。

那么，在与英国工业革命发生同一时期的中国清朝又是一种什么情况呢？迪特里希（Craig Dietrich）曾对中国清代棉纺业进行了历史考察，认为"中国坚持不变的老套传统与（英国的）变革能力无法相容，直到清代仍然非常缓慢，这一时期并没有出现什么革命性机械技术或组织发展。这一产业（棉纺业）部分确实可以被描述为简朴而稳定，这使其他部分显示出相当不同的适应时代要求的特点。例如，该产业具备了一系列工艺方法和组织形式，使制衣行业保持了自给自足的家庭风格和市场导向的专业制衣体制"（Dietrich，1972：109）。尽管棉花早为中国人熟知，且从来不被认为是一种外来商品，但只有在宋末、元朝和明初这两三个世纪中，才在中国经济中成为唯一最重要的纤维制品材料。至迟到公元 1050 年，中国人口压力已经导致华北大片地区的森林砍伐。当时每亩土地棉花产量是其他纤维材料的 10 倍，因此棉花迅速取代大麻而与丝绸一起成为基本的制衣材料。在这种背景下，引入棉花迅速得到响应：它一方面为粮食生产腾出了适当数量的土地，另一方面也适应了大量人口增长和商业需要。到 13 世纪时，为应对粗棉产量的突然增多而引进和改进了来自南亚的轧棉机，取代了至迟在宋代就使用的滚筒脱绵子机（铁碾）。这里一个有趣的事实是，元代松江乌泥泾镇（今上海华泾镇）的黄道婆将海南岛崖州（今海口市）黎族使用的纺织工具带回家乡，并经她改进成为轧棉机、弹棉弓、纺车和织机等，使家乡以至整个江南地区的纺织水平大大提高。这些技艺和工具到了明末已经明显处于成熟阶段，它们的任何改进均已经达到极限。但正是这些生产技艺和工具连同印染工艺，推动了棉纺业的巨大繁荣和日益商业化。迪特里希推论说："在那两三个世纪中，中国已经适应和改进了全部来自南亚的轧棉机、弹棉弓和纺轮等，将它们同中国相应的设备，诸如卷轴、织机和石碾等，集结在一起。其结果是，由此形成的技术完全适合于从单个家庭到高度分化的、市场导向的作坊式企业的一系列生产组织。"（Dietrich，1972：126）从棉花种植、收购、轧棉、弹棉、纺织、印染等整个过程，均是在规范的商业网络和组织中进行。从清代中国的丝绸纺织业、制陶业和冶铁业等方面，同样能够寻找到类似的情况描述。在这里我们并不能从现代技术发生的前现代技艺背景，来判断中国与英国的不同。关于这一问题，我们仍需强调劳动人及其行为。正如斐茨杰拉德（Fitzgerald）认为：

> 技能方法并不是判断真正文明的最好标准，一个社会的和谐和平衡总要好过动荡的变革和为追求某种不确定目标和进步进行的分解性活动。（Fitzgerald，1976：35）

现在需要诉诸人口增长问题，来寻找中国与英国在工业革命之前的差异。在历史学家那里，中国较早发展的高度中央集权是受到环境因素激励而形成的，公元前 221 年实现的统一在很大程度上适应了当时水利工程需要，包括防洪、灌溉和集中运输等。河流及其控制在中国许多世纪的政治组织中的确扮演了重要角色，但不能对此太过强调，因为事实上人口增长与生态环境的关系，如占据新的领地、人口迁徙、新土地拓荒、农业改进和城市化等，是更为重要的因素。大约公元1050年，中国华北地区的大面积森林砍伐和新土地拓荒均是人口增长的必然结果。到4～5世纪时，中国居民大量地向南沿长江流域迁徙，伴随而来的是农业大发展。在长江流域，最初的耕种相当粗糙，先是采取火烧拓荒方法，但随后就因生态破坏而发生水灾，因此最终放弃了火烧拓荒方法，出现了修耕。但修耕不能适合大量的人口增长，所以与北方干地种植完全相反的湿地种植水稻，迅速成为最受欢迎的种植方法。在这种意义上讲，中国农业自身获得改造是在8世纪与12世纪之间。在这一阶段，中国与欧洲产生了不同的农业发展趋势。欧洲人口压力逐步推动了经济中心从地中海向北转移，其标志是以斧、重耕犁和有效的马具来耕种北方的厚重土壤。中国人口向南迁移到缺乏林地的河谷，解决了灌溉问题，其标志包括水坝、水闸、戽水车和脚踏板式水泵等。这两种不同进展均要消耗大量劳动力才能取得，都是在巨大的人口压力下被认同的方法。到北宋时期（960～1126年），中国人口已经突破1亿；工业革命之前，英国人口是600万（1740年）。这一绝对人口规模差距使得任何对中国与英国的比较都失去了意义，但就相对人口数量增长压力来说，正如前面已经表明的，在英国导致的结果是耕种、水路交通、货币和信用制度、市场结构、城市化以及科学技术等一系列变革（工业革命），在中国导致的结果则主要限于扩大土地种植面积和提高单产量。蒙古人入侵中原时大大降低了人口增长数量，到1400年人口又开始回升。尽管在明末和19世纪中期太平天国革命时期人口数量有所降低，但它仍然从1400年的8000万增长到1953年的5.83亿。与此同时，粮食产量也有与人口增长相一致的增长。对于这种现象，有两种解释：一是大量人口向未开垦土地迁徙，直到14世纪之后，广东、贵州和云南仍能接纳大量人口迁移。明初大量人口持续向诸如广东、湖南和湖北这样的人口稀少地区迁移，以后又寻找到了向华北平原和西北地区迁移的机会，这一趋势一直持续到18世纪；清代人口迁移方向主要是西部省份，特别是西南省份。二是中国农民能够在现有土地上，通过自身的技艺水平提高粮食产量。在14世纪之前，水稻生产已经扩大到人口稠密地区。这种改进也伴随着新种推广和肥料使用，尤其是家庭沤水起了巨大作用。

中国传统农业通过增加现有技艺功效的独创和精巧、不断改进种植方式和扩大耕种面积，能够避免粮食收入不至衰减，确保人均粮食消费将近 6 个世纪保持稳定。即使后来由于缺乏更多的新土地开垦而导致了收益递减，中国也能以其前现代技艺获得粮食增产：20 世纪 20 年代，中国小麦产量为每英亩 14 蒲式耳，超过了欧洲大多数国家工业革命之前的产量，法国 18 世纪末期的每英亩小麦产量仅为 9.5 蒲式耳（Alvares，1991：105）。中国这种农业图景连同其传统纺织业发展表明，在中国这样一个人口大国，鼓励传统棉纺业和丝绸纺织业的生产手段发展不仅是必要的，而且是积极的和实惠的，因为它能够确保作为大多数的中国农耕家庭取得一种良好的生存手段。正如阿尔瓦雷斯（Alvares）指出："在这种背景下推广机械化，只能被看作是一种犯罪。"（Alvares，1991：105～106）13 世纪以棉花取代大麻刺激了轧棉机的发明和使用，但以后劳动力的充足供给并不支持从根本上进一步发明和推广新的纺织机械。1777 年，进入中国的耶稣会士已经注意到了这一问题：

> 机器和劳动动物的效用问题在于，至少就一个世纪来说，不能如此轻易地判断说土地不足以养活它的居民。那么，机器和劳动动物究竟有何效用呢？——就是使部分居民变成哲学家，也即是说变成对社会无所作为和要求社会承担其需要和安宁的人，甚至更为糟糕的是，变成要求社会接受其滑稽可笑的思想的人。当我们国家几个地区的居民发现自身要么成为临时雇工要么就要失业时，他们便决定逃离这里而到达伟大的鞑靼地方和新征服国家工作，在那里我们的农业正在取得进步。（Braudel，1975：248）

16 和 17 世纪时，中国除了粮食之外已经很少有什么土地留给其他植物种植了。大规模的跨地区棉花流动打破了本地棉花的自给自足，由于农业单产量当时已经在世界上达到最高水平，因此由人口增长导致的任何棉花供应扩大均需要依赖进口。在 1785 年和 1833 年之间，广东每年从印度平均进口粗棉数量，是当时整个英国在阿克莱特发明水力纺纱机时年使用量的 6 倍。但这种情况并不意味着非要推动棉纺业的机械化发展，哪怕中国事实上已经拥有了纺织机械化的知识储备。这与英国出于人口增长和进口棉花压力而推动节约劳动力的机械技术发展完全不同。直到 17 和 18 世纪，中国大多数贫困人口均是就业于粗棉纺织领域，这一行业多数基于辅助劳动，来自纺织业的收入仅仅是一个农民家庭总收入的一小部分，因此一年中只有小部分时间用于纺织业，大部分时间用于农业生产。当纺织品需求确实增长时，才从农业中抽出部分劳动力用于纺织业；如果需求下降损害也不会很大，转移的部分劳动力也还可以重新回到农业种植上来。在这种意义上讲，商业繁荣时对工匠和发明家并没有什么奖赏，他们甚至无需这种奖赏；当然在商业萧条时，他们也不会受到冷落或惩罚。即使人口增长导致原先为种植棉花用的土地需要用于种植粮食，即使在人口稠密的长江下游出现棉花短缺时，中国也并未诉诸棉纺业的机械化生产。因此尽管明末清初中国有可能发展出自身的机械技术，或者说中国人也许能够从自身的传统技器道思想中确认和认同可能的机械技术发展，但恰恰就在这时随着欧洲殖民主义力量的扩大不断将西方机械技术（尤其是军事技术）送入中国而使这一可能的文化进程成为绝对不可能。

1498 年之前，中国与欧洲文明之间在很大程度上存在着地理上的隔绝，其中所谓"技术渗透"是非常缓慢的。即使从 1498 年达·伽马开辟至印度海路到 1800 年，东西方关系仍被置于亚洲国家自身确立的框架内加以处理，因为当时清政府并不鼓励进口欧洲商品。乾隆于 1793 年在接见英国国王乔治三世的使团时致英王的信中说："天朝物产丰盈，无所不有，原不藉外夷货物。"这实际上拒绝了英国人提出的通商要求，但欧洲的机械技术发展毕竟与其殖民主义有着密切联系，两者到 19 世纪均获得了长足发展，且在机械论意义上均是基于开发或掠夺的本能或意愿：世界被看作是提供机械加工的原材料供应空间，对于控制力量方来说生产原材料的国家应该从机械加工后的产品交易中获得效用，一旦当地居民表示不从，就只好诉诸坚船利炮。换言之，如果说西方机械技术在资本拓展的有力推动下直接表现为对自然空间（资源）的控制或支配的话，那么它表现在民族或国家领地方面就是对不同区域的殖民化。但与印度的不同在于，中国并不算是完全的殖民地，而是属于"半殖民地"。就殖民主义者而言，对半殖民地的掠夺行为一般采取两个步骤，这就是为西方国家特别是英国产品寻找市场和通过投资（特别是铁路投资）积累利润，但均未获得成功。不过在 1815 年和 1848 年之间，工业革命已经赋予英国在中国以卓越地位。1834 年，英国议会取消了东印度公司的贸易垄断地位，并将这一领域开放给了私营商业个人。对于这些商人们来说，一方面他们具有进行鸦片贸易的意愿，另一方面英国工业显然又具有使中国购买其产品的强烈要求。但中国作为半殖民地国家显然无法容忍这种要求，鸦片战争由此爆发。中国在鸦片战争中的劣势地位，使中国人开始从传统文化内部来思考西方现代技术在中国的合法性，并以此撕开了传统技器道思想的整体论缺口，逐步在接纳西方机械技术过程中进入了现代主义的机械论哲学。

3.3　中国接纳现代技术的哲学话语转换

就中国技器道思想的整体论传统受到以机械论为其形而上学基础的自然科学挑战来说，西方自然科学的传入本身是一种殖民化行为。但从自 17 世纪开始的中国与西方科学的最初接触来看，这种殖民化并不明显，因为最初传播的有关上天（天文学）的知识（包括哥白尼和伽利略的天文学理论）可以弥补中国传统科学知识的不足。耶稣会士作为西方科学的传播者，也正是在一小批感到自己传统科学知识不足的官僚学者的支持下，树立起了自己的威望。这种成功并非因为中国人对西方科学包含的机械论的外部空间控制本质的深刻理解，而是因为其个别观点适合中国道家思想的自然探索意趣，与儒家思想传统也不矛盾，官僚学者没有必要去担心机械技术的空间外部控制会削弱传统信条甚至民族风格。但在 1839～1842 年的鸦片战争中，西方殖民者正是依靠"船坚炮利"这一以空间外控为特征的机械技术和人工造物，打开了长期维系技器道的空间容纳构型的古老中国。鸦片战争直接输入了以空间外控为功能的现代兵械、炮火、分割技术等，使人们逐渐认识到"天道"、"神器"不再属于清王朝。尤其是当英法联军于 1860 年火烧被诗人雨果称为"具有诗人气质的建筑师建造一千零一夜里的一千零一个梦境"的圆明园这一具有象征意义的中国传统人工造物之后，中国人更加感到西方机械技术的巨大空间外控威力。其中太平天国起义正是为了对抗这种外控力量，试图恢复"天道"和"神器"的精神传统，但清朝政府借助西方人的机械技术威力平定了太平天国起义。在中国传统整体论与西方现代机械论之间的这种空间性张力中，清朝政府为了改变来自西方的威胁，开始逐步接纳西方机械技术。为促进学习西方造炮造船方法，1865 年建起了江南机器制造总局，1866 年建立了福州船政局，同时创办了许多技术训练的专门学校，1872 年派遣第一批留美幼童到美国学习工程技术（詹天佑作为这批留美幼童之一专攻铁路工程专业），1877 年派遣了以严复为代表的第一批留欧学生到英国学习海军技术。中国接纳西方机械技术的建制化或者中国第一批现代工程师的自主性取得，当以 1913 年"中华工程师学会"成立为标志。该学会以中国铁道工程师詹天佑为会长，并出版了《中华工程师学会会报》。

中国接纳西方现代机械技术，必然要在观念上经历一个改变自身有关技器道思想的整体论传统的思想转换过程，从而逐步向现代主义的机械论范式转变。王善博认为："中国人对科学的理解框架除了'器'之外很难容纳下其他东西。"（王善博，1996 年：78）。这意味着尽管在"技艺"或"器"的名分下可以容纳机械技术这一大技艺门类，但中国人显然只有在消解"器"与"机械"之间的空间性区分之后，把"机械"解释为中国人可以接受的"器"之后，才能接纳西方机械技术。中国近代学者为了达到这一目的进行了一次重要的哲学语境转换，那就是消解中国传统文化（尤其是道家思想）中有关"器"的具体空间性含义，而以一种工具论观点将可以致用的"机械"附着到"器"这一词语上，再将"器"同"技艺载道"中需要继续维系的"道"分离开来，最后就此提出适应西方机械技术发展的政策主张。这一思想转换过程包含如下三个步骤：

（1）在传统技器道思想的整体论框架中，从前现代技艺中鉴别出机械技术部分，然后将其与西方机械技术（机器）等同起来，由此来接纳西方现代技术，从而向"中道—西器模式"转变。这一阶段的基本特点是，将技艺与价值、器与道从整体论中分离开来，再将西方现代技术或机器作为技艺和器，以此手段服务于维护中国传统政制和伦理价值以及对抗西方军事力量之目的。这应该说是中国人要求接纳西方现代机械技术的一个重大思想转变，实现了从"不藉外夷货物"到"师夷长技"的哲学话语基调转换，而这种转换是从林则徐和魏源开始的①。在鸦片战争前，大清帝国的

---

① 道光十九年（1839 年），林则徐初到广州便开始了解西方文化，翻译西方著作，购买和阅读新闻报纸，随将翻译的外文书报编成《四洲志》草稿。林则徐的这一举动无疑给中国打开了一扇眺望世界的窗口。魏源于道光二十二年（1842 年）依据《四洲志》及其他材料，编成《海国图志》50 卷本，继而又在道光二十六七年（1846～1847 年）间增订为 60 卷，咸丰二年（1852 年）扩充为 100 卷。继林则徐和魏源之后，介绍西方现代技术的有关著述不断出现，如徐继畬的《瀛环志略》（1844 年）和《佩环志略》（1848 年），梁廷枏的《耶稣教难入中国说》、《合省国说》和《粤道贡国说》（1844 年）以及《兰偶说》（1846 年）（四种书合刊为《海国四说》），姚莹的《康辅纪行》（1847 年），还有稍后夏燮的《中西纪事》等。这些著作涉及面较广，但大多着重介绍西方现代技术，并强调中国应该赶快学习这些技艺。开眼看世界的思想现象出现反映了中国人对待外部世界的冷漠态度开始扭转，表明中国人对待世界知识由被动接受转向主动探寻。

君臣们坚决反对"用夷变夏",认为天朝的一切应为"夷"所"师",如果谁要以"夷"为师,就是大逆不道。但在鸦片战争中,英国洋枪洋炮沉重地打击了装备落后的中国军队,使亲临前线而又比较开明的林则徐认识到,由于中国军队的"器不良"、"技不熟"导致了鸦片战争失败,因此要战胜敌人,除"胆壮、心齐"而外,必须做到"器良、技熟"。他认为如果枪炮等火器与洋人相埒,"则不患无以制敌"。在这里林则徐开"师敌长技以制敌"的思想先河,魏源对此作了精辟概括:林则徐奏言"中国造船铸炮,至多不过三百万,即可师敌长技以制敌"。魏源在《海国图志》中提出的"师夷之长技以制夷"的政策主张,正是对林则徐这一思想的继承和发展。魏源早年曾从今文经学家刘逢禄学《公羊春秋》,成为晚清时期重要的今文经学家,与龚自珍并称"龚魏"。清朝乾隆、嘉庆以来,中国思想界盛行以考据训诂为主流的学术思潮,世称乾嘉学派。这种学术思潮很快暴露出严重弊端,那就是使知识学问脱离生活世界,儒学的社会功能由此日渐丧失。为了纠正这一文化之偏,魏源、龚自珍等继承了汉代今文经学的经世致用传统,以竭力扭转当时学风。魏源曾受贺长龄所托编《皇朝经世文编》,关注河政、漕政、盐政等现实问题。尤其是在殖民主义对中国主权构成严重威胁时,魏源主张对外开放,学习西方现代技术,提出"师夷长技以制夷"。当然魏源并不完全是在学习军事技术意义上强调"师夷制夷"的,他设想引进西方技术设备兼容了军民两用之目的,建设造船厂是为了制造军舰和商船,军火工厂是为了制造军火和民用器械,更重要的是他还鼓励绅商投资设厂制造工业产品。关于这一点,魏源在谈到《海国图志》成书目的时指出:

> 何以异于昔人海图之书?曰:彼皆以中土人谭西洋,此则以西洋人谭西洋也。是书何以作?曰:为以夷攻夷而作,为师夷长技以制夷而作。(《海国图志》自叙)

从上述引证可以看出,魏源提出"师夷长技以制夷"这一主张的理论基础在于如下二元论和工具论:将道与器加以分割,把西方现代技术作为工具、利器或手段,以实现战胜西方国家之目的。他强调不"以中土人谭西洋"而"以西洋人谭西洋"是说,不要在中国传统文化意义上将西方现代技术批判为"奇技淫巧"(保守派正是采取这种态度),而是要从其在西方国家显现的功能和意义来肯定其作为手段的目的或功能意义，从而表明他在殖民主义压力下对西方现代技术的完全认同。但魏源当时毕竟不能完全离开中国传统的器道关系语境，他为了能够达到自己的论证效果而将西方现代技术和机器解释成为"奇器"或"奇技"，以"有用之物，即奇器而非淫巧"的语义转换为前提，为接纳和学习西方机械技术作了明确辩护。在他看来，正如中国古代"刳舟剡楫，以济不通，弦弧剡矢，以威天下"是"奇技"而非"淫巧"一样，现代"西洋器械借风力、水力、火力，无非竭耳目心思之力"也是"奇技"而非"淫巧"（《海国图志》卷2）。他接着把"器"与"道"割裂开来，把西方现代技术等同于中国传统之器（实为空间外控部分的机械技艺），成为中立于价值或道的手段，从而达到打击殖民主义者之目的，也能在"天不变，道也不变"原则下继续维持中国传统政制和儒家伦理之道。魏源坚信形而下的宇宙世界有一个形而上的根本，认为"以天为本，以天为归"，"大本本天，大归归天，天故为群言极"，此即恒长、普遍、唯一、天人合一的"天道"。魏源强调"天道"的社会功利意义，将对"天道"的关怀落实为"治事"，进而把"治事"作为决定、衡量、考察其是否合乎"王道"、"圣人之道"的功利和实效标准。他说"善言心者，必有验于事"，"善言人者，必有资于法"，"善言古者，必有验于今"，"善言我者，必有验于物"，"以匡居之虚理，验诸实事其效者十不三四"，也就是"以实事程实功，以实功程实事"（《古微堂外集》卷3）。

魏源以上重视功效的价值标准、验之实事的思维方式，非常类似于西方实验科学方法、培根和笛卡尔科学方法论以及功利主义思维模式。事实上，魏源所编的《海国图志》有《地球天文合论》五卷，专门介绍了西方现代自然科学思想，包括哥白尼的太阳中心说。现代自然科学思想对魏源本人的思想自然产生了重要影响，魏源由此开始将天地世界理解为一部巨人的"机器"："天地乃运动之机器。"这一看法正是西方现代主义的机械论哲学观点，反映了机械论哲学对中国近代思想文化的深刻影响。当然在魏源看来，西方现代技术作为西器不过是手段而已，与"天道"无涉，"其不变者道而已"。也就是说，学习西方现代技术不过是服务于重振中国传统内圣外王之道的历史任务。后来的洋务运动派左宗棠正是在西器与中道的手段—目的意义上，对魏源"师夷之长技以制夷"给予了极高评价：

海上用兵，泰西诸国互市者纷至，西通于中，战事日亟，魏子忧之，于是搜辑海谈，旁撮西人著录，附以己意所欲见诸施行者，俟之异日。呜呼！其发愤而有作也。

百余年来，中国承平，水陆战备少弛，适泰西火轮车舟有成，英吉利遂蹈我之瑕，构兵思逞，并联与国，竞互市之利，海上遂以乡故。魏子数以其说干当事，不应，退而著是书。其要旨以西人谈西事，言必有稽；因其教以明统纪，征其俗尚而得其情实，言必有论。所拟方略非尽可行，而大端不能加也。书成，魏子殁。

同、光间福建设局造轮船，陇中用华匠制枪炮，其长亦差与西人等。……器之精光淬厉愈出，人之心思专一则灵，久者进于渐也。此魏子所谓师其长技以制之也。（《海国图志序》）

从这里可以看出，魏源从"以中土人谭西洋"转向"以西人谈西事"是改变中国传统技器道的整体论思想传统的重要步骤，走出这一步显然是在外来的殖民力量推动下进行的，以手段—目的二分为原则，立足中西手段差距或鸿沟，实现了从中国前现代技艺向西方现代技术看齐的思想转换。在从前现代到现代的思想转换过程中，魏源的"师夷长技以制夷"成了后来洋务派的基本句式，其中"借法自强"不过是魏源政策主张的另外一种表达。

但魏源强调学习引进传统中国从来没有的现代技术甚至经济体制乃至政治体制，只是要丰富和完善中国传统"学术"与"治术"。按照魏源中道—西器这一二元论的工具主义观点，西艺、西器和西学所以具有合理性，仅仅在于它们是有功用的"术"而不是"道"。但在涉及到中国传统技艺—价值关系时，他又坚持"技可进乎道，艺可通乎神"。"道"和"神"是指宇宙的普遍法则与终极存在，是人们信仰对象与精神归宿，它们对人的支配作用只能是通过社会实践中合规律（程式）、合目的（价值）的操作性"技"和"艺"：一方面，"技"是"进乎道"、"艺"是"通乎神"的手段，"技"和"艺"同样是"道"和"神"的必然要求和具体体现。这表明魏源试图保留中国前现代技艺的愿望或对中国古代技艺的留恋，但如果将这种观点同"师夷长技"的观点联系起来加以考虑，马上就会出现与其"其不变者道而已"相矛盾的情形：尽管可以认为引进西方现代技术为中国道统服务，但西方现代技术引进毕竟会对传统体制产生影响，一旦中国道统不能适应西方生产方式变化时，按照道与技艺相通的整体逻辑，就必然要求变革传统之"道"。"道"的这一变革逻辑显然没有为魏源所注意到，在以后的洋务派那里也没有成为一个问题，只是到戊戌变法时期才成为解构传统技器道的整体论传统的重要方向。

（2）在保留传统政制和伦理价值的条件下，抛弃前现代技艺的广泛内容和统筹，完全接纳西方现代技术，实现了从中国传统内部的体用范畴向"中体—西用模式"转变。魏源的"中道—西器模式"的思想意义在于，中国必须要引进和学习西方现代技术这一中立手段，但这一政策主张在鸦片战争后20多年中并未受到重视。这其中有政治、经济和社会等多方面原因，其中技器道的整体论传统在中国从民族历史汇入世界历史过程中仍然在发挥的作用也不可忽视，因为要从这种整体论传统中认识到西方现代技术的手段意义和西方机械论哲学的思想意义尚需要一个相对缓慢的过程。但无论如何，这种情况直到19世纪60年代初洋务运动的兴起开始改变，魏源的政策主张也开始得到认同。这时洋务企业家引进西方技术设备创办了军用、民用等工厂企业，如江南制造局、福建造船厂，以及轮船、电报、纺织、矿务等工业企业。正是在这种引进西方机械技术过程中，洋务派不断地丰富和发展了魏源的思想。左宗棠作为魏源的思想追随者，在创办福建船政局之初就设想出一套"师夷长技"并"突过西人"的实践方案：第一步是仿造以尽得其技，"借不如雇，雇不如买，买不如自造"，因为雇买仅"聊济目前之需"，只有自造才能改变"以彼之长傲我之短，以彼之有傲我之无"的殖民与被殖民情形；第二步是自主创造以"突过西人"，仿造不过如同"执柯伐柯"一样，"所得不过彼柯长短之则，至欲穷其制作之原，通其法意"。他在这里强调，不但要引进西方现代技术，还要学习其现代自然科学，惟其如此才能在技术上"驾而上之"。因此在办船政局之初便创办船政学堂，并派员到外国学习。但左宗棠并没有完全停留在手段—目的模式意义来讨论学习、引进和超越西方现代技术，而是开始进入中体—西用模式之中。由于在第一章讨论先秦时期的技器道思想主要限于道形器范畴，还没有扩大到体用范畴，以下先对这对范畴作些说明。

在中国古代哲学中，体和用是一对基本范畴。尽管体用范畴在不同历史阶段和外来文化吸纳意义上被赋予了多重含义，如指实体或本体与其作用、功能和属性以及本质与现象、根据与表现、一与多、全与偏、必然与偶然、原因与结果、主要与次要等多种关系，但从整体论传统来看，中国原创的哲学思想在于天地人为一和天人合一的世界观，其中天地人为一的"体"为道一，天人合一的"用"为道用，因此天人合一和体用合一与知行合一是中国哲学的基本方法论。"体"和"用"二字最早就见诸先秦典籍，如《周易·系辞上》说"故神无方而易无体"，和"显诸仁，藏诸用"，《荀子·富国》说"万物同宇而异体，无宜而有用，为人数也"。进入两汉时期后，有体有用观念被运用到许多领域，如东汉魏伯阳在《周易参同契》中就有"内体"和"外用"的对举提法。直到魏晋时期，"体"和"用"在技器道思想意义上成为一对重要哲学范畴。王弼从《道德经》所说的"三十辐共一毂，当其无，有车之用；埏埴以为器，当其无，有器之用"的以无为用的思想出发，提出了以无为体的哲学观点。他说："虽贵以无为用，不能舍无以为体也"（《老子》第 38 章注）。韩康伯在《周易注》中引申和发挥了王弼的这一思想，指出"必有之用极，而无之功显"。也就是说，只有把"有之用"发挥到极致，"无之功"才能显露出来。这种以"无"为有之本体，以"有"为无之功用或表现的"贵无论"，显然强调了价值对技艺、道对器的决定意义。裴颜试图提出"崇有论"来对抗王弼的"贵无论"，认为无不能生有，万物自生，因此"自生而必体有"。在技器道意义上讲，这种"贵有论"显现出了技艺对价值和器对道的决定关系。在东晋南北朝和隋唐时期，这种体用之争演变为佛教学者与范缜的形神之辩①。唐朝崔璟正是沿着范缜的形质神用观点，更明确地说明了体用不分的整体论观点：

---

① 众所周知，印度佛教中有真和俗二谛义。中国佛教学者把它和体用范畴结合起来，广泛用以解释佛教的性相、理事、寂照、定慧、空色和法界缘起等理论。例如，僧肇的佛教般若寂照说："用即寂，寂即用，用寂体一，同出而异名，更无无用之寂而主于用也"（《般若无知论》）；华严宗法藏用的理事说："事虽宛然，恒无所有，是故用即体也，如会百川以归于海；理虽一味，恒自随缘，是故体即用也，如举大海以明百川"（《华严经义海百门》）；佛教禅宗里，禅宗慧能说"定慧一体，不是二。定是慧体，慧是定用。即慧之时定在慧，即定之时慧在定"（《坛经》），北宗神秀也宣称"我之道法惚会归体用两字"（《楞伽师资记》）。佛教各派基本上是在本体和现象意义上使用了体用范畴，但最终归用于体，把不变的本体归结为"心"、"识"、"真如"和"法性"等。对于范缜来说，佛教哲学显然坚持的是一种形神二元论和神不灭论。为了对抗这种体用观，范缜提出形质神用和形神相即之观点："形者神之质，神者形之用。是则形称其质，神言其用，形之与神，不得相异也。"（《神灭论》）这里"质"即形质，"质用"即为"体用"。范缜显然肯定了精神或心是物质形体的一种作用，"形存则神存，形谢则神灭"，这表明精神不能脱离形体而单独存在，具有其整体论意义。

凡天地万物，皆有形质，就形质之中，有体有用。体者，即形质也；用者，即形质上之妙用也。言有妙理之用以扶其体，则是道也。其体比用，若器之于物，则是体为形之下，谓之为器也。（《周易探玄》）。

以上引证表明，中国传统技器道的整体论传统已经从道形器范畴转变为体用范畴。宋元明清时期，这种体用范畴更广泛地被哲学家使用，只是被赋予了"理"这一本源。程颐提出"体用一源"概念："至微者理也，至著者象也。体用一源，显微无间。"（《二程集·易传序》）朱熹解释说："体用一源者，自理而观，则理为体，象为用，而理中有象，是一源也。显微无间者，自象而观，则象为显，理为微，而象中有理，是无间也。"（《朱文公文集·答何叔京》）他用"即体而用在其中"来解释"一源"，用"即显而微不能外"来解释"无间"，从中可以明显地看到佛教体用观的强烈影响。王守仁的"即体而言用在体，即用而言体在用，是谓体用一源"（《传习录》上），同样强调"理"或"心"的宇宙本体意义。正是在这种意义上，宋元明有些学者直接声称自己的学问是"明体达用之学"或"明体适用之学"。但必须要看到，除范缜和崔璟之外，魏晋玄学、隋唐佛学和宋明理学虽然都标榜"体用一如"、"体用一源"、"体用相即"、"体用玄通"等，但它们都是在世界现象和技艺实践之外、之上或之后虚构出一个精神本体，把它当做事物活动的根据，实质上还是将体和用割裂开来，故批评为"体用殊绝"、"体用支离"、"有体而无用"、"立体而废用"等。与此不同，北宋张载提出"虚空即气"观点，以太虚之气为世界万物本体，把有和无、物和虚、形和性、天和人统一起来，其"两不立则一不可见，一不可见则两之用息"，可以说体现了体用统一的实践向度。清初王夫之基于对魏晋以来的体用观批判，把张载开创的气一元论学说发展到高峰："佛老之初，皆立体而废用；用既废，则体亦无实。故其既也，体不立而一因乎用，庄生所谓'寓诸庸'，释氏所谓'行起解灭'是也。"（《思问录·内篇》）在"由体达用"的技艺实践意义上，王夫之回到了器道关系命题上，以器为体，以道为用，强调体用相因或相涵，反对将体用割裂开来。

以上叙说表明，在技器道意义上，明末清初之前中国人有关体用范畴的观点基本上是限于中国前现代技艺范围。但在鸦片战争之后，西方殖民主义连同其现代机械技术使中国人进入了运用体用范畴处理中西文化关系问题之中。正当左宗棠继承魏源思想阐述学习西方现代技术的乐观主义意义时，也有人（一般被称为保守派甚至顽固派）开始关注西方现代技术的悲观主义意义，认为它直接打破中国传统文化秩序，导致"失体"情形。左宗棠于同治五年五月十三日（1866年6月25日），在创办福州船政局奏章里批判了这种失体论，以中国在现代技术方面落人之后为现实基础提出体用范畴的本末论：

> 彼此同以大海为利，彼有所挟，我独无之。譬犹渡河，人操舟而我结筏；譬犹使马，人跨骏而我骑驴。可乎？……均是人也，聪明睿知，相近者性，而所习不能无殊。中国之睿知运于虚，外国之聪明寄于实；中国以义理为本，艺事为末；外国以艺事为重，义理为轻。彼此各是其是，两不相喻，姑置弗论可耳；谓执艺事者舍其精，讲义理者必遗其粗，不可也。谓我之长不如外国，藉外国导其先，可也；谓我之长不如外国，让外国擅其能，不可也。此事理之较著者也。
>
> 一时之费，数世之利也。纵令所制不及各国之工，究之慰情胜无，仓卒较有所恃。且由钝而巧，由粗而精，尚可期诸异日，孰如羡鱼而无网也！……至以中国仿制轮船，或疑失体，则尤不然。无论礼失而求诸野，自古已然。即以枪炮言之，中国古无范金为炮施放药弹之制，所谓炮者，以车发石而已。至明中叶始有"佛郎机"之名，国初始有"红衣大将军"之名。当时得其国之器，即被以其国之名。……近时洋枪、开花炮等器之制，中国仿洋式制造，亦皆能之。炮可仿制，船独不可仿制乎？安在其为失体也？（《拟购机器雇洋匠试造轮船先陈大概情形折》）

在左宗棠看来，中国传统思想以义理为本，以艺事（技艺）为末，反复强调重本抑末，如果轻本重末就会失体。他认为尽管中西本末之说各有不同，但对西方人将其"聪明寄于实"和"以艺事为重"表示赞扬，在承认中国落后于西方国家前提下，提倡"藉外国导其先"和防止"外国擅其能"，因此反对保守派把艺事同义理完全割裂开来，认为讲义理者也应当成为执艺事者。也就是说，从事作为"末"的艺事者不能舍弃义理之学这个"本"，而讲求作为"本"的义理之学者也绝不能轻视艺事之"末"，此即"本末兼顾"，"明体达用"。19 世纪 70 年代到 80 年代，左宗棠进一步阐述了他的本末论。他在光绪元年（1875 年）所撰《海国图志·序》中说："泰西弃虚崇实，艺重于道，官、师均由艺进，性慧敏，好深思，制作精妙，日新而月有异，象纬舆地之学尤征专诣，盖得儒之数而革其聪明才智以致之者，其艺事独擅，乃显于其教矣。"西方现代技术的快速发展，得益于对世界的科学研究，这就是"弃虚崇实，艺重于道"。左宗棠意识到这一点，为此于光绪十年（1884 年）从本末论视角讨论"艺事"与"道"的关系问题：

> 艺事系形而下者之称，然志道、据德、依仁、游艺，为形而上者所不废。《经》称工执艺事以谏，是其有位于朝，与百尔并无同异。况自海上用兵以来，泰西请邦以机器轮船横行海上，英、法、俄、德又各以船炮互相矜耀，日竞其鲸吞蚕食之谋，乘虚蹈瑕，无所不至。此时而言自强之策，又非师远人之长还以治之不可。宗棠在闽浙总督任内时，力请创造轮船，并有正谊堂书局、求是堂艺局之设，所有管驾、看盘、机器均选用闽中艺局生徒承充，并未参杂西洋师匠在内。洋人每言华人明悟甚于洋人，亦足见其言之不诬也。见闻广东正绅多延访深明艺事者课其子弟。此风一开，则西人之长皆吾华之长，不但船坚炮利可以制海寇，即分吾华一郡一邑之聪明才智物力，敌彼一国而有余。……此言艺学之宜行也。
>
> 缘古人以道、艺出于一原，未尝析而为二，周公以多材多艺自许，孔子以不试故艺自明。是艺事虽所兼长，究不能离道而言艺，本末轻重之分固有如此。（《艺学说帖》）

左宗棠显然是通过把艺事纳入自强之策，来实现"西人之长皆吾华之长"目的。他强调"不能离道而言艺"，道艺关系依然存在"本末轻重之分"。左宗棠作为程朱理学的崇奉者，这里显然是说以西方现代技术服从于中国传统政制和儒家价值，只不过这种现代技术来自中国人的模仿机制。对此左宗棠在同治十三年（1874 年）致函福州船政大臣沈葆桢，在谈到派遣留学生学习西方现代技术时说："泰西各国艺事有益实用者，火器而外，水器为精。西北水利不修，农功阙略，关陇同病，陇又甚焉。如今艺局生徒到各国时留心研究，择其佳者携至中土，照式制造，裨益实多。"

左宗棠在围绕学习西方现代技术方面形成的道本艺末、中本西末观点，在儒家传统道器和体用范畴意义上将中国文化与西方文化联系在一起，实际上是对中学西学关系给予了一种时代判断。左宗棠理所当然是中体西用理论的最早实践者，但最早倡议者当属冯桂芬。冯桂芬说对于西洋的长技，"始则师而法之，继则比而齐之，终则驾而上之"。其所以能"驾而上之"，是由于中国多才智之士，通过学习实践，"必有出新意于西洋之外者"。至于"驾而上之"的目的则是"用之乃所以攘之也"。这与魏源的"因其所长而用之，即因其所长而制之"的看法相一致，但与魏源的不同之处在于，冯桂芬开始完全从中国前现代技艺范畴向西方现代技术转变。冯桂芬于咸丰十一年（1861 年）认为："诸国同时并域，独能自致富强，岂非相类而易行之尤大彰明较著者，如以中国之伦常名教为原本，辅以诸国富强之术，不更善之又善哉！"（《校邠庐抗议》）这就是所谓"中本西辅"概念，此后洋务派思想家于 19 世纪 70 年代到 80 年代从不同角度表述了这一思想。王韬指出，"形而上者中国也，以道胜；形而下者西人也，以器胜"，"器则取诸西国，道则备自当躬"（《韬园尺牍》《韬园文录外编》）。薛福成认为："今诚取西人器数之学，以卫吾尧、舜、禹、汤、文、武、周、孔之道，惮西人不敢蔑视中华。"（《薛福成选集》）郑观应说："中学其本也，西学其末也。主以中学，辅以西学。"（《郑观应集》）直到 1898 年，张之洞在《劝学篇》中系统地阐发了这一理论，提出"旧学为体，新学为用"。他写作《劝学篇》的目的是"正人心"和"开风气"。"正人心"是要明确"所当守"，这是自强的目的所在；"开风气"则是要解决"如何守"，即自强的具体运作。1884 年中法战争，中国在马江失败后，"天下大局一变，文襄之宗旨亦一变。其意以为非效西法图富强无以保中国，无以保中国，即无以保名教"（《张文襄幕府纪闻》卷上）。保名教是最高宗旨，但具体操作步骤则以保国为重心："保种必先保教，保教先必保国。国不威则教不循，国不盛则种不尊。"（《劝学篇·同心》）他相信"心圣人之心，行圣人之行，以孝悌忠信为德，以尊主庇民为政，虽朝运汽机，夕驰铁路，无害为圣人之徒也"（同上）。他在《变法》中写道："夫不可变者，伦纪也，非法制也；圣道也，非器械也；心术也，非工艺也。"按照这一界限，仿效西法，创建了机械厂、织布局、炼铁厂等许多大型近代工业。界限两边，他分别名以旧学和新学或中学和西学。《会通》谓："中学为内学，西学为外学，中学治身心，西学应世事。"他劝大家"新旧兼学。旧学为体，新学为用"（《劝学篇·设学》）。张之洞在《劝学篇》中虽然没有直接使用"中学为体，西学为用"，而是沈寿康、孙家鼐在《劝学篇》发表前二年提出，但反映出来的思想与冯桂芬、左宗棠、郑观应、薛福成、王韬诸人的观点大同小异，基本相通，都主张"中体西用"。也就是说，张之洞是中体西用理论的集大成者。

　　如果说左宗棠"道本艺末"概念沿着魏源的思想仍然保留了中国前现代技艺概念的痕迹的话，那么他的"中本西末"概念则试图在保留传统政制和伦理价值前提下置中国传统之器于不顾，至于以后与此概念相一致的"中主西辅"和"中体西用"更是消解中国传统技器的地位。林则徐的"师敌长技"和魏源的"师夷长技"当然包含了与西方国家并驾齐驱的追求意含，如魏源说"风气日开，智慧日出，方见东海之民犹西海之民"（《海国图志》卷 2），但这并不意味着他们不再为中国传统技艺留有一席之地。左宗棠的思想内容进一步拓展了林魏主张，但其着眼点是"中不如西，学西可也"。这显然是在西方进步主义意义上试图消解中国前现代技艺以张扬学习西方机械技术之必要性。与左宗棠同时代的李鸿章也认为："中国文武制度，事事远出西人之上，独火器万不能及。"（《同治夷务》卷 25）由这种"中不如西"的进步主义观点出发，洋务派的政治策略便从"师敌长技"或"师夷长技"变为"突驾西人"或"驾而上之"。当然这一策略主要还是集中在船坚炮利的器物层面或者西方现代技术层面，也就是说它保留了中国传统文化，抛弃了传统技艺和器物，转向全面接纳西方机械技术。

　　（3）在消解道器关系的中国意义之后，进入西方话语系统，将"器"等同于西方现代技术，将"道"等同于西方现代政制，倡导为使学习西方现代技术必得学习其现代政制，从而确立了"器体—道用模式"。洋务派沿着魏源思想认为中国传统政制及其意识形态的"道"远优于西方，所不足的只是技艺和器物层面，在"中学为体，西学为用"这一框架内完全以"机械"概念取代了中国前现代技艺和器物概念，从而解释了接纳西方机械技术的合法性。但接纳西方现代技术毕竟会带来对传统秩序的变革，因此受到了保守派思想家的批判。其中担任同治皇帝老师的倭仁就曾说："立国之道，尚礼仪不尚权谋；根本之图，在人心不在技艺。……今求一艺之末，而又奉夷人为师，无论夷人诡谲，未必传其精巧，即使教者诚教，所成就者不过术数之士。古今来未闻有恃术数而能起衰振弱者也。天下之大，不患无才。如以天文、算学必须讲学，博采旁求必有精其术者，何必夷人，何必师事夷人？所恃读书之人，讲明义理，或可维持人心。今复举聪明隽秀，国家所培养而储以有用者，变而从夷，正气为之不伸，邪氛因而弥积。数年后，不尽驱中国之众咸归于夷不止。"（《同治夷务》卷25）对于这种保守主义担心，在洋务派和改良派中只有郑观应试图改变魏源以来的"道器分离"的工具论基础，做了整体论回应。郑观应尽管坚持"道为本，器为末，器可变，道不可变"，但同时又认为"物由气生，即器由道出"，"虚中有实，实者道也；实中有虚，虚者器也。合之则本末兼赅，分之乃放卷无具"（《盛世危言》）。郑观应把道与器看作一个不能分离的同一整体似乎又回到了"技艺之道"或"道器合一"的传统态度上，只是这里的"器"已经不属于中国前现代技器范畴，"道"仍然保留了传统政制和儒家伦理之意，因此他要强调的是宜将中国"道统"价值赋予西方现代机械技术。但当 1894～1895 年中日甲午战争中日本的机械化力量显示出较之中国的绝对优势之后，这一整体论观点并未得到坚持和认同。

1868 年明治维新后，日本学习西方现代技术较之中国取得显著成效，尤其是在 19 世纪 90 年代以后更为明显。日本人向西方学习现代技术之所以取得成效，除在政治上设立与西方资本主义国家议会相似的公议堂以讨论政事这一因素外，也在经济制度方面设计了与学习西方现代技术相一致的方针和政策。这时主持上海中西书院和《万国公报》的沈毓桂注意到日本设公议堂"商议要务"之效，并称赞其是"诸事蒸蒸日上，国家渐渐维新"。郑观应也开始根据自己多年办洋务企业的经验，开始改变其原来保留中国传统政制和儒家价值的观点，认为："夫日本商务既事事以中国为前车，处处借西邻为先导。我为其拙，彼形其巧。西人创其难，彼袭其易。"（《商战》卷3）这段话有两层意思：一是日本以中国的"为其拙"为前车之鉴，而"彼形其巧"；二是西方国家花很大气力研究试验成功的技术成果，日本袭取过来就用。前者显然包含了中国传统文化是学习和应用西方现代技术的障碍之意，后者则意味着要取得日本那样的成效，就需要打破中国传统政制和儒家价值。郑观应为此提出"反经为权，转而相师"，"用因为革，舍短从长，以我之地大物博、人多财广，驾而上之犹反手耳"（同上）。那时日本经济水平并不比中国高多少，虽然"驾而上之犹反手"，但"比而齐之"并不难。与郑观应同时代的王韬和何启，也大都有向日本"转而相师"的思想主张。于是逐渐掀起了到东洋留学的热潮，20 世纪初叶竟多达万人。孙中山于 1905 年在东京中国留学生欢迎他的会上表达了"转而相师"的观点："诸君之来日本也，在吸取其文明也，然而日本之文明非其所固有者，前则取之于中国，后则师资于泰西。若中国以其固有之文明，转而用之，突驾日本无可疑也。"（《民报》第 1 号）郑观应、孙中山所说的学日本并"突驾日本"最终目的是赶上和超过西方国家，因为那时的日本虽比中国占有优势，但远落后于欧美，"突驾日本"只是第一步，目标还是要对西方"驾而上之"。在这里向日本学习已不完全局限于现代技术，也包含政制和价值观念了。

正是在以上背景下，中体西用模式显然遭受到较之洋务派更为激进的维新派思想家们的批判。例如，严复就曾指出：

> 体用者，即一物而言之也。有牛之体，则有负重之用；有马之体，则有致远之用。未闻以牛为体，以马为用者也。中西学之为异也，如其种人之面目然，不可强为似也。故中学有中学之体用，西学有西学之体用，分之则并列，合之则两亡。议者必欲合之而以为一物，且一体而一用之，斯其文义违舛，固已名之不可言矣，乌望言之而可行乎？（《严复集》第 3 册，1986 年：558~559）

严复以"牛体马用"这一隐语说明中体西用模式的逻辑错误，但他在这里使用的"中学"和"西学"概念显然不同于洋务派：在洋务派那里，"中学"的具体含义是指传统政制和儒家价值，"西学"的具体含义是西方现代技术（也包括其机械论哲学基础），而在严复那里，"中学"和"西学"分别是增加了中国前现代技艺与西方现代政制和文化价值范畴。严复这种叙事方式的意图显然在于，以西学消解中学，因为西方现代技术无法与其政制和文化价值相分离，中国传统政制和儒家价值必定会阻碍西方现代技术引入和机械论哲学传播。在这种意义上，可以把中体西用模式包含的道体器用颠倒为器体道用，以便适合维新派的变法思想。

谭嗣同根据王夫之关于道器的理论证明"道器相为一也"："故道，

用也；器，体也。体立而用行，器存而道不亡。"（《报贝元征》）这既表明了"道"和"器"的同一性，又把魏源以来的"道体器用"颠倒为"器体道用"。这种道用器体概念如果是在中国传统文化内部，确实没有太多政治意义。因此与王夫之不同之处在于，这里的"器"已经变为西方现代技术，因此所谓"道"是与西方现代技术相一致的"道"。在这种意义上，谭嗣同继续说："夫苟辨道之不离器，则天下之器也大矣。器既变，道安得独不变？"（同上）这种器体道用表明了戊戌变法时期改良派的核心变法思想，它不仅表现为变革中国前现代技艺而转求西方现代技术，而且还要变中国传统技艺之"道"为西方机械技术之"道"，即从空间容纳向度转向空间外控向度或从整体论转向机械论。也就是说，中国所应改变的，不仅在于工艺制造方面，而且在于哲学思想和政治制度方面。在他看来，中国哲学思想以老子的思想为基础。老子思想的要点是"言静而戒动，言柔而毁刚"（《仁学》19）。谭嗣同认为这是与人的本性不相符合的，因为事物都是"微生灭"，经常处于运动变化之中，即《周易》所说的"日新"。"日新乌乎本？曰：以太之动机而已矣。"（同上）"以太"之运动贯穿于人的本性，所以老子的主张是违反人性的。谭嗣同进一步说："李耳之术之乱中国也，柔静其易知矣。若夫力足以杀尽地球含生之类，胥天地鬼神以沦陷于不仁，而卒无一人能少知其非者，则曰'俭'。"（《仁学》20）还说："私天下者尚俭，其财偏以壅，壅故乱；公天下者尚奢，其财均以流，流故平。"（《仁学》22）又说："言静者惰归之暮气，鬼道也；言俭者龌龊之昏心，禽道也。率天下而为鬼为禽，且犹美之曰静德俭德，夫果何取也？"（《仁学》20）谭嗣同承认奢侈有许多弊害，但奢侈能够散财，把财富分散出来，使很多人都能享受。这里存在一个"有百利而无一害"的办法是不要求富人分散财富，而要求他们把财富集中起来，用机器开矿、种田、修铁路和办工厂：

> 大富则为大厂，中富附焉，或别为分厂。富而能设机器厂，穷民赖以养，物产赖以盈，钱币赖以流通，己之富亦赖以扩充而愈厚。不惟无所用俭也，亦无所用其施济，第就天地自有之利，假吾力焉以发其复，遂至充溢溥遍而收博施济众之功。故理财者慎毋言节流也，开源而已。源日开而日亨，流日节而日困，始之以困人，终必困乎己。

犹大旱之岁，土山焦，金石流，惟画守蹄涔之涓涓，谓可私于己；果可私于己乎？则孰若濬清渠，激洪波，引稽天之泽，苏渺莽之原，人皆蒙惠，而己固在其中矣。（《仁学》21）

谭嗣同试图从道义上表明现代化的合法性，这就是资本积累自然有其利己性，但利己也能利人，因为资本推动下的现代机器生产的功能向度在于这样一种"时空压缩"：

一日可兼十数日之程，则一年可办十数年之事，加以电线邮政机器制造，工作之简易，文字之便捷，合而计之，一世所成就，可抵数十世，一生之岁月，恍阅数十年，志气发舒，才智奋起，境象宽衍，和乐充畅，谓之延年永命，岂为诬乎？故西国之治，一旦轶三代而上之，非有他术，惜时而时无不给，犹一人併数十人之力耳。《记》曰："为之者疾"，惟机器足以当之。（《仁学》24）。

这一图景正是西方现代主义的机械论范式承诺，也表明了器体道用模式的意义在于消解中国传统文化，通过"器道同一"从学习西方现代技术进入学习西方政治制度和文化价值。

从鸦片战争开始到戊戌变法，中国传统技器道思想的话语经历了从"道器合一"（中国传统之"道"和"器"）到"道器分离"（中国之"道"和西方之"器"——"中学为体，西学为用"）再到"道器合一"（西方之"道"和西方之"器"——"器"体"道"用）的思想转换过程，最终以"器"的话语形式接纳了西方机械技术，当然也以"道"的话语形式接纳了西方现代主义的机械论范式。如果说明末清初王夫之的"天下惟器而已，道者器之道，器者不可谓之道之器"还保留了中国传统技器道思想的整体论含义，魏源和洋务派则完全将中国传统的"道"与西方机械技术的"器"分割开来，郑观应的"器由道出"试图将中国"道统"价值同西方机械技术结合起来的话，那么到戊戌变法时，维新派已经基本上是在西方话语系统中以"道器合一"的传统形式接受了西方机械技术及其"载道"或文化价值——机械论哲学。在那时出现的所谓"利之器"、"攻之器"和"功之器"，都是在西方话语系统中对以控制自然和人为目标的机械工程造物的不同侧面描述。

3.4 中国传统技器道思想的最终消解过程

无论如何，中国工业化问题开始于魏源的"师夷长技"或"用夷制夷"这一思想。先是设想中国制造西方式武器，接着倡导中国人接受西方科学的严格训练，最后为不断扩大的目标确立新的制度和基础设施。例如，为了与英国在中国的造船业相竞争，中国商业轮航公司于 1872 年成立。这一公司当时迫切需要一家独立于国外进口的中国煤炭供应商，于是开平煤矿于 1878 年开设，与开平煤矿相连的中国最早铁路稍后也得以建成。与这种强调国防需要及其技术需求相比较，纺织业生产的现代化显得非常缓慢。在德国人支持下，左宗棠于 1878 年在甘肃兰州创建了一家羊毛厂，但直到他去世也未获得较大发展。李鸿章从 1882 年就开始在上海筹建一家纺棉厂，但直到 1891 年也未建立起来。他于 1892 年创建了中国第一家新型纺棉厂，可是不到一年时间就倒闭了。在德国技术专家支持下，张之洞于 1890 年在湖北开办了大冶铁矿和汉阳铁厂，但这些工程并未发展成为他希望的那种大工业综合体。在 1861～1891 年期间，在通过国防手段推动国家强盛的号召下，这一系列来自当时洋务派精英阶层的工业化发展计划并未真正得到落实。但中国人毕竟已经意识到自身低于西方国家的技术能力状况，这种意识一方面意味着要面对西方人的技术控制挑战，另一方面也表明对传统文化的自我贬抑。如果说西方国家的技术力量代表了其文明自身的文化力量的话，那么中国便被迫经历一段文化极度低迷时期，并进入一种对自身文化传统的生存能力的深度怀疑之中。正是在这种怀疑中，中国经历了一种从变器到变道的进一步思想深刻转换过程。

（1）在 19 世纪末和 20 世纪初，中国思想界普遍接受了西方"以太"和"进化"两个概念，以此为基础试图为中国传统文化给予一种机械论解释，此所谓"援西入中"、"以西释中"或"化西为中"。康有为借用现代西方科学知识（自然物质结构和生物进化理论）指出："仁者，热力也；义者，重力也；天下不能出此两者"（《康子内外篇·人我篇》）。依照这种形而上学基础，他提出了实即笛卡尔分析方法的"人立之法"："必须取物质之纹理熟视之，然后加以灵魂之知识，或取彼去此，或裁之制之。"（同上）康有为借此赋予儒学以变革和进化、民主与自由的西化主题，其"托古改制"和"仿洋改制"的"人立之法"就在于作为西方国家"政体之善"的三权分立学说。谭嗣同也是引入西方科学概念来阐释中国传统文化，形成了"以太—仁—通—平等"这一思想系统。"以太"最初来自古希腊毕达哥拉斯学派，19 世纪被欧洲科学家假定为传导光、热、电、磁和波之媒介。英国传教士傅兰雅将"以太"概念引入中国，把它理解为物质的始基，认为相当于中国不增不减的"一清之气"。20 世纪初，当以相对论为基础确立了新的电磁学和光学理论后，自然推翻了对"以太"的这种解释，但这并未被当时中国思想界所关注。谭嗣同 1896 年在上海访问了傅兰雅，接受了当时"以太"概念，把它作为一种哲学范畴，认为它代表物性、变化、作用和性等，由此推定"仁"这一概念："仁"是"以太"之用，以太是万物之源，带有物的属性，"仁"依附于"以太"，但带有人的属性，是"识"之本；"仁"是人与人之关系原则，是"通"或"平等"，本性"善"，是"心"之体，表现为"日新"，在于"冲决罗网"（冲决专制和落后习俗等）。康有为和谭嗣同通过引进西方科学概念改造儒家思想秩序，实际上为作为康有为学生的梁启超宣传西方政制提供了巨大空间。梁启超介绍了大量西方包括法政、医学、工程、算学和史志等各个学科知识，他把西方现代知识分为艺、政和教。在他看来，"中国需要西政胜于西艺"，"今日之学，当以政学为主义，以艺学为附庸"。从这里可以看出，维新派思想家将魏源以来的学习西方现代技术转向了学习西方政制和文化价值。

西方进化论思想迎合了当时中国救亡图存的历史需要，不仅康有为、谭嗣同和梁启超等维新派接受了进化论思想，而且孙中山、章太炎等革命派也抱有进化论态度。孙中山用"太极"代替西方哲学的"以太"概念，认为世界万物皆由进化而成，展示了世界从"太极—电子—元素—物质—地球—人—人性"的单向进化过程。他用进化论思想解释人类社会，说明了"神权—君权—民权"的世界政治发展趋势。这意味着中国必须要顺应这一世界潮流，实现从变"器"到变"道"的政治转换，其民主共和的政治变革诉求正是由此而出。但将进化论思想介绍给中国的思想家则是严复，他翻译了赫胥黎的《天演论》（1898 年），其目的就是告诫人们，人类社会如同自然界一样也存在着弱肉强食、物竞天择和适者生存的丛林法则，因此中国人必须要起来自强图存。在自强意义上，严复作为一位社会达尔文主义者仍然保留着劝慰的传统文化风格，但问题在于这种劝慰一旦要诉诸对西方现代技术何以如此发达的解释，就要转向对西方机械论的哲学说明。他翻译了西方逻辑学著作，如穆勒的《名学》等，以便打破宋代以来的程、朱、陆、王理学思维方法束缚。他说："及观西人名学，则见其于格物致知之事，有内籀之术焉，有外籀之术焉。内籀云者，察其曲而知其全者也，执其微以会其通者也；外籀云者，据公理以断众事者也，设定数以逆未然者也。"（《天演论》自序）这里所谓"内籀"和"外籀"分别是指培根的归纳法和笛卡尔的演绎法，严复正是借助这两种方法来对抗宋明理学的经学方法：西方科学"一理之明，一法之立，必验之物物事事而皆然，而后定之为不易"，而"夫陆王之学，质而言之，则直师心自用而已"（《救亡决论》）。这种对实验和逻辑方法的推崇备至，一旦与社会达尔文主义思想结合起来，便成为一种激进的文化与政治革命话语：

> 科学公理之发明，革命风潮之膨胀，实十九、二十世纪人类之特色也。此两者相乘相因，以行社会进化公理。……昔之所谓革命，一时表面之更革而已，……若新世纪之革命则不然。凡不合于公理者皆革之，且革之不已，愈进愈归正当。固此乃刻刻进化之革命，乃图众人幸福之革命。（《新世纪》第1期，1907年6月）

这种按照进化论和逻辑方法对革命的解释，其基础在于这样一种机械论哲学：西方现代技术之所以取得巨大成功乃是因为科学公理或自然规律揭示用于人类社会秩序建构，如果用这一进化线索来考察中国，显然需要诉诸革命去革除那些不符合与支配现代科学的自然法则相一致的西方社会公理的一切政制和价值。从以后的新文化运动、学生运动和其他种种运动中，我们看到这种革命话语不仅表现为中国传统技器道思想的整体论功能的逐步衰退，而且表现为西方机械论哲学在中国的广泛传播和流行。

（2）在新文化运动中，以传播科学为口号，积极塑造中国现代主义的机械论形象。20世纪以来，鉴于西方现代科学与现代技术存在着密切关系，中国思想界逐步将科学推上了偶像的高台：科学不只是一种对自然的认识或理解方式，更是一种取代传统价值的生活哲学。郭颖颐在《中国现代思想中的唯科学主义（1900～1950）》一书中将这称为"唯科学主义"或"科学主义"：所谓唯科学主义就是把所有现实或实在置于自然秩序之内，相信只有科学方法才能认识这种秩序的所有方面，除物理和生物之外，还包括社会和心理方面。这里科学方法是首要的，它包括四大操作原则：经验原则（观察、假设和实验方法）、数量原则（测量方法）、机械性原则（使用归纳法和演绎法等抽象方法，确定反复出现的行为的因果意义，然后将其概括为描述并解释这种行为的普遍规律或数学方程）和进步原则（通过科学探索而取得进步的精神追求）。他引证欧文(R. G. Oven)的《唯科学主义，人与宗教》一书，认为随着科学的成功与完善，这些有限原则在可控实验的实验室方法支持下被不断地推广和转换成为唯科学主义教条：经验原则变成经验主义，认为任何信念如未被科学地证实便不能获得尊重，成为"科学即是全部真理的教条"；数量原则变成物质性假定，认为只有科学方法才能加以测定，成为"否定精神实在和价值客观性的教条"；机械性原则变成机械性预先假设，认为只有机械性行为的知识才是实在的知识，成为"否定自由实在的决定论"；进步原则成为一种乐观主义观点，认为人类所有成就沿着直线前进，"披上乌托邦外衣，希望通过科学及其自身进化完善来保证未来社会"（郭颖颐，1995 年：18～19）。他由此鉴别出"唯物论的唯科学主义"和"经验主义的唯科学主义"，前者侧重于机械性预先假设和进步主义，强调的是人类处境的决定论图式；后者则侧重于经验主义和物质性假定，把科学方法看作是寻求真理和知识的唯一手段或途径。在技术哲学意义上，唯物论的唯科学主义接近于西方现代主义的机械论哲学。事实上，吴稚晖和陈独秀作为唯物论的唯科学主义的最好典型，恰恰表现出了"18 世纪末机械唯物论与 19 世纪进化理论的粗糙混合"，只不过陈独秀"基本上是一个非批判的科学普及宣传家"（同上：22～23）。

　　吴稚晖的机械论哲学，最初表现为他的人人"自范于真理公道"而无"治人与被治者"的"无政府"概念。在 1907～1908 年期间，他一直致力于倡导"促新理新机之发明，造成世人之幸福，使世界进化者也"，要求整个中国抛弃传统精神文化，以完善科学工业知识来取得"一个干燥无味的物质文明"。在 1916～1918 年期间，他进一步分析了物质文明概念：物质文明即人工造物，现在已从粗陋简单发展到了精确机械水平，人类精神状态也在人工造物使用过程中达到高度理解世界水平；中国人要高度重视机械制造，学习操纵制造产品的机器，为推动人工造物进程作出贡献。吴稚晖正是通过人工造物效用讨论，推出了通过机器取得"大同"的乐观主义观点：

到了大同世界，凡是劳动，都归机器……每人只要作工两小时，便已各尽所能。于是在每天余下的二十二小时内，睡觉八小时，快乐八小时，用心思去读书发明八小时，……到那时候，人人高尚纯洁优美，……全世界无一荒秽颓败之区，几如一大园林。彼时人类的形体，头大如五石瓢，因用脑极多之故，支体皆纤细柔妙……这并非"乌托邦"之理想，凡有今时较精良之国，差不多有几分已经实现，这明明白白是机器的效力。(《机器促进大同说》，《新青年》第5卷第2号)

这种机械社会设想犹如空想社会主义乌托邦，它使吴稚晖以"摩托救国"而著称于世。直到1931～1933年期间，当日本以其军事机械化威胁到东北和上海时，这种乌托邦情绪更是得到强化。1933年，《新中华》杂志以"摩托救国"为标题出了特刊："自蒸汽机发明而世界一变，自油轮机发明而世界再变。19世纪，蒸汽机所莞领之时代，20世纪者，油轮机莞领之时代也。神哉摩托；圣哉摩托。"

吴稚晖这种对西方现代机械技术的乐观主义赞扬，当然来自其对机械论哲学的尊信。正如郭颖颐指出："18世纪末19世纪初流行的思潮（以拉·美特利的《人是机器》、霍尔巴赫的《自然的体系》为代表），即唯物主义观点和科学一元论，现在又在中国出现，并被它最狂热的拥护者所崇拜。"(郭颖颐，1995年：33)吴稚晖正是以牛顿力学为基础坚信宇宙的机械本质，根据物质性假定和机械性预先假设，认为人与现代科学呈现出来的自然物并无不同，因此人类社会可以作为对象纳入科学研究范围，科学是人类精确认识自然和通过劳动征服自然的最基本方法。与此相一致，陈独秀将科学或民主与进步力量相等同，认为科学使传统思想模式和生活方式呈现为僵死、平庸、模糊和肤浅，从而试图瓦解中国儒释道的传统文化秩序。在这里他将中西文明的"空间差距"还原为"时间差距"，即把中国文明看作古代文明，把西方文明看作现代文明，因此问题就在于中国文明何以仍然停留在现代文明之外。在陈独秀看来，必须要以西方民主与科学取代中国传统文化。这一文化变革主张面对的一项重要政治事件是：1914年2月8日，袁世凯发布了尊孔的总统文告。这一文告的意义并不在于是关心儒家经典还是作为宗教加以信仰，而在于它代表了君主专制力量，因此实际上成了包括陈独秀、胡适等现代思想家发动新文化和新思想运动的重要政治线索。

新文化运动的直接结果之一是，中国技器道思想的整体论传统最终遭到彻底消解，西方机械论范式开始渗透于一切领域，包括贯彻到人生观领域之中。其中丁文江、任鸿隽和唐钺作为科学家都认为，"科学将满足中国对技术（在其最广的意义上）的需要，并能使中国人的头脑有一种根据现代科学语言来思维的习惯"（转引自郭颖颐，1995 年：100）。这意味着中国传统整体论思维方式已经不适合西方现代技术发展，因为正如任鸿隽在其《科学及其在中国的引入和发展》一文中所说："检查 2000 年来的思想史，检查所有文人学士，史学家和经典注释者的活动，没有一个能被称之为培根所说的'自然的解释者'。"（转引自郭颖颐，1995 年：97）也就是说，由于机械论思维方法能够发现真理、知识和人生，因此必须要用机械论思维代替传统整体论思维方法。唐钺在其《机械与人生》一文中更是认为，人类行为的品性结构与机械作用的机械结构相同，其主要区别不在于它们是否遵从因果规律，而在于人类具有意志和感觉。采用机械论思维方法处理人生问题就是要缩小人类与机械的差距，因为正如修理错乱的机械一样，也可以通过修理内部致错因素来矫正人的错乱行为，此即"机械的道德观"。

（3）在 1923 年"科玄"大论战中，虽然双方论战相当激烈，但最后以机械论胜出传统整体论为论战结果。自 20 世纪以来，西方机械论思维方法不断侵蚀着中国整体论传统，中国古代经典或注疏中不断使用的"技"、"艺"、"器"、"道"等词汇甚至也被"近世文明"、"科学"、"技术"、"物质文明"、"精神文明"和"民主"等西方词汇取而代之了。但就在这时，西方国家正在围绕现代技术问题出现另外一种文化倾向，那就是倾向于批判现代技术的浪漫主义。自工业革命以来，西方现代技术在不断对自然和传统秩序取得胜利的同时，也为人类心灵投下了阴影。浪漫主义作为西方一种多元文化现象，赋予了与牛顿力学和科学理性相反的有机宇宙论和想象力或感觉以合理性，同时对现代技术表现出了诸多不安。前现代的中世纪哲学曾把技术看作是与上帝或诸神的脱离，现代启蒙运动则用自然来取代上帝，其中机械论哲学和自然哲学认为现代技术不过是力学秩序的延展和生命自我表达的参与。但对于浪漫主义来说，现代技术的意志扎根于自然之中，自然界不仅可以想象为力学现象还可以被看作是有机体的创造性发展和表达，技术意向作为力量意志不应该排除其他意志选择而应该考虑其美学观念。在现代技术的道德特征方面，卢梭作为浪漫主义运动的奠基人，甚至在工业革命发生之前就坚持某种回归古代道德原则的思想观点。他虽然赞同培根表明的美德概念并赞扬文艺复兴把人性从中世纪学院派解放出来取得的成就，但与培根不同的是，他看到科学理性通过其影响的异化常常诉诸某种行动的决定论承诺，就此批判了现代技术的特定历史思想体现。工业革命以后，这种浪漫主义的矛盾性批判不断在文学和艺术领域获得表达。英国哲理诗人沃德沃斯叙事诗的艺术形式描述了人们与启蒙理想相一致的对技术控制表现出的欣喜和默认，同时又表明其用前现代怀疑主义对启蒙运动乐观主义进行取代的基本态度。他抱怨工厂里的儿童劳动和乡村悲惨的生活，指责蒸汽船、高架桥和铁路这些人工造物的实践力量与美学品质之间的不和谐。狄更斯批判了工厂劳动的非人道结果，布莱克继米尔顿（他把围绕潘底魔尼城建造而开展的采矿、熔炼、锻造和成型等技术活动比作撒旦）之后将技术和牛顿科学的泛滥比作撒旦，雪莱展示了现代技术的爱恨关系，拜伦则将自然界描述成为人工世界。浪漫主义从想象力角度对科学知识和理性进行了批判，向人们表达的是一种对技术的批判性不安或焦虑：现代技术一方面已经成为一种自我创造的行动，释放出了人的物质自由，但另一方面又倾向于逾越它的权限，给人们留下无数的不确定。到第一次世界大战时，这种对现代技术表达的不安或悲观情绪更是得到了强化。

资本主义诞生后提出了对历史稳定性的政治诉求，从维柯、伏尔泰（最早使用了历史哲学这一术语）到黑格尔以哥白尼和伽利略的天文学或科学革命表明的"空间同构"为基础，确立起了通过理性这一人的本质向度使历史逐渐克服野蛮的时间之矢。但在第一次世界大战中，人们并没有在进步论的时间性历史哲学中看到诸如理性、自由、宽容和和平的美好情形实现。斯本格勒虽然号称在历史哲学中完成了伏尔泰提倡的用"哥白尼体系"取代"托勒密体系"这一任务，但却从第一次世界大战中看到理性的异化，至于汤因比则在两次世界大战中注意到世俗化的科技文明不过是颠覆社会和道德的理智发现和发明。这种悲观情形也影响到当时中国思想界，其直接地表现为中国少数思想家开始批判西方机械论哲学。曾经担任张之洞幕僚20多年之久的辜鸿铭在批判西方文化时就认为，欧洲人已经变成了"现代的自动机机械怪物，既无道德责任，亦无道德权利"。孙中山则将机械论哲学称为"霸道"文化："从根本上解剖起来，欧洲近百年是什么文化呢？是科学的文化，是注重功利的文化。这种文化应用到人类社会，只见物质文明，只有飞机炸弹，只有洋枪大炮，专是一种武力的文化"（《孙中山全集》，1981 年：405）。梁启超作为维新派思想家在1898～1912 年期间曾强烈主张接受西方科学和文化，但他后来赴欧洲考察，于第一次世界大战结束后回国便采取与辜鸿铭和孙中山相同的批判态度。他以一战为例，对机械论哲学及其破坏性影响进行了如下批判：

> 因科学发达，生出工业革命，外部生活变迁急剧，内部生活随而动摇，……这些唯物派的哲学家，托庇科学宇下建立一种纯物质的纯机械的人生观，把一切内部生活外部生活，都归到物质运动的"必然法则"之下。……他们把心理和精神看成一物，……硬说人类精神也不过一种物质，一样受"必然法则"所支配。于是人类的自由意志，不得不否认了。意志既不能自由，还有什么善恶的责任。……现今思想是最大的危机，就在这一点。宗教和旧哲学，既已被科学打得旗靡辙乱。这位"科学先生"便……要发明个宇宙新大原理。却是那大原理且不消说，敢是各科各科的小原理，也是日新月异。今日认为真理，明日已成谬误。新权威到底树立不起来，旧权威却是不可恢复了。所以全社会人心，都陷入了怀疑沉闷畏惧之中，好像失了罗针的海船……所以那些什么乐利主义强权主义越发得势。……什么军阀什么财阀，都是从这条路产生出来。这回战争便是一个报应。……当科学全盛时代，那主要的思潮，却是在这方面。当时讴歌科学万能的人，满望着科学成功黄金世界便指日出现。如今功总算成了一百年物质的进步，比从前三千年所得还加几倍。我们人类不惟没有得到幸福，倒反带来许多灾难。好像沙漠中失路的旅人，远远望见个大黑影，拼命向前赶，以为可以靠他向导。那知赶上几程，影子却不见了。因此无限凄惶失望。影子是谁。就是这位"科学先生"。欧洲人做了一场科学万能的大梦，到如今却叫起科学破产来。（《欧游心影录》）

在这里梁启超当然不是拒绝西方科学，而是拒斥那种力倡科学方法万能的机械论哲学。梁启超与辜鸿铭一样在道德意义上批判西方机械论哲学，但他已经在空间意义上涉及到这种思维方式的殖民意义。以后章节还要看到，梁漱溟则将西方文明概括为"对外改造环境"和"以力征服障碍"的机械论哲学态度。可以说，正是梁启超和梁漱溟的这种机械论批判，为"科玄"大论战提供了重要论题。

张君劢 1923 年 2 月 14 日在清华讲演，接受梁启超和梁漱溟指出的那种哲学潮流，批判了视科学为全能的机械论人生观。张君劢沿着梁启超和梁漱溟的批判线索，说明了中西文明传统之差异：

> 科学无论如何发达，而人生观问题之解决，绝非科学所能为力，惟赖诸人类之自身而已。而所谓古今大思想家，即对于此人生观问题，有所贡献者也。譬如杨朱为我，墨子兼爱，而孔孟则折衷之者也。自孔孟以至宋元明之理学家，侧重内心生活之修养，其结果为精神文明。三百年来之欧洲，侧重以人力支配自然今，故其结果为物质文明。(《人生观》)

他在这里要强调的是中国精神文明受到来自西方物质文明的文化挑战，这对后来的反对者来说本没有什么不利，但他显然把科学界定为一种物质文明事业，表示不能接受现代科学的社会意义及其引起的西方思想变化（如机械论哲学形成），这就暗示了中国精神文明优越于西方物质文明。正是由此引起了以丁文江为首的科学支持者的强烈反应，也吸引了陈独秀、胡适、吴稚晖、任鸿隽和唐钺等人的广泛参与。论战文章后来被编成专辑《科学与人生观》出版。其中丁文江对于张君劢把物质文明与科学等同起来表示不能认同，认为物质文明是科学的结果而非科学的原因：

> 欧洲文化纵然是破产（目前并无此事），科学绝对不负这种责任，因为破产的大原因是国际战争，对于战争最应该负责的人是政治家同教育家，这两种人多数仍然是不科学的。……
>
> 他们这班人的心理，很像我们的张之洞，要以玄学为体，科学为用。他们不敢扫除科学，因为工作要利用它，但是天天在那里防范科学……所以欧美的工业虽然是利用科学的发明，他们的政治社会却绝对的缺乏科学精神。……人生观不能统一也是如此，战争不能废止也是如此。……欧洲的国家果然都因为战争破了产了，然而一班应负责人的玄学家、教育家、政治家却丝毫不肯悔过，反要物质文明的罪名

加到纯洁高尚的科学身上。(《玄学与科学》)

从以上争论不难看出，这场论战的焦点问题及其技术哲学意义在于：一是西方现代技术提供了一种意识形态功能，那就是表明中国的落后，从而在心理层面产生了一种以精神前提评判中西文明模式标准，因为人们意识到枪炮和机器制造只是一种具有开拓精神的文明的副产品而已；二是从洋务运动开始直到这场论战开始，当将中国古老文明与西方现代技术结合起来进行哲学思考时，体用范畴的传统理论已经逐渐被抛弃，中国整个思想领域甚至大众舆论现在倾向于吸纳西方科学精神，因此坚持科学方法万能的一派总是被认为拥有人生和宇宙的钥匙，而坚持传统文化秩序的一派则总是被认为玄学家而不受欢迎；三是科学派针对传统派所提出的技术后果往往采用工具论将科学与其负面影响分离开来，将其负面后果归于应用而保留科学的纯洁，传统派则一般不排斥科学，但在技术负荷价值意义上对机械论哲学给予批判，并试图以传统文化秩序给予矫正。在这里无论为传统派作出多少技术哲学辩护，传统派只要不能在自身文化意义上对西方现代技术在中国的健康发展作出合理论证，中国传统技器道思想的整体论被西方机械论范式所遮蔽便成为必然的思想历史命运。事实上，直到1949年甚至以后，这一历史命运完全被包含在了"革命"、"思想科学化"和"全盘西化"等现代化方案之中。即使这时西方量子力学的飞速发展及其非机械决定论哲学倾向意味着牛顿力学体系的解体和崩溃，中国人也很少从这一发展中重获其传统技器道思想的整体论意义。

第4章　追问现代技术本质：西方机械论批判显现中国传统整体论意义

　　在中国思想界热情地以张扬科学精神为主线，逐步以机械论范式遮蔽传统技器道之整体论意义的同时，西方思想界则沿袭浪漫主义的人文主义传统不断地对机械论哲学给予严肃的思想批判。笛卡尔以来的现代主义技术哲学传统提出的最重要主题是：按照现代西方机械技术将整个社会改造成为一种同质化空间或大众文化。自工业革命以来，技术发展已经推动产生一种批量生产体系，不仅产生了整齐划一的消费产品，而且使单调的劳动组织方式成为大众社会的韦伯式"铁笼"。法国技术哲学家艾吕尔（Ellul）将现代技术的这种发展称为"普遍主义"，即现代技术无视地点和文化的广泛应用，形成了一个技术通用的单一世界图景：批量生产体系允许复制无数的同质性人工造物，从而产生了同质化的物质环境；在这种同质物质环境中，人的任何特定目标失去意义，人不再具有主体地位，仅仅附属于批量生产体系；人与环境的关系在于，现实之于大众的调整和大众之于现实的调整。艾吕尔的普遍主义以悲观主义论调涉及到技术与人类生存的关系问题，明显具有存在主义哲学意义。但在存在主义哲学传统中，只是雅斯贝尔斯（Jaspers）才明确地提出了技术主题问题。他首先注意到了人类社会已被改造成为一种机械化的大众文化，从而对所谓"本真之人"（the authentically human）造成巨大威胁。雅斯贝尔斯洞悉到"此在"、"生存"和"超越"等存在主义问题，认识到现代技术对"此在"（Dasein）和生存的意义（批量产品和大众文化的同质化影响），但未能很好地提出"超越"问题。海德格尔作为存在主义或现象学思想家，正是针对这一问题，把技术作为我们这个时代的哲学主题来加以研究，将现代性界定为技术的普遍盛行，并在人工造物的机械意义上展开对现代技术的本质追问。有趣的是，海德格尔在这种追问中逐步接近于一种中西文化比较参照：一方面，他对现代主义的技术哲学批判，追溯到了亚里士多德等的古希腊哲学那里；另一方面，他试图针对人类未来命运重构技术文化时，在很大程度上提出诉诸中国古代老庄道家思想的建构要求。本章主要通过海德格尔对现代主义的机械论范式的哲学批判，展示中国传统整体论的当代技术哲学意义。

4.1　人工造物：现代技术的机械经验还原

在 20 世纪，海德格尔进入技术哲学领域面对的基本历史背景是：一是 18 世纪启蒙运动或现代主义思想工程，以信仰进步为基础，将科学和技术作为一项现代性冒险事业，使现代技术呈现为一种前所未有的巨大力量；二是从两次世界大战到战后环境灾难表明，从现代技术或知识中无法找到现代主义最初的美好承诺，从而形成了现代人知道怎样去却不知道去哪里或为什么去哪里的西方文明危机；三是现代技术在很大程度上可以还原为机械，现代主义思想家们多数也正是以机器（如钟表）这一人工造物作为原型来构造其世界观，当然所谓西方文明危机也是来自围绕现代机械技术重构社会的结果。海德格尔正是由此，从现代主义思想家那里鉴别出现代技术的机械力量，并把机械归于"此在"（Dasein）的世界力量显现。委贝克（Verbeck）最近认为，与雅斯贝尔斯一样，"海德格尔的技术解释学哲学与'转向人工造物'相关"，其技术哲学"表明了'转向物'的必要性"（Verbeck,2005:48,77）。在他看来，海德格尔在其早期作品中关注人工造物，与他以后追问现代技术的本质有明显不同：

> 从其早期主要著作《存在与时间》和其他作品中，我们能够发现一种（与本体论式的技术本质追问不同的）另类的技术哲学。他在其早期的观点中特别提供了一种广泛分析，就是装备在人与其世界的关系中扮演的角色问题。这与其后期分析方法形成了明显对比，因为按照海德格尔的早期观点，技术人工造物不是"贬低"人与世界的关系，而是产生了人接近世界的特殊形式。这一分析方法取得一个重要的成果，是他试图通过人工造物，来理解技术哲学的出发点。（同上：77~78）

在早期思想中，海德格尔试图通过对"此在"或人类的分析来思考"存在"，因为人关心的是自身的存在进而需要理解存在。恰恰在这里，他注意到人工造物这一模式乃是通过澄清人的存在方式接近存在本身的重要途径。

在《存在与时间》（1927 年）一书中，海德格尔极大地发挥了胡塞尔（Husserl）的现象学方法。尽管胡塞尔试图以现象学方法超越意识与现实的关系问题，但海德格尔则在现象学意义上更为关心的问题是人类生存与其世界的关系问题，试图将现象学重塑为一种对人类经验及其与世界交往的分析方法，从而把人与世界的关系描述为一种"存在—在—世界—中"（being – in – the – world）。在这种分析中，"物"起着重要作用，因为"物"以工具形式使人与世界发生关系成为可能。但揭示工具的这种作用需要一种特殊描述，即不是把它看作一种外部对象，而是把它看作内在于日常生活的"在场"（presence）来加以描述。这样"物"便在日常生活中呈现给人，因此它必定优先于人的描述和分析。也就是说，对物的明确描述和命名乃是针对日常的物的在场。例如，当人使用锤子将钉子打入墙里，不是把注意力集中到锤子这类东西上，而是被引导到锤子、钉子和墙壁共同发生作用的实践中。古希腊人称物为"实用物"（pragmata），这正是海德格尔采取的现象学方法指向之物。物属于实践领域，必须要在实用意义上加以理解，也即它与人类行为有关。海德格尔把这种作为人的"存在—在—世界—中"的行为方式称为"besorgen"，即"审慎"行事，而把在审慎行事中发挥作用的对象称为"Zeug"，即工具、器具和实用物等。

但接下来的问题是，工具之类的实用物以怎样的方式存在？或者说，工具究竟何以成为工具？按照传统哲学把物理解为物质、物料和延展，便不可能正确地回答这一问题，因为它从一种抽象的和分析的关系来理解物，而不是从人与物的日常交往来理解物。海德格尔认为，从日常实践角度来看，实用物就是"为了……的某物"，即是有用的、有帮助的和提供服务的东西，因此正如胡塞尔的意识是"……的意识"一样，工具和器具从来都不简单地是其本身，而是参照与其相关的东西而存在。工具或器具之所以是自己所是的东西乃是因为，它使实践成为可能。但工具的呈现方式的明显特征在于，工具隐藏于人与其世界的关系中。即使如此，工具或器具也能塑造人与实践的关系。一般来说，人并不专注于自己使用的工具或装备，而是专注于自身参与的劳动或实践。工具或装备作为塑造实践的力量表明，它的意向要求一种特殊实践，即以特定方式呈现世界本身。海德格尔正是在这种意义上，以技术问题说明"此在"对其本身的"存在"的本体论承诺，这就是以"应手状态"（readiness－to－hand）方式把技术描述为实践经验的东西，即"本体性技术"（ontic technologies）或人工造物。这是构造"此在"之日常实践世界的组成部分或总体活动要素，就是"此在"的世界显现力量。在他看来，工具使自然作为实用的东西进入人的实践，如森林是木材之林，大山是采石厂，河流是水力来源，风是航行之风等；工具参照制造对象并指向未来用户，也即工具性劳动包含人的意向；工具参与的劳动不仅出现在家庭作坊，而且也在公共世界发挥作用。

无论如何，工具作为人工造物乃是为了呈现世界：当人们使用一种工具或装备时，便产生这样一种参照结构——被生产对象、制作材料、未来用户、所处环境之间的相互关系。但这种结构仅当原属"应手状态"的工具或装备打破人与世界的关系时才能生成，其结果是工具突然之间成为人的关注焦点。过去形成的与工具之间的可靠交往关系现在破裂了，工具不再是隐藏于人与世界的关系中而是被强加给人，变成海德格尔所称的"呈现在手"（prensent－at－hand）。这种破裂情形虽然是因为"在手状态"的工具展示的世界参照结构而发生，但从"在手状态"向"呈现在手"转换却使基于"在手状态"形成的世界参照结构更加昭然若揭。在海德格尔看来，"此在"之堕落（如无聊、猎奇和模棱两可等）的核心本质就在于公共交往的技术化或工具化方式。在这里技术或工具不是辅助"此在"取得对存在来源的本真理解，而是妨碍"此在"对本真的追求，破坏了"此在"的日常生活和实践活动。他把技术或工具描述为"非目标的东西"（nonobjectal），这不仅与其强调的"在手状态"的技术工具决定相一致，而且也成了他以后提出的技术对抗世界遮蔽状态的理论前提或基础。

在《艺术作品的本源》（1935～1936年）演讲中，海德格尔进一步把工具或器具置于自然物与艺术品之间来加以界定：

> 器具，比如鞋具吧，作为完成了的器具，也像纯然物那样，是自持的；但它并不像花岗岩石块那样，具有那种自身构形特性（Eigenwüchsige）。另一方面，器具也显示出一种与艺术作品的亲缘关系，因为器具也出自人的手工。而艺术作品由于其自足的在场却又堪与自身构形的不受任何压迫的纯然物相比较。尽管如此，我们并不把

作品归入纯然物一类。我们周围的用具物毫无例外地是最切近和本真的物。所以器具物既是物，因为它被有用性所规定，但又不止是物；器具同时又是艺术作品，但又要逊色于艺术作品，因为它没有艺术作品的自足性。假如允许作一种计算性的排列的话，我们可以说，器具在物与作品之间有些独特的中间地位。（《海德格尔选集》上，1996年：249）

在以上引证中，工具或器具显然不再如在《存在与时间》中那样与人相关，而是与其他对象相关：一方面，它尽管为人工制造，但如同"纯然物"一样是对象；另一方面，它也如同艺术品一样均为人造，但由于它是为实用才真正呈现为工具或器具，所以又与艺术品不同。正是因为工具和器具作为最为接近人的物的这种中间地位，海德格尔发现器具在整个西方思想史中成了物的概念的根源所在——借助器具的存在理解非器具的存在物，包括物和艺术品。西方人理解物的主要方式是通过"形式—物料"结构，而物的这一概念则按照使用工具或器具制造来加以规定，且器具本身就是将形式带入物料的人工造物，因此"作为存在者的规定性，质料（物料）和形式就寓于器具的本质之中"（同上：249）。

然而，把物看作具有形式的物料这一观念具有相当的局限性，因为如果按照器具是把形式赋予物料的媒介这一说法，那么"纯然物"只能被认为是一种具有无用或非人意向之形式的物料，艺术品也只是一种赋予美学价值之形式的物料而已。这种"形式—物料"概念框架是陈腐的，并不能区分不同类型的物。因此在海德格尔看来，物之为物只能从其存在方式——物以其与人关系呈现于人的方式中寻找，只有通过物呈现于人的不同方式才能对纯然物、器具和艺术品加以区分。从这种视角看，器具的器具特征就在于：一是器具具有较之工具或实用物更为丰富的含义，实用物除了实用这一呈现方式外，还以可靠性这一方式呈现出来，实用物在被消耗后便失去了可靠性和实用性，最终变成纯然物；二是工具或器具作为应手状态的存在方式不仅以变成呈现在手的否定情形变得清晰可见，而且也以可靠性的呈现方式表现为使人接近世界的积极情形，即实用物使人接近世界并塑造聚集于自身周围的世界。

与工具或器具不同，艺术品是以一种完全不同于器具的方式聚集世界，它以自我容纳将存在物带进呈现世界的无蔽状态。海德格尔举画家凡·高以一双农鞋为主题的油画为例。当人走近这幅作品时，好像"突然进入了另一个天地，其况味全然不同于我们惯常的存在"（同上：255）。这一作品把一双农鞋呈现出来，并把它带进无蔽状态，即农妇经验的世界聚集。因此艺术品属于真理领域，它不仅可以按照美和现实表现来加以理解，而且必须被看作是被设置于其中的存在物的真理："艺术作品以自己的方式开启存在者之存在。"（同上：259）从这种分析可以看出，尽管海德格尔最初是从工具或器具视角来理解世界的发生，把世界看作"应手状态"的意义和背景或环境，但他在《艺术作品的本源》中把真理的呈现看作更为基本的东西，即从艺术品视角把世界想象为优先于无蔽状态的大地的自身呈现。也就是说，存在的真理向度倾向于与艺术品相关，而具有否定器具的倾向，因为海德格尔对艺术品和器具的理解不仅来自对象视角，而且也来自其发生带出的呈现方式视角。海德格尔把艺术品的带出过程称为"创作"，把器具的带出过程称为"制作"。在他看来，器具制作缺乏艺术品创作的两个重要特征：一是艺术品之所以能够开启一个世界只是由于它出自地球而固守自身，它表现构思自身的地球，通过显现地球而把它带进无蔽状态，但这一属于地球的遮蔽向度在器具制作中消失了，因为构成器具的物料仅当器具参与才呈现出来，器具的制作并不表现地球而是消耗地球，器具的使用脱离人的在场以使相应的实践活动成为可能，从而消失在其实用性之中；二是艺术品创作被创作进"被创作存在"之中，它表明创作是一种使无蔽的东西生成的发生，但器具制作并不出现在其自身中，因为它消失在实用性中，所以器具越是应手，就越是被排除在它的器具存在之外。

应该说，海德格尔在《艺术品的本源》中转向存在，发展了一种思考技术器具和人工造物这一存在物的新方法：他不再关心工具或器具的意义背景，而是关心对象在存在之发生中的角色或作用，开始按照带出的方式思考对象的存在生成；他也不再追问围绕对象存在的世界进入，而是反过来追问世界和对象本源生成的可能状态。这种追问显然延续了他在《存在与时间》中对工具或器具的哲学批判，如果说在《存在与时间》中这种批判是相应于"向死之在"（being-toward-death），从"此在"内部激起人的"焦虑"（Angst），表现为非目标的工具或器具从"此在"外部引起了人的"焦虑"这一陈述的话，那么在《艺术作品的本源》中则是相应于艺术品的世界呈现方式内在地固守无蔽的大地真理，表现为器具的带出方式在其内在规定之外侵扰周围的世界或环境。海德格尔为了扭转"此在"的这种技术状态而使其转向追求本真，便需要排除任何现有外在的技术干预。但这里的问题是，由于在现代世界中机械化的大众文化的无所不在，海德格尔必须要对机械论哲学给予清理。

在《技术的追问》一文中，海德格尔强调在 20 世纪任何由技术引起的灾难均来自技术的工具状态："（技术）对人类的威胁不只来自可能有致命作用的技术机械和装置。真正的威胁已经在人类的本质处触动了人类，座架之统治地位咄咄逼人，带着一种可能性，即：人类也许已经不得进入一种更为原始的解蔽而逗留，并从而去经验一种更原初的真理的呼声了。"（《海德格尔选集》下，1996 年：946）

这一陈述显然包含两层含义：一是把现代技术还原为机械只是威胁人类的直接来源；二是现代技术作为"座架"（Gestell）则是从人的本质上阻碍人去追求本质。后一方面有其不可否认的吊诡思想意义，这一点在后面将继续给予阐述，这里需要强调的是前一方面仍然遵循着西方传统人道主义思想的绝对中心逻辑。海德格尔通过强调人类对技术、本质对派生物的优先地位，强化了他后来坚持拒斥的传统人道主义思想：只要将技术界定为机械或说技术整体上依赖于"此在"，那么技术仍然是隶属于人类控制的工具。但对于海德格尔的这一悖论，我们不能过分给予渲染。他早期将现代技术还原为机械特征有着另外的特定意义，这就是对机械论哲学图景批判。海德格尔在《现象学的基本原理》（1929/1930 年）中，把机械看作一种工具并作为工具提供服务。他的这种机械概念与其在此前的《存在与时间》中提出锤子作为原型的"应手状态"概念相一致，因为正如锤子直接使人参与实践一样，机械是一种具有使用价值的客体或对象，当它打破前现代技艺概念时便成为现代主义的机械论话语主题。由此可以看出，海德格尔早期的机械决定思想是对现代主义强调"此在"的优先地位给予一种概括，在他那里正如所有工具一样，机械作为人工造物是为人所制造，就人类生存而言它依赖于存在的实践活动，工具的制造只有在所谓"世界构成"（Weltbildung）观的基础上才是可能的。正是在这里，海德格尔将现代技术与现代科学联系了起来，并走向对机械论的技术哲学思想批判。

一般来说，现代技术与前现代技艺的区别就在于大量应用现代科学。但在海德格尔看来，说现代技术是现代科学应用如同说诗歌是字母的某种排列一样并没有错，只是没有切中本质，在本质意义上正是现代技术支配着现代科学呈现。这种看法似乎有悖于传统（科学）历史解释，因为现代科学发源于 16、17 世纪的科学革命，而以蒸汽机和电动机等动力机为代表的现代技术只是在 18 世纪末期以后的工业革命中才开始兴起。但海德格尔对于历史学（historie）与历史（geschichte）有一个严格区分：历史学只是在技术时代才出现并与历史相混同，历史学作为科学在本质上受制于现代技术，而历史本身才是人在向真理敞开时达成的属于技术时代之本质的东西，因此历史学强调的技术滞后于科学并不能说明历史上技术先于科学的本质意义。尽管现代科学先于现代技术出现，但这只是表明了对现代科学起支配作用的现代技术这一本质最晚呈现出来。海德格尔在《现代科学、形而上学和数学》（1935/1936 年）和《世界图像的时代》（1938 年）中，把现代科学呈现为一种人工造物的技术经验：通过数学化，物被抽象成为微粒，被置于三维空间和一维时间中，由力学定律支配，可以计算和预测，因而也可以被充分"预置"；作为千篇一律被数学预置的物质微粒是绝对同质的，因此可以在任意空间范围内加以复制或操作。现代自然科学这样一幅图景，如果不是通过人工造物的机械或机器来加以设想，是根本不可能的：

> 科学是现代的根本现象之一。按地位而论，同样重要的现象是机械技术。但我们不能把机械技术曲解为现代数学自然科学的纯粹的实践应用。机械技术本身就是一种独立的实践变换，唯这种变换才要求应用数学自然科学。机械技术始终是现代技术之本质的迄今为止最为显眼的后代余孽，而现代技术之本质与现代形而上学之本质相同一的。（同上：885）

在以上引证中，海德格尔显然涉及到三种现代性现象，这就是现代科学、现代技术和现代形而上学，其核心在于作为人工造物的技术性机械，因为无论是自然科学还是形而上学哲学均以机器为原型来设想自然和世界图像。这样设计的图像无疑是一幅机械论图像：时空被等同于数的连续统，包括自然和人在内的世界是一个可以进行数学计算的按照力学规律运动的机械世界，人直接感知的质的世界成了与机器相等同的"类人工世界"。一旦将自然、人、社会与机械等同起来，机械论哲学便可以走得更远，不仅依照牛顿运动方程把宇宙的过去、现在和未来全部计算出来，而且赋予在拉普拉斯的万能计算器（也称为拉普拉斯妖）中赋予机械以万能数学筹划的巨大技术力量。这一力量无疑包含在笛卡尔的"我思故我在"这一现代形而上学命题中，这就是现代人能够按照他对自身的机械性理解和意愿来规定和实现其主体性本质，只是这一主体性本质的自由表现反过来消失于与主体性相一致的空间同质化工具客体性之中：

> 在以技术方式组织起来的人的全球性帝国主义中，人的主观主义达到了它的登峰造极的地步，人由此降落到被组织的千篇一律状态的层面上，并在那里设立自身。这种千篇一律状态成为对地球的完全的（也即技术的）统治的最可靠的工具（机械或机器）。（同上：921）

应该说，海德格尔通过将现代技术还原为机械或把机械还原为工具达成了对现代主义的机械论哲学的思想批判。这种还原大大限制了他在《存在与时间》中对现代技术之影响或冲击的哲学评价：正如把锤子看作工具原型一样，将机械当做工具只能成为"应手状态"概念的主题规定。这意味着海德格尔的前期思想与后期思想毕竟不同：在前期思想中，为了理解存在，他致力于在人与其存在的关系中分析人类生存状态；在后期思想中，为了理解存在，他致力于分析存在本身的历史和自我显现。这种不同同样也表现在技术哲学解释方面：后期的海德格尔主要从存在的历史视角描述技术，把技术性机械和装置看作是这一历史指数，把技术还原为存在的历史；前期的海德格尔则是对技术在人与世界的关系中的作用作一种非历史分析，按照具体的人工造物来把握技术问题。但在《存在与时间》中，海德格尔按照具体的人工造物把技术理解为一种世界呈现方式，试图要表明这些人工造物如何使人接近于现实。这与其后期思想具有一致之处，实际上构成了海德格尔将技术分为本质向度和非本质向度——"本体论性技术"（ontological technology）和"本体性技术"（ontic technology）的重要基础，因为如果在现象学意义上讨论"技术"，那么人们通常指称的机器、机械、工具、仪器等只是"技术的东西"（das Technische），把技术还原为机械或工具使得"技术的东西"在理解"技术"的本质状态中可以起到某种烘托作用。如果说"技术"作为本质先于"技术的东西"，那么后者就使理解"技术"的本质成为可能：

　　在技术观念的统治展开来的时候，个体的个人看法和意见的领域早被弃之不顾了。甚至当人们在可以说较不重要的地区还试图凭借过去的价值观念来掌握技术，而在进行这种努力时已经运用了技术手段，而所运用的技术手段已非仅存外貌而已，甚至在这种时候，技术之本质的威力还是表现出来了。因为利用机器和机器生产都根本并不就是技术本身，而只是把技术的本质在技术的原料对象中设置起来的过程中适合于技术的一种手段。甚至，人变成主体而世界变成客体这回事情也是自行设置着的技术之本质的结果，而不是倒过来的情形。（《海德格尔选集》上，1996 年：430）

　　现代技术的机械还原作为手段并非技术之本质，但它却是追问现代技术本质的中心主题。当然这决不意味着海德格尔进入雅斯贝尔斯的工具论模式之中，事实上他要从机械还原转向追问技术本质必须要克服雅斯贝尔斯的工具论观点。他在《技术的追问》一文中进入追问技术本质之前，首先指出当前最为流行的技术观念："如果我们把技术当做某种中性的东西来考察，我们便最恶劣地被交付给技术了；因为这种现在人们特别愿意采纳的观念，尤其使得我们对技术之本质盲然无知。"（《海德格尔选集》下，1996 年：925）所谓技术中立观念无论其历史渊源如何，海德格尔对它的批判直接针对的是雅斯贝尔斯的工具论。在这里海德格尔反对的见解是认为技术是"合目的的工具"和"人的行为"，可以称为"工具的和人类学的技术规定"。这两种方法即使"正确"也不深刻，如果说工具的技术规定作为一种常识并不能说明前现代技艺与现代技术之区分（如现代水力发电站与原始水力锯木厂都是合目的的工具）的话，那么人类学的技术规定则在人控制技术意义上使工具与目的相分离。工具在与目的相分离之后便获得了自主发展空间且不受制于目的，相反它似乎可以选择和决定目的，为多种目的服务。这就是所谓技术中立观念，既可以用来造福人类，也可以用来危害人类，因此海德格尔说"技术愈是有脱离人类的统治的危险，对于技术的控制意愿就愈加迫切"（同上：926 页）。在这里技术客体就算是合目的的工具或手段并且为人所制造和操作，现代技术的本质也不在于工具本身而在于别的方面，正如树的本质不是树一样，技术的本质也不是技术的东西。既然技术不是合目的的工具或手段，也不是人的行为或活动，那么究竟什么是技术的本质呢？对这一问题的回答，海德格尔显然需要回到古希腊哲学，特别是亚里士多德那里去。

4.2　展现与强使：本体论的希腊传统追问

自现代主义思想家（如笛卡尔和培根以及其他哲学家和科学家）以机械论世界观挑战古希腊科学和哲学的中世纪继承者思想之后，技术作为存在的模式（如以钟表机械原理识别宇宙运动机制）便不再如古希腊的技艺表现客观本质，社会目标也成了纯粹主观的任意选择而缺乏本质性目的指导。也就是说，理性仅仅关心工具或手段，无视目的或人的本质实现。对于现代性的无目标性，德国大思想家韦伯首先给予了批判。与柏拉图区分出"技艺"与"机巧"相应，韦伯区分了"实质理性"与"形式理性"。实质理性如同技艺一样是先设置善的目标，然后选择手段实现目标。在韦伯那里，许多公共制度就是这样的实质理性，如通适教育着眼于善的目标来决定适当的教师和教室等手段。但形式理性唯一关心的是手段和效率，不负荷内在的善的价值，因此如同柏拉图的机巧一样是价值中立的。所谓现代化不过是形式理性对以往实质理性的胜利：市场作为形式理性取代现金交易而成为最初的工具或手段，官僚体制和管理则作为形式理性最终盛行的另一领域，通过制度化使其手段系统取得了自身独立于人类意志和善的目标的现代逻辑。这种形式理性使韦伯陷入某种悲观主义困境，他称之为合理化的"铁笼"。这一"铁笼"当然也困扰着海德格尔，只不过在海德格尔那里作为合理化的主要工具或"铁笼"不再是市场和官僚化体制，而是现代技术的研究开发体制。海德格尔接受了实质理性与形式理性的概念区分，但他与韦伯的不同之处在于工具与目的分离的价值中立技术本身毕竟包含了价值，这种价值作为现代技术的突出特征不在于手段，也不在于服务的目的，而在于它展现了某种控制。海德格尔相信价值中立的技术手段对善的目标的胜利是现代条件的必然结果，而这种现代条件有着某种历史关联，其标志是现代人在取得对事实知识的信赖之后不再严肃地对待意义和价值问题。如果把这种历史关联看作是"存在—在—世界—中"的本体论基本特征的话，那么就需要将古希腊的技艺看作是前现代的、前科学的、前技术的哲学主题。这里的问题是，能否在现代性之外寻找到理解前现代"技艺"（techne）的出路？海德格尔显然认为，通过对人类日常生存状态进行现象学考察，可以为此提供解决问题的答案。

海德格尔理解"技艺"概念的出发点是，他假定世界最初通过技艺得到展现，世界不能先于技艺而以人类通过技艺活动获得的在场之物形式而存在。在这种意义上讲，存在的每个方面，包括技艺活动使用的原材料，均可以从技艺中获得理解。也就是说，"技艺"在本体论上可以被认为是"此在"与世界的一种关系，而非与物的因果互动。这种看法似乎有悖于常识，但决不是随意的哲学虚假假设。正如第 1 章表明，任何社会，包括中国传统社会，均有着与古希腊相似的技艺概念，即在人与其世界关系之下的实践基础上以客观的术语形式描述物的意义。当然每个社会确立物的意义时，不一定要基于现代意义的科学基础。因此在现象学意义上，亚里士多德的技艺分析作为客观主义的思维形式包含了海德格尔的"存在—在—世界—中"概念分析。这就是海德格尔之所以在其《技术的追问》中从亚里士多德的技艺描述开始的原因，只不过他的这种描述是基于在此之前对古希腊哲学范畴的详细考察。

海德格尔在其早期有关亚里士多德的演讲中，就按照"技艺"的概念模式对其形而上学的基本范畴（如运动、爱多斯、罗格斯等）进行了解释。在《对亚里士多德的现象学解释》（1923 年）这一演讲中，海德格尔认为亚里士多德的伟大之处就在于，他将"运动"（kinesis）置于哲学反思的中心位置。在亚里士多德那里，运动不仅是指地点的变化，而且更一般的是指从一种状态到另一种状态的任何变动。在《亚里士多德（物理学）中"自然"的本质和概念论》一文中，海德格尔引入"Bewegtheit"来指称运动、流动等，把它理解为存在的基本形成方式。亚里士多德最初把"运动"理解为物的形成，实际上就是海德格尔所说的物的"带出"（bringing forth）或"带到在场"（coming to presence）。在这种特殊意义上，海德格尔解释自然和技艺、自然和艺术实际上依赖于亚里士多德的"运动"概念。海德格尔曾将亚里士多德的运动概念同人类活动联系起来：如果说人类是一种关注"实际生活"（factical life）的特定运动的话，那么海德格尔便把亚里士多德的"phronesis"概念解释为与实际生活运动相关的实践智慧形式，即"审慎"品格（Umsicht）。这样海德格尔便鉴别出了生产运动的内在结构，即生产同生产者能力、生产活动形式以及产品的多重关系。海德格尔把亚里士多德的术语"隐得来希"（entelechy）解释为这样一种运动，在这种运动中聚集自身并以圆满的产品涌现出来。他声称亚里士多德的运动概念源于圆满完成，是运动终极的站立或静止。通常被翻译为"实现"（actuality）的"艾那盖亚"（energeia）也具有类似的意义，意指造成"现实"（ergon），即完成了的站立于我们面前的作品或产品。尽管运动以终极或圆寂的形式获得解释，但最后的产品或作品不一定与其涌现的过程相分离，因为涌现过程的展示包含在其目的之中，圆寂或终极本身只是一种运动零点或零点运动形式。也就是说，从运动来理解圆寂或静止状态表明，亚里士多德的物需要回到自身发展的目的地，或者达到自然的静止或圆寂。

与此相关，海德格尔反对将亚里士多德的"菲雪斯"（physis）理解为这样一种运动，即在这种运动中物自身带出存在物的外观或形式呈现。他反对将其翻译为"自然"，因为在自然的概念中失去了"菲雪斯"的动力特征。在现代自然科学家和现代主义思想家那里，"菲雪斯"被认为是一种机械化的自我生产，如生物学就把有机体看作一种生理化学机器运动。但海德格尔认为这一现代概念完全是一种去希腊化理念，因为从古希腊人的立场来看，问题在于物的涌现过程把物带向人可以目击的真理方向和形式，而不在于其原因。这一看待"菲雪斯"的方法同样也表现在海德格尔对"技艺"的意义理解中，在他那里技艺并不意味着技术甚至工艺，而是指一般的诀窍（know-how）。这种诀窍包含于物自身的带出，或者说在这种或那种活动背景中按照使用的范畴来认识物。在这种意义上，海德格尔不是把物看作知识的纯粹对象，而是认为物之所以能够入世是因为它能够按照意义和使用范畴获得解释。一旦将物并入经人组织的世界并通过理念或本质概念得到解释，海德格尔便将本质概念同技艺联系在了一起。在他看来，技艺作为在生产过程中产生物的诀窍，从本质上讲就是把制造过程带向被生产物与其理念或现实一致的圆满实现。这种诀窍直接指向生产目的或目标，而非手段。因此技艺推动物的涌向的特殊运动，超越自然产生了另类存在。这种另类存在不是任意的意志产品，而是"罗格斯"。正如第1章已经表明，在柏拉图那里技艺的明显特征在于罗格斯的优先性，但海德格尔把罗格斯置于亚里士多德的技艺概念中来加以讨论。他反对把"罗格斯"翻译为"理性"或"话语"，认为该词来自"legin"，意指摆置、收获和聚集。"罗格斯"就是使诸物获得理解的各种关系的共同聚集及其结果的强制呈现，它与物的本质和本质的言说相关。值得注意的是，海德格尔发现"罗格斯"不仅在理论知识中发挥作用，而且也在人对人工造物洞悉的"审慎"品格中发挥作用。也就是说，"罗格斯"代表了它聚集的各种因素的内在规则或规律，它的聚集行为是对这些同属于物的模式的因素的意义解释。物的模式既是物的经验赋予，又是物的圆满实现形式。如果如柏拉图一样限于其在技艺中角色来理解"罗格斯"，那么对它的抽象规定便被赋予各种具体意义。例如，造船技艺就是聚集各种物料，然后在理想模型或"罗格斯"下加以筹划，以此制成的船坚固可靠，载重量大，用于水战能够做到快捷或准确。在这里"罗格斯"从整体上选择和分配每种资源，针对制造者的独白和对话来权衡技艺实践进展情况。

　　"罗格斯"乃是一种聚集行动，在聚集行动中辨识和提出一种模式。古希腊人称该模式为"理念"或"爱多斯"（eidos），因为"爱多斯"是罗格斯聚集行动的直接结果。进一步说，"爱多斯"是这样一种"型相"（look），即圆满之物必须要成为其技艺活动的适当产品。这种"型相"可以预先看到，只有基于这种预先的"型相"技艺才能进行。在这种意义上，"爱多斯"大致是"本质"的理念。海德格尔按照这种理解，重新解释了通常分别被翻译为"目的"和"限制"的"特罗斯"（telos）和"培拉斯"（peras）。现代人把目的看作主观目标，把限制看作运动或延展的外在障碍，因此将技艺活动归于工匠头脑中的目标和将产品看作对资源和环境的规定或限制。在海德格尔看来，就其与"爱多斯"一致和体现此物非彼物的特殊限制而言，目的和限制事实上就是制成的产品本身。"特罗斯"不在制造者心灵中，"培拉斯"也不外在于产品本身。海德格尔声称，"爱多斯"不是被发明出来，而是获得"呈现"，因此置于产品和工匠活动的目的或限制是一种真理，而非主观意向。也就是说，"爱多斯"作为人工造物的真正存在不是理念，而是优先于通常理念的东西。为此海德格尔强调工匠的"爱多斯"概念栖居于产品和产品过程，它与"墨菲"（morphē）或形式密切相关，而形式是以适当物质方式实现的"爱多斯"。在他看来，"爱多斯"必须通过其"海勒"（hylē）或物质形成过程呈现出来或进入在场，形式则成为那种物质的存在状态，是走向超越和改造物料之完成的运动，因此不能在本质意义上把物质看作优于生产的东西。与此相反，现代技术观念把"爱多斯"和形式看作制造者头脑中的主观理念，把物质看作客观物，把两者的相遇看作人类意志的偶然事件。海德格尔认为这种现代技术观念由于不能坚持技艺的原初意义，已经完全异化于或脱离古希腊人的思想传统。因为在技艺的原初意义上，物的涌现被认为源于形成过程，产品不是偶然降临于原材料的事件，而是精致目标的入世，所以古希腊人似乎以这种观念预示了海德格尔的现象学方法：在本体论上不能在工匠工作过程之外想象物的涌现，而是应该把物看作工匠制作过程的"展现"（revealling）。

为了对"技艺"作出深度解释，海德格尔对与生产活动及其结果相关的"代纳米斯"（dynamis）和"艾那盖亚"两个概念作了解释。海德格尔赞同一般将"代纳米斯"翻译为潜力或力量：它作为潜力的第一种含义是指"适当性"，物质或"海勒"具有成为最后制成品的潜力，每种技艺活动都可以招致适当物料达到一定目的，最后制成品本身是"艾那盖亚"，即其生产过程和物料的现实化潜力；它的第二种含义涉及到工匠或生产者，是指他们有力量或能力制造产品。在《亚里士多德的形而上学》一文中，海德格尔把"代纳米斯"的这两层意思称为创造性实践和经验性接受，它们包含于行为和任务、创造和接受的辩证过程。工匠的创造权力意味着物质能够"承受"施加于自身之上的改造或转换，这种承受作为物质品性既表明了它的对抗的缺乏又说明它对形式的本质适应。例如，黏土就其作为生产过程的构成要素来说，它需要取得壶或碗的形式；随着黏土被烧制成碗，黏土的块状形式消失，甘愿接受改造，积极地奉献于更为高级的开发或改造。"代纳米斯"作为生产的力量或能力，它的特征在于有效的制作方式。工匠的"代纳米斯"就是使其进入制作产品的准备状态，这种准备状态不在于要导向目标或希望，而在于辨识和选择推动被生产物从潜在向现实运动的确切行为。这样"代纳米斯"便具有了第三个特征，这就是生产力量排斥非生产性行为，避免无所作为和错误行为，从而最终使产品生产出来。"代纳米斯"与罗格斯和技艺之作用密切相关，因为每种特定力量均是在对抗另一相反力量。例如，医疗技艺的目标是健康，把治疗疾病作为其自身任务。这作为人类一种实践形式的"代纳米斯"显然不同于火作为自然物的"代纳米斯"，因为火虽然确实可以把冷变成热，但这绝对不能被看作是火自身的任务，也就是说火不是通过罗格斯来活动而是遵循因果关系，治疗疾病则可以被看作是罗格斯的作用或游戏，所以医生是在以健康对抗疾病的夹缝中行动。与"代纳米斯"相关的作为制成品的"艾那盖亚"，既是技艺经验的一般现实，又是体现"爱多斯"的特殊现实。在这种意义上，海德格尔声称亚里士多德认为现实先于潜力，在本体论上也更为根本，因此作为体现"爱多斯"原型的产品或作品从本体论上优先于物料、工具、筹划和活动，尽管它在目的指导下的最终成型源于它们。

海德格尔从现成产品的优先性出发，认为实践或生产对于古希腊人来说乃是一切存在模式。在古希腊人那里，"菲雪斯"或自然本身只能自我产生并不能制造，因此生产结构实际上是存在本身的参与结构。在《对亚里士多德的现象学解释》演讲中，海德格尔指出：

> （在亚里士多德那里）在对象意义上是以"理论的"方式把"诸物"（things）理解为事实，因此存在的原初经验指向的目标不是由此种"诸物"构成的存在域，而是在从事生产或指引自身导向日常任务和使用的交易时面对的世界。这一世界是在从事生产（poiēsis）交易的运动中达到完满和现成的结果，或是形成在手的存在（being – on – hand）并适合于其使用的某种倾向的东西。存在意味着"被生产"（being – produced），它正如被生产的东西一样是相对于与其发生交易某些倾向的意义存在，即适合于使用的存在。（Heidegger，2002：127～128）

在以上引证中，海德格尔表明生产的本质是一种"完成的和现成的存在"（being – finished – and – ready），即运动达到终点的存在。这里"完成的"是指作为本质的"爱多斯"或外观的现实化或实现，即物自身获得了"爱多斯"的外观呈现，从而达成了完满和入世。因此存在的意义、在场或"本是"（ousia）就是"被生产"（producedness），它可以作为"运动"按照诸如"墨菲"和"海勒"、"爱多斯"、"特罗斯"和"培拉斯"等术语来加以分析。这种分析的基础在于"菲雪斯"与人工造物之区分：前者的始基在于自身，后者的始基在于他者。这种区分决定了"爱多斯"的地位或作用，"爱多斯"要么指导工匠将人工造物投放于世界，要么自然物自身直接投放于世界而无需他者参与，但它的这种投放在结构上类似于生产。

可以看到，至迟到 1930 年代中期，海德格尔从存在主义本体论对古希腊思想进行提炼的生产模式，已经成为他的一种积极的研究方法。他甚至将亚里士多德的见解等同于"此在"的分析方法。按照这种分析，世界并不是诸物的在场或在手，而是前面已经提到的"工具"的"应手状态"。

正如前面已经表明，海德格尔由此在《存在与时间》一书中结合"此在"概念，涉及到现代技术的工具或机械还原意义。但对海德格尔来说，把现代技术仅仅理解为工具或机械是不适当的，因为在技术手段的背后有着更为深刻的本质。他承诺只有通过考察亚里士多德的四因说，才能揭示技术的本质。于是在《技术的追问》中，海德格尔再次阅读了亚里士多德的四因说。在他看来，这一学说自亚里士多德以来一直支配着人们有关原因的思维或思想，原因作为"招致另一个东西的那个东西"的本质意义完全被其工具论界定遮蔽了，因为"工具之特性据以获得规定的那个目的，也被看作原因"（《海德格尔选集》下，1996 年：926～927）。按照这种工具论规定，目的得到遵循和工具获得应用或工具占据控制地位之处，便是因果关系起支配作用之处。但一旦要追问原因的意义，便会看到这种因果关系及其相随的技术之工具规定就变得模糊起来或缺乏根据。为了纠正这种工具论还原缺点，海德格尔声称一般被翻译为"原因"（cause）的希腊词语"αίτιον"（aition），实际上是意指"招致"（Verschulden），"四原因"指的是其共属的一物为其生存而采取的"招致"方式（同上：927）。他举银盘为例说明人工造物的招致方式：一是质料因，银盘由银制作而成；二是形式因，或叫理念因和本质因，银盘制成后，银作为质料进入其中的理念形式或形态，表现为银盘的外观；三是目的因，将银盘的可能意义和效用限制为存在唯一的存在方式；四是结果因，银匠"考虑并且聚集上述三种招致方式"。银匠当然不全是银盘的结果因，但对银盘招致的外观能够起到相应作用。银匠的地位通过所谓技艺的特定知识体现于实践中，他由于技艺而能够聚集其他招致方式并使银盘最后得以制造成功。海德格尔正是以这样的解释学功能取代亚里士多德的结果因，发现了四原因"共属一物"的深刻意义：

　　　　最后共同招致这个现有备用的完成了的祭器的第四个东西，乃是银匠；但这绝不是因为，银匠在工作时对作为一种制作结果的完成了的银盘产生作用。银匠不是结果因（causa efficiens）。

　　　　银匠考虑并且聚集上述三种招致方式（形式因、物料因和目的因）。"考虑"（überlegen）在希腊文中叫 λἐγετυ，λογοϛ。它（λἐγετυ）植根于 ἀποφαίνεσθαι（apophainesthai），即：使……显露出来。银匠作为那种东西而共同招致，由之而来，这个祭器的带出和自立才取得并保持其最初的起点。前面所说的三种招致方式归功于银匠的考虑，即考虑它们作为祭器的生产而达乎显露并进入运作的情形如何。（同上：928）

海德格尔在这里基本上离开了亚里士多德学说的哲学基础——技艺的纯粹工具规定，不再如亚里士多德那样把结果因看作是对"菲雪斯"的补充，而看作是世界思维构造的衍生结果。也就是说，他试图将技艺置于本体论解释学的参照框架来加以把握——就最后的人工造物（如银盘或祭器）最终被置于人面前或使其在场来说，技艺是一种"展现"或"显露"方式。海德格尔通过亚里士多德追溯了支配技艺或生产的意义根源：诸物的本质不再是具体化为物本身，而是从其在日常实践活动中的地位之外进行现象学理解。只不过这种对本质的新理解，只有诉诸现代技术才成为可能。如果说前现代技艺与现代技术同为展现方式的话，那就需要进一步考察海德格尔对古希腊人和现代人面对存在的不同展现方式进行的本体论解释。

海德格尔最初是为使"思"成为可能，才采用了"展现"（revealing）这一术语。在《哲学的基本问题》（1937～1938年）演讲中，他曾注意到古希腊人发现了"存在"，但却不能追问存在问题或存在物本质，以致很快便从展现实事转向被展现物。他解释说，好奇是这样一种"基本安排，它从西方思维一开始就被强使获得。它使得存在物的问题成为如此这般的必要，尽管这样一来便排除了对'alètheia'（真理）的直接考察"（Heidegger，1994：149）。好奇引导古希腊人走向存在物的奇妙在场特征——平常物的奇特性，并通过使存在物的本质显现来"维持"存在的品格："随着好奇的唆使，人必须在承认所迸发事物过程中获得立足点，必须以一种生产方式观察事物不可思议的呈现方式。"（ibid:146）这种呈现乃是一种本质展现，即如其所然地直观存在物。这就是与"alètheia"相对的"alètheuein"，意指真理的发现或解蔽。海德格尔把古希腊人这种展现方式称为"Hervor - bringen"（带出、产出），其希腊对应词语为"ποίησις"，指生产、创造、创作、带来和解蔽等意。他继续说："以解蔽形式来直观存在物不止是一种凝视，还是好奇在针对存在物的呈现程序中得到执行，存在物本身由此显然获得了自我显现。这就是所谓'技艺'之意，即：技艺以自我显现的方式将存在物理解为出自自身的涌现，这种自我显现方式的外观来自爱多斯或理念，与此相一致，它也通过生产和制度关照存在物自身和任其生长，或在作为整体的存在物内部进行自我安置。"（ibid:155）古希腊人的基本发现在于通过其本质来认识物，这一认识程式解释来自作为被生产物或人工造物的在场概念。海德格尔承认存在的本质王国是"不确定的、漂移的、令人质疑的和无理由的"，因此直观作为与物的本质的交流是"一种带出的观看，以这种观看行为强使被观看的东西呈现到自身面前来加以观看"（ibid:73,76）。在海德格尔看来，古希腊人的这种观看是一种生产性观看，是一种对预设的意义的展现或揭示："这样一种使（存在）解蔽伴随着存在物的形式和在场显示以及存在物的内在维持——诗、绘画和雕塑这类事情，立国行为，诸神崇拜，所有这些首先需要获得其本质。"（ibid:128）可以看出，古希腊人的展现方式是一种与存在有限的贵族式交流。也就是说，存在物的诸形式或"爱多斯"并不是人类意志的任意产品，而是来自存在本身，因为古希腊人认识到，存在以展现方式对人的馈赠要求人成为目击的证人："如此一来，首要的任务便是把存在物理解为存在物，由此来安置对存在物的纯粹认识，此外别无他求。如果考虑与此同时还有什么原因，那么强调如下陈述就足够了：人的原初规定是，存在作为整体处于存在物中间，并让存在物在无蔽中生产出来。"（ibid:128）可以说，古希腊人发现了海德格尔强调的基本哲学前提，或者说海德格尔从古希腊思想中发现自己的基本哲学前提。但古希腊人并不能超越"爱多斯"而在尚未概念化的展现过程寻找其根源，他们知道存在与人的共属一物，但却不能对其进行思考，因为对他们来说，"爱多斯"的"展现"抽空了人提供的证词内容。

在《技术的追问》中，海德格尔进一步从存在与人的关系视角对"展现"作了深刻解释。在他看来，所谓现实或实在（reality）并不是在所有时代和所有文化中同时在场，也不是一经人类认识就成为绝对的原则，它们存在于与人的诸多关系中。实体、现实或存在物本身对人类来说是不可接近的，只要人试图理解它，它便不再是"现实本身"，而是"相对于人的现实"。也就是说，只有在与人的关系中，现实才成其为现实。在这种意义上，海德格尔把尚未与人发生关系的实体或现实称为"遮蔽"（the concealed）。显然只有在人与实体的关系中，实体才成为相对于人的现实或真理，用海德格尔的话来说就是"从遮蔽状态而来进入无蔽状态而带出"（《海德格尔选集》下，1996年：930）。这种带出就是展现，就是进入同现实的关系中使现实以特殊的方式呈现自身。正是通过展现，实体或现实的东西才成为人类的在场之物，因此现实的标的在于人与它的关系。但现实的展现并不能以任意的方式发生，先于并规定展现的是"无蔽状态"（way of unconcealment）。仅当已存在对被解蔽物的特殊理解才有展现，换言之只有以对"存在"的理解为前提，现实才能进入展现过程。也就是说，现实能够进入"无蔽领域"取决于通过"存在"理解的"无蔽状态"：

> 我们只需要毫无先入之见地去觉知那种东西，这种东西总是已经占用了人，并且这种占用是如此明确，以至于人一向只有作为如此被占用的东西才能是人。不论人在哪里开启其耳目，敞开其心灵，在心思和追求、培养和工作、请求和感谢中开放自己，他都会看到自己已经被带入无蔽领域中了。无蔽领域之无蔽状态已经自行发生出来了，它因此往往把人召唤入那些分配人的解蔽（展现）方式之中。如果说人以其方式在无蔽状态范围内解蔽着在场者，那么他只不过是应合于无蔽状态之呼声而已；即便在他与此呼声相矛盾之处，情形亦然。（《海德格尔选集》下，1996 年：936 ~ 937）

由此看来，海德格尔整个思想的关键在于，存在与人的关系。就与人的关系来说，存在并非固定不变，不同时代的人对其有着不同理解。在他看来，自古希腊以后的西方历史不断从作为"展现"的存在转向展现存在物的"爱多斯"，并使存在物的"展现"以现代技术表现出来。也就是说，西方历史代表着一个逐步"忘在"（the forgetting of being）的过程，这种忘在在现代技术中达到顶峰。前苏格拉底的古希腊哲学家并未忘在，因为追求"真理"（alètheia）仍是其哲学主题。但从这一词语中毕竟听到了"无蔽"的意义，存在物被想象为脱离遮蔽的在场实体。也正是因为如此，苏格拉底之后的古希腊哲学家认为，理解存在的方式发生了变化，存在很快便被理解为实体，存在与存在物的本体论区分因此得以消除，忘在随之发生。在这种意义上，海德格尔强调这样一个事实，那就是古希腊人从对存在的好奇转向诸种科学的发现或发明，因此不再追问归于物的本质和物如何按照本质呈现自身。海德格尔认为，这种忘在始于柏拉图。尽管对于前苏格拉底哲学家来说，"存在"意味着"从遮蔽状态而来进入无蔽状态而带出"，但对柏拉图来说，"存在"开始意指"本质"，即它具体化为形成实体之"本质"的理念或"爱多斯"。到了中世纪，经过古希腊与基督思想的交叉和融合，这种忘在采取了新的路径："存在"即是"上帝构造"。这时"生成"不再是从遮蔽状态而来进入无蔽状态，而是上帝的创造行为，因此"存在"被理解为一种因果而非从遮蔽进入无蔽的过渡发生，上帝作为一切存在物的根据逐步被理解为至上之存在。

　　进入现代时期后，笛卡尔在否定了超世俗根据的同时，把存在看作为了主体的客体，把作为客观世界的"延展"看作作为主体自我的"认知"的对立面。就哲学发展来说，存在在尼采那里达到顶峰，"存在"就是"权力意志之用"。无论是与主体对立的客体世界还是权力意志之用，所谓存在的意义并不能以预设的形式达成圆满，而只能遵循主体的精心筹划来实现。在海德格尔看来，存在的主体意义在现代技术中获得其物质表现。也就是说，现代技术的展现使存在成为生产、操作、原材料和"持存"（standing－reserve）之在场，使作为主体的人以任意的方式摆置自然物。关于这一点，可以援引笛卡尔著名的蜡的例子来加以说明。在亚里士多德意义上客体只是物质，但到笛卡尔在分析意义上开始对客体进行解构。笛卡尔表明，当对蜡加热时蜡的性质就会改变，此即可想象的物的延展。他注意到，这种延展物是这样一种品质，透明的物质通过延展可以转换为各种不同形状的客体。笛卡尔没有讨论这种分析的技术意义，但这显然与其著名的命题相关：科学将使人类成为自然界的主人和拥有者。因此当海德格尔声称技术是一种展现方式时，他的意思是说技术包含人与存在的关系，即人以展现的方式安置或挑战其带出的现实或存在物。结果是，现实或存在物按照人的意愿加以理解，或被人控制。在这里古希腊人的展现方式提供了一种现成参照，因为"技术"一词来自古希腊人的"技艺"一词。技艺包含手工行为和技能以及精湛技艺和各种美好艺术，是一种实践形式，一般被翻译为制造。但海德格尔建议把技艺翻译为"带出"，同时认为这种翻译保留了"alètheia"（真理）一词表达的意义：从遮蔽状态而来进入无蔽状态而带出。技术作为一种技艺是一种展现方式，展现不能自身带出的不在场之物，包含了从遮蔽向无蔽过渡。正是在这里，海德格尔再次回到现代技术的机械经验还原，并加以设问："对于这种有关技术之本质领域的规定，人们会提出如下反对意见：固然这种规定对希腊思想来说是有效的，在有利情形下适合于手工技术，但并不适切于现代的动力机械技术。而且，正是这种动力机械技术，只有这种动力机械技术，才是一种不安因素，促使我们去追问'这种'技术。"（同上：933）他把机械技术作为现代性的重要特征，追问的问题是：古希腊人的展现方式与现代性的展现方式究竟有何不同？对这一问题，海德格尔直接回答道：

> 　　什么是现代技术？它也是一种解蔽（展现）。唯当我们让目光停留在这一基本特征上，现代技术的新特质才会显示给我们。解蔽贯通并统治着现代技术。但这里，解蔽并不把自身展开于 ποοίησιş（实践）意义上的产出。在现代技术中起支配作用的解蔽乃是一种促逼（挑战或强使），此种促逼向自然提出蛮横要求，要求自然提供本身能够被开采和储藏的能量。……贯通并统治着现代技术的解蔽具有促逼意义上的摆置之特征。这种促逼之发生，乃由于自然中遮蔽着的能量被开发出来，被开发的东西被改变，被改变的东西被储藏，被储藏的东西又被分配，被分配的东西又重新被转换。……那么，无蔽状态的何种方式是为那种通过促逼着的摆置而完成的东西所特有的呢？这种东西处处被订造而立即到场，而且是为了本身能为进一步的订造所订造而到场。如此这般被订造的东西具有其特有的状况。这种状况，我们称之为持存（Bestand）。（同上：932～935）

　　以上引证表明，现代技术包含较之古希腊思想的技艺概念不同的展现方式。现代技术本质上当然不是什么机械或装备之类的工具或手段，它作为与前现代技艺一样的展现方式是对存在物的塑造，但现代技术不再是一种对"物性"的"带出"，而是"逼促"、"挑战"、"强使"、"摆置"（stellen）、"订造"（bestellen）等；现代技术切近现实或存在物只是要把它作为原材料，使其进入使用状态，人在这种切近中也不再是与实体进行从遮蔽进入无蔽的交流，存在物不再是存在物，而成了"持存"，因此存在被想象为从遮蔽涌向无蔽的事件而被忘记。在这里不再有"遮蔽状态"，不再有在存在物带出中发挥作用的"超越"，全部的意义就在于人造功能。在现代技术中，真正算作现实或存在物的东西只是可制造或可控制的对象世界，而非脱离这种制造和控制或超越人的本真世界。也就是说，现代技术使存在物成为"持存"或适当原材料的存储库房。

4.3　座架与命运：最高危险的救渡之路

从海德格尔对亚里士多德思想的现象学解释中，可以看到古希腊人虽然知道"爱多斯"之外的存在有其根源，但无法保证这一洞见对以后时代也具有正当性。海德格尔为此指出："正如自然自身的要求一样，随着存在物的无蔽状态的出现和建立，技艺之本质包含各种可能性，任意的蛮横要求，各种目标的放纵设立，从而脱离了必要的原初需求。"（Heidegger, 1994 : 155）这就是所谓现代性，即以人类意志的现代技术表达释放其任意的蛮横要求。一般来说，海德格尔将现代性作为批判对象，但他也明确承认现代人在技术上超越了古希腊人：现代主义的技术哲学思想传统发现了人被卷入存在物的意义制造中，只是这种洞见是以诸如主观主义（笛卡尔）和虚无主义（尼采）这类扭曲形式获得表达。这种现代主义显然忽视了对存在的整体追问，而把本质仅仅看作一种主观的随意或蛮横，此即现代技术图景。但与这种现代主义不同，海德格尔在通过"展现"、"逼促"、"挑战"、"摆置"、"订造"和"持存"等概念说明技术不只是合目的的手段之后，接着就试图要表明现代技术的这种展现方式也不只是人的活动：

> 通过促逼着的摆置，人们所谓的现实便被解蔽为持存。谁来实行这种摆置呢？显然是人。但人何以能够做这种解蔽呢？诚然，人能这样那样地把此物或彼物表象出来，使之成形，并且推动它。可是，现实向来于其中显示出来或隐蔽起来的无蔽状态，却是人所不能支配的。……人通过从事技术而参与作为一种解蔽方式的订造。不过，订造得以在其中展开自己的那种无蔽状态从来不是人的制品，同样也不是作为主体的人于某个客体发生关系时随时穿行其中的那个领域。（《海德格尔选集》下，1996 年：936）

人显然只是由于在其生活时代存在所具有的意义才能接近现实，但如果现实的呈现是一种"强使"，那么这就意味着它依赖的不是自身的存在，而是其"所是"的存在。也就是说，每种"展现"方式均以对"展现状态"或"无蔽状态"的理解为其前提。在海德格尔看来，现代技术的展现方式也是以对存在的理解为前提，只不过这种理解使"人把现实当做持存物来订造"（同上：937）。这种情形的背后是这样一种特殊的无蔽状态，即它强使或促逼着人将存在物呈现为原材料或持存物。海德格尔把这种无蔽状态称为"座架"：

> 在"座架"（Ge－stell）这个名称中的"摆置"（stellen）一词不仅意味着促逼，它同时也保持着与它由之而来的另一种"摆置"的相似，也即与那种制造和呈现（Her－und Dar－stellen）的相似，后者在 ποίησιϛ 意义上使在场者进入无蔽状态而出现。这种产出着的制造，譬如在神庙区设立一座雕像，与我们现在所思考的促逼着的订造当然是不同的，但在本质上却是接近的。两者都是解蔽（ἀλῆθεια）之方式。在座架中发生着无蔽状态，现代技术的工作依此无蔽状态而把现实事物揭示为持存物。（同上：939）

德语前缀"Ge－"表明该词"Gestell"是一个集体名词，意指摆置（Stellen）性聚集，即把人聚集到订造中，使人把现实订造为持存物来加以解蔽。海德格尔在这里表明，前现代技艺与现代技术虽然拥有共同的本体论本质——展现，但它们在对遮蔽的带出方面程度明显不同。

"座架"作为无蔽状态或现实的存在方式，在现代技术中起支配作用，使存在物展现为持存物而进入在场。也就是说，在现代技术座架中，存在物之存在就是持存物的在场性、传递性和配置性，至于存在包含的诸多在场以及不在场的无蔽状态的可能出现全被忘记了。在海德格尔看来，正是在这种"座架"中可以找到现代技术之本质。这里"本质"不是一个名词，而是一个动词：它是在现代技术中发挥作用的存在方式。现代技术对于人表现为"座架"，使人把现实展现为持存物。但问题是如果人不是无蔽状态的原因，那么"座架"究竟来自何处呢？海德格尔说就是存在本身，它以座架的形式显现自身。在他看来，"座架"是一种"命运"（Ge－Schick）。"Ge－Schick"来自意为"遣送"的德语词"schick"，因此是一个遣送的集体名词，意思是说指点人走上特定展现方式之路。这种聚集的遣送当然也是赋予或赠与人的命运，是无蔽状态在人力之外的控制方式。现代技术的展现方式具有强使和挑战特征，这一特征不过是存在之命运的结果罢了。

在海德格尔看来，古希腊人的"技艺"或"实践"也是一种"Geschick"，因为展现的命运总是贯通并支配着人类历史。也就是说，这种规定历史之本质的命运不是人的行为的结果，因为行为总是发生在存在的意义背景中发生，而存在的意义就是一种没有原因的遣送或命运。同时，每种存在意义，每种无蔽状态，其内部均包含人类误解无蔽的危险。例如，在中世纪，当人们根据因果关系描述一切在场者时，所有存在物的根据都被想象为上帝这一万物的终极原因。在这里因果关系的本质来源，或按照因果关系规定遮蔽和无蔽领域，便被隐藏起来。这种误解的可能性被海德格尔称为"危险"，这种危险同样也存在于现代技术的"座架"中："由于命运一向为人指点一条解蔽的道路，所以人往往走向（即在途中）一种可能性的边缘，即：一味地追逐、推动那种在订造中被解蔽的东西，并且从那里采取一切尺度。由此就锁闭了另一种可能性，即：人更早、更多并且总是更原初地参与到无蔽领域之本质及其无蔽状态那里，以便把他所需要的对于解蔽的归属性经验为他的本质。"（同上：944）但与古希腊和中世纪不同，海德格尔把现代技术"座架"包含的危险称为"最高危险"，这有两方面原因：

（1）"座架"威胁人类自身达到最严峻地步。关于这一点，海德格尔在《论 Physis 的本质和概念》一文就认为，人在现代技术方面取得了主体随意的成功，但同时也表现为主体性本质摧毁的现代性状态："绝对无意义的东西被当做唯一的'意义'（Sinn），而对这种效果的维护就显现为人对地球的'统治'。"（海德格尔，2001 年：298）在这种价值观念下，人便走到"悬崖的最边缘"：把自身并入"座架"成为原材料或持存物。一旦人把自身当做持存物来对待，人便不仅失去了自身的激情，而且也失去向存在或本质生成的发生开放的生存能力。

（2）"座架"消解了其他展现方式的可能性或本质展现。海德格尔认为，所谓本质是指永恒和持久的东西。但就现代性溶解本质来说，人在现代技术展现过程中走到了前台。不是只有自然才展现存在，人也参与其中。在世界塑造过程中，人与存在的共属一处是唯一恒定因素，这一事实意味着现代性毕竟包含多重展现方式，除了技术展现方式，还包括经验人的本质等。但这里的问题在于，"座架"作为命运指引着技术的展现方式遮蔽了其他展现方式，特别是解蔽了人的本质显现。在这种意义上，"座架"的危险便不仅是存在本身被忽视，而且由于"座架"将每种事物降到人的支配和控制范围，因此有关存在和来自无蔽的涌现过程的思维甚至也不再可能。当人们有意识地以不同的方式呈现现实时，结果总是会发现这不过是对"座架"的力量的再次确认罢了。这样一来，人的目标便是支配甚至控制存在的意义——人与存在物发生关系的根据，从而被纳入到"座架"的权力意志中。古希腊人在实践意义上把技艺的意义看作是一种从遮蔽进入无蔽的带出，但这无疑已成为过去。现在在"座架"中，不是对无蔽的误解，而是不能对无蔽作出思考。因此，"座架之统治地位咄咄逼人，带着一种可能性，即：人类也许已经不得进入一种更为原始的解蔽而逗留，并从而去经验一种更原初的真理的呼声了。"（《海德格尔选集》下，1996 年：946）

然而，正是在这种最高的危险中，海德格尔看到拯救之路。他在这里采取了一种近乎辩证的转向，这就是他声称危险本身隐藏了拯救力量，并引用赫尔德林诗句说："但哪里有危险，哪里也有拯救。"当人类思考危险时，同时也就为自身走出危险开辟道路。只要不把技术仅仅看作是手段适合目的的人工造物总和或人类行为，人类便能思考技术本质，从而使隐藏于"座架"中的无蔽状态再次自我呈现出来。这就是之所以必须把技术本质看作一个动词的原因，即它不在于说技术是什么，而在于说它是如何在场的。现代技术由于以"座架"出现，因此"把人送到那种对解蔽的参与中，而这种参与是解蔽之居有事件（Ereignis）所需要的"（同上：950）。当人对技术本质有所思考时，也在思考着自身对展现的参与或享有，人的归属于存在也显露出来了。海德格尔由此认为："说到底，我们至少可以揣度，技术之本质现身在自身中蕴藏着救渡的可能升起。"（同上：950）只是这种升起要通过对本质的追思，为新的命运的"居有事件"发生开辟道路。但这种本质追思不能限于控制技术的意志范围而必须进入别种领域，他为此指出："由于技术之本质并非任何技术因素，所以对技术的根本性沉思和对技术的决定性解析必须在某个领域进行，此领域一方面于技术之本质有亲缘关系，另一方面却又与技术之本质有根本的不同。"（同上：954）在海德格尔看来，该领域就是艺术，而艺术被认为是一种技艺。对于古希腊人来说，技艺包括艺术和技巧，因此艺术便被看作是一种带出而不是挑战或强使。艺术品是一种不属于持存物的人工产品，它避开其在场而进入存在中。

海德格尔在 1955 年一篇纪念讲话中，再次提出追思技术本质问题。

他为使救渡成为可能，把这种追思同针对技术人工造物采取的特殊态度和行为这种态度和行为"Gelassenheit"（泰然任之）联系起来。海德格尔注意到现代技术发展的势不可当及其冲击："在此在（Dasein）的一切领域，为技术设备和自动装置所迫，人的位置越来越狭窄。以任何一种形态出现的技术设备装置每时每地都在给人施加压力，种种强力束缚、困扰着人们——这些力量早就超过人的意志和决断能力，因为它们并非由人作成的。"（同上：1237）这里是说技术的力量已经超越人的控制力量，因为它最终取决于现实之于人的显现方式——几个世纪以来形成的机械论哲学思维："世界就像一个对象一般显现出来，计算性思维对此发起进攻，似乎不再有什么东西能够抵挡它们。自然变成唯一而又巨大的加油站，变成现代技术与工业的能源。"（同上：1236）但海德格尔同时又指出，技术世界的装置、设备和机械对所有人都是不可缺少的，盲目抵制或使技术世界妖魔化无疑是愚蠢的和缺乏远见的行为。人类于是似乎陷入困境：一方面技术剥夺了人同现实或存在物的关系，但另一方面又无法脱离技术的广泛使用。为解决这一困境，海德格尔提出了"Gelassenheit"这一概念，意指人在开放对技术依赖的同时不致受其奴役：

> 我们可以利用技术对象，却在所有切合实际的利用的同时，保留自身独立于技术对象的位置，我们时刻可以摆脱它们。我们可以实在使用中这样对待技术对象，就像它们必须被如此对待那样。我们同时也可以让这些对象栖息于自身，作为某种无关乎我们的内心和本真的东西。我们可以对技术对象的必要利用说"是"；我们同时也可以说"不"，因为我们拒斥其对我们的独断的要求，以及对我们的生命本质的压迫、扰乱和荒芜。（同上：1239）

这种对技术世界既给予肯定又给予否定，就是海德格尔所谓"对于物的泰然任之"（die Gelassenheit zu den Dingen）这样一种关系或态度。这种态度是一种对技术世界的本质追思，它强调的是在追思中展现隐藏在物中的本质意义。因为如果采取这种态度，"我们不再仅仅在技术上来看物"，并发现"对机器的制造和利用虽然向我们要求另一种对物的关系，但这却不是无意义的"（同上：1239）。所以任技术所是与保持与技术分离的结合能够创造足够的空间，使人置于显现技术世界之意义领域中。在海德格尔看来，我们并不完全知道这种意义究竟为何，但由于它是一种自我显示和自我隐匿的神秘东西，因此对技术世界的意义隐含应该采取这样一种开放态度，可以称为"对于神秘的虚怀敞开"（die Offenheit für das Geheimnis）。对于物的泰然任之与对于神秘的虚怀敞开可以说共属一体，它们以新的根基和前景，使人"以一种完全不同的方式逗留于世界"成为可能，使人既依赖技术世界又不受其危害而得以安身立命。

可以看到，海德格尔这篇纪念讲话较之《技术的追问》，更为具体地讨论人栖居世界的不同于技术的另类途径。在《技术的追问》中，他只是希望实际地经验一种新的展现方式，以便开辟通往存在之路，但他现在却具体谈到"一个新的基础和根基"。这听起来好像是一种新式的乡愁病态，但这显然是一种误解。也许海德格尔会关心人对自己的祖国的眷恋，但他讨论的基本问题在于人类与其日常环境的关系。在他看来，显现世界的技术方式使人失去在世界中的"家园"，人们每时每刻为广播电视所迷惑，经常被电影带到一种想象环境。他概括地说："现代技术的通讯工具时刻挑动着人，搅扰和折腾着人——所有这一切对于今天的人已经太贴近了，比农宅四周的自家田地，比大地上面的天空更亲近，比昼与夜的时间运转，比乡村的风俗习惯，比家乡世俗的古老传说更熟悉。"（同上：1235）对于物的泰然任之与对神秘的虚怀敞开就是要颠倒这种发展态势，推动人类"通往一个新的基础和根基，在这个根基上，永恒作品的创作或许就会扎下新的根"（同上：1242）。一言以蔽之，人类因技术而异化于其世界，对于技术的新的泰然任之就在于要开发出新的"家园"。

无论如何，海德格尔通过解读古希腊思想，特别是亚里士多德哲学概念，运用"展现"、"挑战"、"订造"、"持存"、"座架"、"遣送"或"命运"等抽象概念，对现代技术本质的形而上学追问，借助"对物的泰然任之"和"对神秘的虚怀敞开"的拯救或救渡之路，回到人工造物上来，或者进入了新的具体技术实践中。正如前面表明，海德格尔在讨论技术问题时涉及到"本体论性技术"和"本体性技术"两个层面。他在追问现代技术本质时主要限于本体论层面，其技术哲学是对技术的一种本体论解释。芬伯格正是由此认为海德格尔的技术哲学太过于"抽象"和"单调"，以致脱离具体的"技术实践"，很少为可选择的技术实践发展留有余地（Feenber，2004）。但委贝克指出，芬伯格其实忽视了这样一点，那就是海德格尔曾声称技术的本质本身并不是技术因素。当芬伯格热情地倡导发展一种新的技术实践时，海德格尔可能会认为这恰恰是权力意志的另一种表达或是一种更为精致的"座架"："海德格尔不需要一个可选择的技术实践，因为他的思想不是在本体水平（存在物水平）上，而是在本体论水平（存在水平）上。"（Verbeek，2005：61）但仅仅在本体论水平上来评价海德格尔的技术哲学并不全面，海德格尔的实际论述表明，他对技术的本体论解释并没有脱离具体的"本体性技术"实践。海德格尔在讨论到现代技术作为一种强使、挑战或逼促时，就举了水力发电厂这一例证：

> 水力发电厂被摆置到莱茵河上，它为着河流的水压而摆置河流，河流的水压摆置涡轮机而使之转动，涡轮机的转动推动一些机器，这些机器的驱动装置制造出电流，而输电的远距供电厂及其电网就是为这种电流而被订造的。在上面这些交织在一起的电能之订造顺序的领域中，莱茵河也表现为某种被订造的东西了。水力发电厂被建造在莱茵河上，并不像一座几百年来连系两岸的古老木桥。毋宁说，河流进入发电厂而被割断（verbauen）。它是它现在作为河流所是的东西，即水压供应者，来自发电厂的本质。……但人们会反驳说，莱茵河终归还是一条河嘛。也许是罢。但又是如何的呢？无非是休假工业已经订造出来的某个旅游团的可预定的参观对象。（《海德格尔选集》下，1996年：934）

海德格尔这一例证表明，不是发电厂建造使莱茵河变成持存物，而是莱茵河被解蔽为持存物使发电厂建在自身之上。对于旅游业，同样也是如此。莱茵河除了持存物之外不能呈现为其他任何东西，"座架"作为具有统治地位的无蔽状态只能允许有一种展现物方式，因此莱茵河具有持存物的特征不是由于实际的技术使其得以呈现为持存物。水力发电厂与莱茵河事实上是一种对立关系，只是由于河流如同其他现实或存在物一样本身显现为持存物，才能建造或设计发电厂和旅游业之类的东西。

以上作为追问现代技术本质的一个例证，显然可以归结到更为一般的机械技术领域。海德格尔在《世界图像的时代》这一演讲中说："机械技术始终是现代技术之本质的迄今为止最为显眼的后代余孽，而现代技术之本质是与现代形而上学之本质相同一的。"（同上：885）这意味着"本体论性技术"（技术展现）与"本体性技术"（具体技术）是一种条件关系：

如果在本体论意义上说现代性属于技术范畴那是因为它是机械技术，如果在本体意义上说现代性属于机械技术范畴那是因为它属于技术范畴。索保尔德（Seubold）正是由此断言，海德格尔的技术哲学包含了如下"本体论性技术"与"本体性技术"之良好关系：技术的装备、设备、机械或机器"仅当技术的展现方式已经被预置才能获得制造"，因为技术本质具有"计算每个事物和探求万物原因和根据，从而强迫自然按照原因和机制显现自身"这样一个特征，"如果自然尚未显现为一种因果关系之网就决不能发明出机器"（Seubold，1986：195～196）。在这里"本体性技术"并不是所有人工造物的简单结合，而是反映了"本体论性技术"的"座架"特征：人类对物的技术力量表现在手段、工具和机械中，这些人工造物虽然不是技术本质，但它们却要参照或依赖展示、强使、摆置和座架的本体论发生，当然在拯救之路上也要参照人对物的泰然任之与对神秘的虚怀敞开。

4.4　有为与无为：中国传统与技术整体论

在海德格尔看来，现代技术时代的重要问题是以"忘在"为特征的本质关系匮乏。他为了克服这种"忘在"或者克服现代技术的最大危险，进入到具体技术实践建构，并以前现代或传统技艺为参照。正如前面表明，海德格尔从古希腊技艺辨别出技艺包括技能或技巧和艺术两个方面，这两个方面虽然都是带出或展现方式，但其本质有所不同：艺术是从其内在意义上对世界的呈现或聚集，技巧或技能则是通过改变世界形式来展现世界。手工艺或制造作为技能或技巧乃是现代技术前身，现代技术正是从手工艺的带出或展现方式发展成为规模强大的强使或挑战。也就是说，海德格尔借助从手工工具或器具到工业机械的功能化分析，从古希腊思想中寻找到了现代技术的形而上学根源，同时也借助从本体论的技术本质追问与本体的技术实践描述结合，试图以返回技艺的艺术本性——泰然任之和虚怀敞开作为克服现代技术危险的拯救之路。但对于这种诉求，海德格尔并不能单纯依靠古希腊思想这一文化资源，他也诉诸中国古代思想传统加以沉思。

海德格尔认为，现代技术按照其挑战和座架的本质使欧洲人的思想和精神在现实中取得圆满，这就是现代科学作为"现实之物的理论"成为今日世界主宰。在《科学与沉思》（1953 年）中，他针对现代科学知识对世界的主宰和现代技术对世界造成的沉沦，强调要对"现存之物"（技术人工造物）进行反思。这种反思一方面可以回溯到早期希腊思想中寻求与早期希腊思想家的对话，另一方面越过西方寻求与东方思想包括道家的对话，以求获取更为丰富的存在经验。在这两种对话中，"只有通过与希腊思者及其语言的对话才能根植于我们历史性此在的基础之中"，但与早期希腊思想家及其语言的对话"始终是那个不可避免的与东亚世界之对话的先决条件"（《海德格尔选集》下，1996 年：957）。在 1968 年为其讲演《追问思的事情的天命》日译本所作的序中，海德格尔进一步表明有关在技术哲学方面的东西哲学对话的原因所在："通过对澄明的思和恰当的描述，我们跨入了一个使转变了的欧洲思维与东亚'思想'进行富有成果的联姻成为可能的领域。这一联姻有助于将人类的本质特性从因技术的统治而极度萎缩的威胁中拯救出来，有助于人的此在的解放。"（Macann，1992：399）这种对话对于欧洲语言和东亚语言无疑是平等的，但这两种语言毕竟还没有以对话为基础相互开放给对方。因此海德格尔在日本东京帝国大学的手冢富雄的对话（1953/1954 年）中，认识到"欧洲人也许就栖居在与东亚人完全不同的一个家中"，并声称说"我还没有看出，我力图思之为语言的本质的那个东西，是否也适合于东亚语言的本质；我也还没有看出，最终（这最终同时也是开端），运思经验是否能够获得语言的某个本质，这个本质将保证欧洲—西方的道说（Sagen）与东亚的道说以某种方式进入对话中，而那源出于唯一的源泉的东西就在这种对话中歌唱"（《海德格尔选集》下，1996 年：1009，1012）。海德格尔沿着这种质疑，甚至在 1966 年与《明镜》杂志记者的谈话中指出："我深信，现代技术世界是在世界上什么地方出现的，一种转变也只能从这个地方准备出来。我深信，这个转变不能通过接受禅宗佛教或其他东方世界观来发生。思想的转变需要求助于欧洲传统及其革新。思想只有通过具有同一渊源和使命的思想来改变。"（同上：1313）对于按照这段报道认为晚年海德格尔已失去与中国传统思想的对话兴趣的这一通常看法，我国学者张祥龙表示不能接受（张祥龙，1996 年：413），因为：海德格尔强调思想转变的"同一渊源"其实只是说明了包括他自身在内的西方思想家并不真正通晓东方语言，并不排除与异源思想进行对话的必要性，尤其是"求助于欧洲传统及其革新"反而更加需要与东方思想对话；在各种东方思想中，海德格尔仅仅公开讨论过中国道家思想，而他在表示现代技术世界转变不能通过接受"东方世界观"来发生时，却特别点出了"禅宗佛教"，没有提及道家思想，这种"讳言"不能说没有一定意味；在同一谈话中，海德格尔在否认美国实用主义对技术世界转变的意义之后，接着就说"是不是有朝一日一种'思想'的一些古老传统将在俄国和中国醒来，帮助人能够对技术世界有一种自由的关系呢？"（《海德格尔选集》下，1996 年：1312）因此即使海德格尔在晚年出于"语言"的障碍对与东方思想进行对话产生的疑虑进一步加深，但他在其《关于人道主义的书信》（1947 年）中毕竟把语言看作是"存在之家"，因此还是特别进入了与中国道家思想的对话中，以便完成如下思想任务："在它的限度内帮助人们与技术的本质建立一种充分的关系"（同上：1311～1312）。

至迟自 20 世纪 20 年代后期开始，海德格尔就对中国道家思想产生了极大兴趣。早在 1930 年，海德格尔就能随机地引用《庄子》来说明自己的观点①。但由于阅读道家著作一般是先《老子》后《庄子》，以及由于海德格尔的治学严谨，所以我国学者张祥龙推断说："海德格尔起码在1930 年之前的一段时间内，就认真阅读过《庄子》、《老子》，并与之产生了思想上的共鸣和交流。"（张祥龙，1996 年：16）直到 1946 年，海德格尔与萧师毅合作翻译《老子》或《道德经》。尽管这次翻译并未最终完成，但却深远地影响了海德格尔，并强化了他与道家思想的深刻关系。可以说，海德格尔在有关现代技术和人工造物的各种讨论中，总是伴随着道家思想的影响和视角。

在中国古代思想传统中，老子和庄子的道家思想较之儒家更多地涉及到技器道问题；在当代西方哲学中，海德格尔的现象学思想特点则表现为对现代技术的严肃关注。从比较技术哲学角度，海德格尔与中国道家思想是否存在着某种可比较之处呢？为回答这一问题，常翼秋将海德格尔与庄子作了比较："海德格尔在指出技术的本质是'Ge–Stell'时，实际上揭示出现代人为技术所支配。相当有趣的是，庄子也表明了类似的悖论：'泽雉十步一啄，百步一饮，不蕲畜乎樊中。神虽王，不善也。'（《庄子》

---

①　1930 年 10 月 19 日，海德格尔在凯尔纳家中举行学术讨论会。当讨论涉及"一个人是否能够将自己置于另一个人的地位上去"时，他向房子主人索取了德文版的《庄子》，读了其中"秋水第十七"末尾的"庄子与惠施濠上观鱼"一段，以说明真理的本质问题。

第 3 章）事实上，'Ge - Stell'英译为'enframing'（座架），其意与'筑樊'非常一致。'座架'与'筑樊'，两者均是为了增加安全感。但在本质上，它们都为人带上了枷锁。"（Wing - Cheuk Chan, 2003:9）从这种比较看出，海德格尔和庄子面对着同样的问题，这就是枷锁和解放的普遍问题。正如前面表明，为了挣脱现代技术的枷锁，海德格尔把艺术作为一种拯救力量。常翼秋由此发现中国道家思想对海德格尔的另一影响："海德格尔认为艺术是克服技术的拯救力量，这一论题本身具有革命性，但从道家立场来看，人们可以说这根本就是庄子艺术理论的一种现代应用。"（ibid:10）《庄子》中"梓庆削木为锯"寓言说明"以天合天"的艺术创作原则，有关这一寓言在第 2 章已经获得详细引证，这里不再赘述，只是引用《庄子》的其他文本对这一原则作进一步说明：一是"牛马四足，是谓天；落马首，穿牛鼻，是谓人"（《庄子》第 17 章），"夫天地至神矣"（《庄子》第 13 章），"请尝试言之：天无为以之清，地无为以之宁"（《庄子》第 18 章），这些文本集中于天的"本质"，说明"天"代表着自主生成或自动涌现过程；二是"神而不可不为者，天也"，"无为而尊者，天道也"（《庄子》第 11 章），"真者，所以受于天也，自然不可易也"（《庄子》第 31 章），"是之谓不以心捐道，不以人助天，是之谓真人"（《庄子》第 6 章），这些文本则按照"顺应自然"澄清了"以天合天"的基本含义。从这里可以看出，诸如梓庆削木为锯这类人工造物活动并不是简单的技术制作，它们作为"艺术品"似乎非人所造，而只是"以天地为大炉，以造化为大冶"（《庄子》第 6 章）的自我创造。这里如果将"天"与"存在"作比对，海德格尔与庄子享有类似的见解，这就是庄子所说的"古之明大道者，先明天"（《庄子》第 13 章）。事实上，海德格尔在 1940 年不莱梅的研讨班演讲所列的材料中，就包含了梓庆削木为锯的寓言。常翼秋为了证明庄子对海德格尔思考现代技术本质的深刻影响，还特别引用了海德格尔《传统语言与技术语言》这一演说手稿中的如下段落：

　　　　著名美国社会学家莱斯曼在其著作《孤独的大众》中声言：在现代社会中，为其生存起见，优先考虑的是消费的潜力，而非获得原材料和劳动力的潜力。但这种需求要按照所谓直接有用的东西来决定，可如果以有用的东西为支配前提，那么无用的东西应该和能够何去何从呢？这里的无用——不能直接地和在实践上使其进入制作——就是诸物的意义。因此尽管为此进行的反思确实不能使任何在实践上有用的东西泰然任之，但诸物的意义仍然是最紧要思考的。因为如果缺乏此种意义，有用的东西也会缺乏意义，甚至因此毫无用处。先不忙讨论和回答这个问题本身，还是让我们聆听一下老子的学生庄子这位中国古代思想家的一段文本：

无用之树

惠子谓庄子曰："吾有大树，人谓之樗。其大本臃肿而不中绳墨，其小枝卷曲而不中规矩。立之途，匠者不顾。今子之言，大而无用，众所同去也。"庄子曰："子独不见狸狌乎？卑身而伏，以候敖者；东西跳梁，不避高下；中于机辟，死于罔罟。今夫斄牛，其大若垂天之云。此能为大矣，而不能执鼠。今子有大树，患其无用，何不树之于无何有之乡，广莫之野，彷徨乎无为其侧，逍遥乎寝卧其下。不夭斤斧，物无害者，无所可用，安所困苦哉！"

在《南华真经》（即《庄子》）一书中另一地方，还有两段类似的略有变化的文本。它们包含的是这样一种见解："有关无用的东西，人不必忧之。"基于其无用的力量，不受侵犯的和持久的东西可使其居留。因此以有用的东西来衡量无用的东西是错误的，无用的东西由于从其自身无所制作他物而自有其伟大之处和决定力量。正是以这种方式，无用成为诸物的意义。（Wing – Cheuk Chan,2003：13）①

显然海德格尔为了克服技术工具论观点，大大地发挥了庄子的"无用即有用"的道家思想。正是庄子的这一见解使海德格尔断言："无用的东西，却恰恰拥有真正的威力。"（转引自张祥龙，1996 年：10）但无用的意义显然来自有用的意义统治促逼，因为正如海德格尔认为的"一种意义统治着所有的技术过程，这种非人所发现并造出的意义要求着人的有为与无为"（《海德格尔选集》下，1996 年：1240）。

现代技术作为"座架"必然引起对人的"危险"或导致人的"无根"，但正如赫尔德林向人们表明"但哪里有危险，哪里也有拯救"。应该

---

①　这段长引文也可以参见张祥龙的译文（张祥龙，1996 年：447～449）。在这段引文中，海德格尔所引的那段庄子惠施对话来自《庄子》第 1 章 "逍遥游" 最末一段，他提到的另外两段话则来自《庄子》第 4 章 "人间世" 篇。他在《传统语言与技术语言》中如此大篇幅地引用《庄子》，无非是想唤醒人们对 "无用" 的意义的特别关注。

看到，海德格尔在引用赫尔德林的这一诗句时，同时也受到了老子的思想影响。老子说，"祸兮，福之所倚；福兮，祸之所伏"（《道德经》第58章），以及"道者，万物之奥"（《道德经》第62章），因此"反者道之动"（《道德经》第40章）。这些文本与赫尔德林的"但哪里有危险，哪里也有拯救"如出一辙，因此直接影响到海德格尔转向"泰然任之"和"虚怀敞开"等无为思想诉求。对于这一诉求，海德格尔在《走向对泰然任之的解释：乡间小路上的对话》（1944年）中，通过其不同对话人发表了自己的见解：

　　研究者：您不带情感地谈论任其自然这个事，所以给人的印象是出自某种消极或被动。但我想我能正确地说，任物自然消长绝不是一件无关紧要的事情。

　　学者：较之世间一切事业和人间一切阴谋，在泰然任之中被遮蔽也许算是更高的行为（Tun）。

　　教师：……但这种更高行为就是无为。

　　研究者：所以泰然任之……是超乎积极与消极之分的东西。（转引自 Parkes，2003：28）

　　一旦在中国道家思想影响下涉及无为思想，海德格尔便要从对现代技术本质的本体论追问转向对传统人工造物的本体性技术描述，而这种描述直接求助于他的"四方域"（Geviert）概念。海德格尔1949~1951年提出"四方域"概念时，无疑可以追溯到《道德经》中的"四大"概念。老子最初说，"道大，天大，地大，王亦大"（《道德经》第25章），这就是所谓"四大"，是指"道"、"天"、"地"和"王"。海德格尔的"四方域"概念只是用"神"代替"道"，用"人"代替"王"，形成"天—地—神—人"。这种替代包含两层意思：一是人代表了"向死"的向度或终有一死，只有人向死，动物只是消亡；二是就道使自然成其为规范或规则来说，它可以被看作是四种因素的相互作用，显现出神与一切在场者之同在，因为神性暗示无限。海德格尔显然提出了一种较之老子"四大"概念更为精致的"四方域"理论，这一点可以从如下两个方面加以看待：

　　（1）"四方域"的"映射游戏"或"镜像游戏"。"大地和天空、诸神和终有一死者，这四方从自身而来统一起来，出于统一的四重整体的纯一性而共属一体。四方中的每一方都以它自己的方式映射着其余三方的现身本质。同时，每一方又都以它自己的方式映射自身，进入它在四方的纯一性之内的本己之中。"（《海德格尔选集》下，1996年：1179~1180）海德格尔把"四方"之间纯一或合一关系称为"镜像游戏"，并借助物化来加以理解：一是"四方"在被映射、照亮或物化之际，它们均居有自身的本质并进入一种相互转让中，这种相互转让使每一方都开放给自身，并维系本质性相互并存或进入某种自由域，在这种自由域中四方之间相互信赖，每一方都在转让之中"为进入某个本己而失去本己"；二是"四方域"的"镜像游戏"也可以称为"世界"或"世界之世界化"，这种世界化以柔和的、柔顺的、柔韧的、顺从的、轻巧的"居有之圆舞"（der Reigen des Ereignens）表现出来。"四方域"的四方整体是"四化"（Vierung），而"四化"作为"世界之世界化"是一种使四方聚集和统一在一起的"圆环之环化"（das Gering），世界自"圆环之环化的映射游戏而来，物之物化得以发生"，形成"物物化世界"或"物居留四重整体"（同上：1181）。这种论证如同老子的"天道员员，各复其堇"（《老子·楚简·甲》）或"夫物芸芸，各复归其根"（《道德经》第16章），其意正是海德格尔认为的"四方域"之"镜像游戏"在环化依偎中的世界嵌合。

（2）人作为"终有一死者"的"诗一般的栖居"。老子曾说"域中有四大，而王居其一焉"（《道德经》第25章），与此相应海德格尔强调只有作为终有一死者的人才"栖居着通达作为世界的世界"（《海德格尔选集》下，1996年：1183）。这里将人看作是"终有一死者"固然受到了诗人赫尔德林的强烈影响，但这一概念显然较之他在以前使用的"此在"概念具有更为丰富的内涵。海德格尔使用这一概念不仅要思考人在"四方域"中的地位和关系，更重要的是要思考人类的生存命运。相对于作为"他者"的诸神的无限来说，人作为"终有一死者"说明了整个人类不可逾越的"有限性"或"大限"，因为"只要人在大地上，在天空下，在诸神面前持留，人就不断地赴死"（同上：1193）。但正如王庆节指出，海德格尔的"赴死"问题明显是"在当今时代作为会死者的人类应当如何在大地—天空—诸神—会死者的'四方域'的镜像圆舞中'栖居'的问题"（王庆节，2004年：182）。在海德格尔看来，人类的栖居就是将"四方域"的四方四重性地"看护"（schonen）在其本质存在中：

终有一死者栖居着，因为他们拯救大地……拯救不仅是使某物摆脱危险；拯救的真正意思是把某物释放到它的本己的本质中。拯救大地远非利用大地，甚或耗尽大地。对大地的拯救并不控制大地，并不征服大地……

终有一死者栖居着，因为他们接受天空之为天空。他们一任日月运行，群星游移，一任四季的幸与不幸；他们并不使黑夜变成白昼，使白昼变成忙乱的不安。

终有一死者栖居着，因为他们期待着作为诸神的诸神。他们怀着希望向诸神提出匪夷所思的东西。他们期待着诸神达到的暗示，并没有看错诸神缺失的标志。他们并不为自己制造神祇，并不崇拜偶像。在不妙中他们也还期待着隐匿了的美妙。

终有一死者，因为他们把他们本己的本质——也即他们有能力承受作为死亡的死亡——护送到对这种能力的使用中，借以得一好死。

在拯救大地、接受天空、期待诸神和护送终有一死者的过程中，栖居发生为对四重整体的四重保护。保护意味着：守护四重整体的本质……作为保护的栖居把四重整体保藏在终有一死者所逗留的东西中，即物（Dingen）中。（同上：1193~1194）

这里"栖居"是对"四方域"中的"终有一死者"而言的，"看护"则是针对"四方域"的其他三方而言，两者作为一个整体表明人类生存的有限性总是在其周围的物之物化或物之为物中表现出来。也就是说，"人在四方域中栖居，应当时时牢记和提醒自己，人类无论如何伟大，如何成功，都不能是'无限制的'／'无物性的'（die Unbedingten）狂妄者，而应该是'有物性的'／'受限制的'（die Be－Dingten）"（王庆节，2004年：184）。

海德格尔通过将"镜像游戏"、"圆环"、"栖居"和"看护"等词语引入其"四方域"概念中，进一步发展了老子的"四大"概念。但正如常翼秋认为："如果有人提出这样一个问题：'这种发展如何可能？'那么就会发现海德格尔也深受庄子影响。"（Wing－Cheuk Chan,2003:5~6）庄子的"圣人之心静乎！天地之鉴也，万物之镜也"（《庄子》第13章）非常接近于海德格尔的"镜像游戏"，"明乎物物者之非物也"（《庄子》第11

章）则说明天、地、人和神之间的"镜像游戏"不是物，而是四方中每一方映射自身和其余三方；庄子的"万物皆种也，以不同形相禅，始卒若环，莫得其伦，是谓天均"（《庄子》第27章），说明"四方域"整体作为世界的"映射游戏"是一种"居有之圆舞"，这种圆舞作为映射游戏是"环绕着的圆环"；至于"至人之用心若镜，不将不逆，应而不藏，故能胜物而不伤"（《庄子》第7章），则进一步表明"四方域"中的人的"栖居"和"看护"角色或命运。

海德格尔正是在吸收老庄道家思想而引入的"四方域"语境中，以作为传统人工造物的壶和桥为例来理解物之为物的根本特征：

（1）壶聚集天—地—人—神。在《物》（1950年）中，海德格尔思考的问题是壶呈现为壶的倾注饮品方式，因为正是倾注的饮品栖留着大地，"大地又承受着天空的雨露"，饮品由此才成为"终有一死的人的饮料"和"不朽诸神的祭酒"：

> 倾注之赠品乃是赠品，因为它让大地与天空、诸神与终有一死者栖留。不过栖留（Verweilen）现在不再是某个现成的东西的单纯坚持（Beharren）。栖留有所居有（Verweilen eregnet）。它把四方带入它们的本己要素的光亮之中。从其纯一性中，这四方相互信赖。在这种相互依存中统一起来，这四方乃是无蔽的。倾注之赠品让四方之四重整体的纯一性栖留。但在赠品中壶之为壶成其本质。赠品聚集那属于馈赠的东西：双重的容纳、容纳者、虚空和作为捐赠的倾倒。在赠品中被聚集起来的东西集于自身这样一回事，即在有所居有之际让四重整体栖留。（《海德格尔选集》下，1996年：1174）。

在海德格尔看来，物之为物在于该物呈现世界或"物物化世界"，此一世界按照大地和天空、终有一死者和诸神来加以经验。在这种意义上，物之"物化"变成了一种物之为物的测度。他就此指出："壶是一物，因为它物化。从这种物之物化（Dingen des Dinges）出发，壶这种在场者的在场才首先得以自行发生并且得以自行规定。"（同上：1178）

（2）桥聚集天—地—人—神。在《筑·居·思》（1951年）中，海德格尔更为清晰地把桥看作是以其方式把天、地、人和神聚集于自身的人工造物：

桥"轻松而有力地"飞架于河流之上。它不只是把已经现成的河岸连接起来。在桥的横越中,河岸才作为河岸而出现。桥特别地让河岸相互贯通……桥与河岸一道,总是把一种又一种广阔的后方河岸风景带向河流……桥把大地聚集为河流四周的风景。它因此伴送河流穿过河谷……即使在桥覆盖河流之处,它也堵住了它的冲天水流,因为它这时把水流纳入拱形的桥洞,又从中把水流释放出来。

桥让河流自行其道,同时也为终有一死的人提供了道路,使他们得以往来于两岸……不论终有一死的人是牢记还是遗忘了这种飞架的桥面道路,总是已经在走向最后的桥的途中的他们都在根本上力求超越他们的习惯和不妙的东西,从而把自己带到诸神的美妙面前。作为飞架起来的通道,桥聚集在诸神面前——不论诸神的在场是否得到了专门的思考并且明显地犹如在桥的神圣形象中得到了人们的感谢,也不论诸神的在场是否被伪装了,甚或被拒绝了。 (同上:1195 ~ 1196)

按照这种描述,桥作为物显然是以为四重整体提供一个"场所"(Stätte)的方式聚集着四重整体,但只有桥本身是一个"位置"(Ort)才能为一种场所设置聚集四重整体的空间,因为一个先于桥而存在的地理地点只有通过桥才能出现,即位置从桥本身而来。也就是说,桥提供了容纳天地人神的空间,其中人作为终有一死者根据自身所在位置而经验着这种空间。在这里人与位置的关联而达到人与空间的关联,但这种关联从根本上说仍然居留于"栖居"和"看护"的本质中。

海德格尔对壶和桥的描述,包含了中国道家的"无"的思想。在他看来,不管是壶还是桥其实都是对天地人神的一种容纳,是一种空、虚和无。例如,海德格尔认为"壶是一个作为器皿的物","器皿的物性因素绝不在于它由以构成的材料,而在于有容纳作用的虚空",但"虚空(die Leere)乃是器皿的有容纳作用的东西",也就是说,"壶的虚空,壶的这种无(dieses Nichts),乃是壶作为容纳的器皿之所是" (同上:1168、1169)。这里的问题在于,海德格尔在讨论物的本质时何以能够将壶的虚空同它的"无"联系在一起呢?这只能从海德格尔阅读过的庄子的如下讨论寻找答案:"或之使,莫之为,未免于物而终以为过。或使则实,莫为

则虚。有名有实，是物之居；无名无实，在物之虚。"（《庄子》第25章）
这里表明物之存在即无，因此壶的虚空属于物的在场向度，而壶的"无"
属于物的"带出"向度，即倾注和容纳之类的无蔽状态。正如庄子面对
"四方之内，六合之里，万物之所生恶起"的问题一样，海德格尔也面对
着"物之为物何时以及如何到来"的问题。他们同样把目光投向了物之
"带出"的"无"，这其实也是海德格尔认为的无之为物和世界之世界化不
能通过别的其他任何物来加以解释和测度的原因所在。

　　无论如何，海德格尔通过老庄道家思想呈现世界的物化之物解释明
显表明他晚期思想的不同特点。这种物化之物解释不再如其在《存在与
时间》中试图通过日常生活实践的器具、机械或机器塑造人与其世界的
关系，而是使用"四重整体居留"的"转让"或"发生"来加以描述。
尽管物在实践中仍然占据一定地位，壶之为物在于它被用来"倾注"，
桥之为物在于它被用来"跨越"河流，但物在实践中的积极角色或呈现
世界的能力问题已经消失，取而代之的是一切物均按"四方域"来呈现
世界。人无论是使用桥还是壶，世界均是按照天地人神得到显现。在这
里海德格尔不再对物感兴趣，而是对存在显现自身的方式感兴趣，因为
物之为物只是其自我生成，物的本己不再与特定的物有关。特定物的积
极作用的消失来自这样一个事实：呈现世界的万物不再更多地承受其呈
现方式的印记，而是接受人类那种表象性的、说明性的思维方式。这种
思维方式虽然对存在开放，但仅仅是让物指称自身，即使世界中的任何
物都被带到人的面前，表现为"去远"（distancelessness）的无间距状态
追求，从而对存在本身盲然无知。在海德格尔看来，物为了呈现为物现
在需要人类的一种接受能力，这就是"思念之思"（das andenkende Den-
ken）。这一新的思维方式不仅思考存在物，而且也思考存在物之存在。
它直接针对的现代技术时代对"去远"的思维方式，强调现时代缺乏的
对物的"亲近"或"切近"（Nähe）。

　　海德格尔对壶和桥的物化之物解释同样也不同于他之前对现代技术的
展现方式的本质揭示：在《技术的追问》中，水力发电厂仅仅是把莱茵河
展现为一种水力供应者或持存物，而在《物》和《筑·居·思》中，壶、
桥等人工造物则是按照"四方域"来呈现现实。在这里海德格尔以不同于
"强使"或"挑战"、"座架"或"遣送"这类本质术语的另类方式表达了
现代技术的最大危险，这就是现代人将自身局限于物的现实维度或"去

远"维度，而忽视了物的虚空维度或"切近"维度。结果是，现代人通过将物还原为持存物来操纵物，而忘记了作为存在的"四方域"，忘记了对物的切近。正是因为现代诸如交通（飞机、火车）、通讯（如电影、无线电收音机、互联网络）等技术，物理空间或距离日益缩短，但这种空间压缩并没有导致对物的切近，而是导致缺乏间距的千篇一律。至于原子弹爆炸后形成的喷出物更是以"去远"的方式"足以毁灭掉地球上的一切生命"，它令人惊恐的东西正在于它通过"对距离的克服"，"使一切存在者从它原先的本质脱离出来"，"以万物在场的方式自行显示并且自行遮蔽"，但"存在者的切近却仍然杳无影踪"（《海德格尔选集》下，1996年：1166）。

沿着以上论述路线，可以看到海德格尔的技艺或技术概念实际上被赋予了空间意义。前面已经表明，"技艺"乃是一种与存在、真理、罗格斯相关的展现方式或机制。但海德格尔在早期思想中从时间维度来理解技艺，如存在的时间性状态、有限的存在物等，只是在其晚期思想中讨论语言、艺术、诗和物时，才明显转向使用"四方域"、世界等空间词语来说明技艺的展现方式。在海德格尔早期思想，技艺作为一种使真理形成和出现的展现机制，使真理通过它自身开启的"争斗"和"空隙"（Spielraum）建立自身而出现。该词本来是用来描述与有限的"此在"相关的其他存在物域，但"空隙"在德语中还有"回旋余地"和"游戏空间"之意，与前面提到"四方域"的"镜像游戏"或"圆舞"非常相近，因此该词在海德格尔以后的思想中日益被赋予了"争斗"的"间隙"或"界限"之空间含义。特别是在20世纪30年代以后，海德格尔在描述"此在"构成的"空隙"时，更为频繁地使用的是与此相近的另一个词语，这就是"Riss"，意即"间隙"、"缝隙"、"撕裂"、"草图"等。与该词相关的还有其他许多词语：从词根上有联系的有"reissen"（拉扯、扯破）、"Aufriss"（轮廓、突出的缝隙）、"umreissen"（拆毁、勾描）、"Grundriss"（平面图、基本的纹理）等；从意思相关上有"Fuge"（缝、接缝）、"fuegen"（使接合、使配合）、"Mass"（尺度、适度）、"gestalt"（格式塔构象）、"Gestell"（座架、构架、构设）等。张祥龙正是由此开始进入一种对海德格尔"技艺"概念的中国化理解：

"间隙"这类词代表一种界限，一种像缘在之缘、几象那样能引起两极争斗、缘发构成的界限。通过这种间隙与争斗，隐藏开现为敞亮，敞亮亦保留在隐藏之中。同时，使用"间隙"也是为了表现这争斗的微妙居中，以及它与"（形）象"、"草图"（即画出最基本的界限和缝隙）、"投射"（投影）、"构架"（由缝隙组成的结构）的关联。海德格尔这样说："这争斗不是光秃裂缝的开裂那样的缝隙；它乃是此争斗者相互属于的亲密之处。"可以说，这种缝隙是引发两方（天地、神人、存在与时间）相争相激，脱开现成性，当场缘生出一个意义境域的微妙机制。在这个意义上，"技艺"（technē）这个词也可以被译为"几微"。"几"在古文里除了有"介于无和有之间的发生和预兆机制"的含义之外，还与"机"（天机、机理、机械、机器、机心等等）有词源联系。（张祥龙，1996 年：174）

在这里如果把"技艺"翻译为"几微"，一方面在中文意义上具有以"有"接近"无"的"切近"之意，另一方面在人工造物的生成意义与机理、机械或机器相关，这样便把中国传统的技或艺、器和道联系在一起。张祥龙从与海德格尔思想比较中，表明中国传统技器道思想具有如下三方面整体论意义：

（1）与海德格尔通过解读古希腊思想表明的技艺概念一样，中国传统技器道思想试图使前现代技艺作为一种特定的展现方式仍然保留在"此在"的持续生存空间中。在海德格尔看来，"技艺"作为古希腊词语，其原意涉及古希腊人特有的认知方式，即把非现成的在场者带到无蔽状态中来，这与"罗格斯"、"语言"、"诗"、"艺术"、"形式"都非常相通，都属于无形的"间隙"。中国古代思想家们"虽然没有这么详细自觉地追究'艺'、'几'、'机'的相关词义，但他们在这个问题上的基本识度与海德格尔的'technē'有不谋而合之处"（同上：407）。这里涉及的中国古代思想主要包括：一是《周易》的要旨在于"知几"，"夫《易》，圣人之所以极深而研几也"（《周易外传·系辞上传》），其中"几者，动之微，吉之先见者也"（《周易外传·系辞下传》）。强调"几"作为切近无形象可辨认，对于知几者来说它如同顺乐曲之势而来的音调一样，以一种被遮蔽的方式徐徐出现在在场者的期待视野中，至于"君子见几而作，不俟终日"（《周易外传·系辞下传》）与范蠡的"从时者，犹救火、追亡人"一样，是指及时地以存在境域出发产生真理，所以"知几，其神乎"，就是知几可以前知，而只有知几者才能体会到"阴阳不测"的神圣之意；二是道家创始人老子在谈到人的生存境域时讲的"夷"、"希"、"微"或"无形大象"接近于《周易》的"几"的"动之微"之意，庄子说的"种有几……万物皆出于机，皆入于机"①（《庄子》第 18 章），强调道境本身的构成机制和人出入于道境的途径。当然这种"几"和"机"隐于日常经验世界而被视为"天机"，所以"动吾天机，而不知其所以然"（《庄子》第 17 章），就是人的生活世界处处有天机，道自然也就无所不在；三是作为儒家创始人孔子讨厌任何脱离日常生活体验的形而上学辩论，并不把已知的对象或知识看作个别的在物理时空中指定要发生的事件，而是把"知几"看作人的生存走向或"天命"，所以他只以"六艺"授徒，即引发或指导学生把握将诗、礼、乐等融为一境的当场领会能力以达到"发而皆中节"的中道境界。通过这种考察可知，"技艺和几微对于海德格尔和天道思想家们都意味着人进入道缘发境域的先概念—表象的途径，又同时可理解为境域本身的运作机理：人通过它进入存在境域或天道境域"（张祥龙，1996 年：408）。也就是说，中国古代思想家与海德格尔一样都表明，人通过无法依靠观念表象的技艺活动获得了一种无形而可信的认知态势，从而进入了一个充满了原初意义的空间境域，并在这种境域中维系自足生成的生存状态中。

（2）如果说海德格尔表明现代技术扎根于技艺这一源自人的天性的认知活动而与形而上学的结合，因此是被西方文化控制的当今人类无可避免的历史命运的话，那么中国传统技器道思想也警示人们技艺和天机具有衍生出"技术"、"机制"和"机械"的巨大危险。中国古代思想家们"意识到了'艺'沦为'器'、'几'（天机）硬变为'机械'的危险"（同上：408）。就技艺与器的关系来说，显然存在着某种双重关系：一是器作

---

① 《庄子》第 18 章"至乐"篇末尾这段文字的全文是："种有几，得水则为继，得水土之际则为蛙蠙之衣，生于陵屯则为陵舄，陵舄得郁栖则为乌足，乌足之根为蛴螬，其叶为胡蝶。胡蝶胥也化而为虫，生于灶下，其状若脱，其名为鸲掇。鸲掇千日为鸟，其名为干余骨。干余骨之沫斯弥，斯弥为食醯，颐辂生乎食醯，黄軦生乎九猷；瞀芮生乎腐蠸。羊奚比乎不笋，久竹生青宁，青宁生程，程生马，马生人，人又反入于机。万物皆出于机，皆入于机。"李约瑟曾引用过这段话，认为这里"几"（"胚芽"）是指可想象的最小的有生命的物质单位，它曾出现在《周易》中，其意是指事物微小的胚胎开端，善恶都由此而生，在字源上这个字是从表示两胚胎的图形演变而来。如果在这种意义上理解"几"，那么后面的"万物皆出于机，皆入于机"也是这个意思。当然，庄子在这里更为强调道的无所不在。

为技艺的空间容纳意义，能够确保自身不脱离存在的自我发生的空间境域；二是器作为技艺的空间控制意义，则使其脱落为某种固定的形式或座架。庄子正是在从前者堕落为后者意义上，在讨论"几"、"技"、"艺"和"天机"时，从词源相关方面涉及到"机事"、"机心"和"机械"，以表明天机与机械各自所代表的人生形态的联系与区别："人的生存含有天机，也离不开庖丁、梓庆所怀的那种'以天合天'的技艺；但天机和技艺的纯境域性使得它们并不总是现成可用的、可重复的……为了生存的利益，人该做的就是赋予这种技艺某种相对固定的形式，使之现成化，随时可以使用。"（同上：411）前面常翼秋引用《庄子》第3章"养生主"篇中的"泽雉十步一啄，百步一饮，不蕲畜乎樊中。神虽王，不善也"，恰恰包含了从天机到机事的"座架"形成途径，因为机事是从"王"的动机中产生的，可以被认为是对天机的智巧模仿，它不仅保存了后者中的一切使人存活和满足的现成因素，而且具有持存不变的随时性、普遍性和现成性等特点，从而能够更为有效地和稳定地提供使人满足的"符合真理"。但问题在于这一普遍主义特点必然排斥和遮蔽存在境域本身，使之降低为"偶然性"和"个别性"，同时由于离开这种存在的生存境域，也就失去了自我生成的经验体认，似乎只有追求效率、创新、先进和高级的时间意义，而缺乏家园、终结和至善之满足的空间意义。这种情形越是扩大，便越是千篇一律和缺乏趣味和生动，因此也越是危险。

但是针对儒家思想发展，张祥龙则作了辩证的思考。在技艺与器的关系问题上，孔子与庄子具有相似的认识，他说的"君子不器"（《论语》第2章）显然是指人不要从事脱离存在境域的技艺或制造活动，因为这非常容易堕落为某种固定形式从而成为难于彼此沟通的谋生技巧和技能，被技术"座架"所控制。但孔子并未充分讨论技艺与器的双重关系，由此便引起以后儒家思想围绕这一问题的混乱发展：一是从孟子开始不再如孔子那样"用艺境涵养仁义诚心"，把"艺"看作是雕虫小技和形而下之"器"，把成仁仅仅看作是与"道德行为和修养功夫"相关，却没有看到在孔子那里"器"作为技艺是与道德相对而言的，形而上之"道"（德）与形而下之"器"一样均具有"技艺认知所没有的现成性"，也正因此导致了"格物致知"的模棱两可，"'物'或多的支离散漫，或少的孤零一心"，"'格'或为观念之知，或为道德之'正'"，因此技艺与思维、人的存在本质与道德修养相分离；二是在西方现代机械技术的威逼之下，中国近代思想的"中学为体，西学为用"这一命题中，"体"已无根，"用"中本来包括的体现存在境域的技艺活体也已不在（张祥龙，1996 年：410）。这种认知情形在当代中国应该引起人们的警觉，因为按照现代技术这一"座架"，"西医断定中医为'不科学'，西方哲学贬抑东方思想为'神秘主义'，好莱坞式的娱乐排斥京剧、川剧、河南坠子、河北梆子为'不真实、不刺激'，等等"（同上：409）。对于中国来说，在海德格尔意义上，现代技术的潜在危险所在也许还包括原初的自然生态破坏。

（3）与海德格尔诉诸艺术或艺术品作为拯救之路不同，中国传统技器道思想相信人通过"无为"来保持原初道的纯净自然。中国古代思想家在"器"的空间控制意义上而拒绝器的效用或使用：庄子看到了"机事"和"机械"对人生境域的威胁，"纯白不备……神生不定"，所以强调"非不知（机械之效用），羞而不为也"（《庄子》第 12 章），老子更是自信地说"使有什伯之器而不用……使人复结绳而用之。甘其食，美其服，安其居，乐其俗"（《道德经》第 80 章）。当然，中国古代思想家虽然"绝不愿意让人生的天然视域拘束于一个充满了是非逼索形势的构架之中"，但毕竟没有经历过"概念思维和技术的不可一世"或现代技术这种"独霸人生世界的怪兽，排斥其他的、可能视更微妙的揭蔽（展现）方式"（张祥龙，1996 年：407 ~ 408）。与此不同，海德格尔亲身经历了技术座架的控制力量，因此更加感到走出座架控制的急迫，并希望技术"回复"到希腊思想包含的艺术或诗性向度。他的这一希望无疑也受到了中国道家思想的影响，这可以从他引用老庄原话的两个地方看出。一个地方是前面已提到的海德格尔在《传统语言与技术语言》中讨论的庄子"逍遥游"末端那段文本，说明了"无用"的意义。另一个地方是他在《思的基本原则》（1958 年）中引用的如下文本：

此光明不再是发散于一片赤裸裸的光亮中的光明或澄明："比一千个太阳还亮。"困难的倒是去保持黑暗的清澈；也就是说，去防止那不合时宜的光亮的混入，并且去找到那只与此黑暗相匹配的光明。《老子》讲："那理解光明者将自己藏在他的黑暗之中（知其白，守其黑）。"这句话向我们揭示了这样一个人人都晓得、但鲜能真正理解的真理：有死之人的思想必须让自己没入深深泉源的黑暗中，以便在白天能够看到星星。（转引自张祥龙，1996 年：434 ~ 444）

这里"光明"或"澄明"是指解蔽或无蔽状态，"黑暗"是指遮蔽或有蔽状态。海德格尔认为现代技术作为"座架"意味着单向度解蔽，把无蔽状态的"无用"的"黑暗"展现为有蔽状态的"有用"的"光明"，而不知去保持这种展现的前提或条件，这就是天—地—神—人的"四方域"的恬淡和静谧或"黑暗"。现代技术这种展现方式的极端例证即为原子弹爆炸产生的"比一千个太阳还亮"的"光明"，其结果是使人作为终有一死者暴露于"去远"的"赤裸裸的光亮"中或被强使进入死亡的惊恐中。为了对抗这种强使的"光明"，需要寻找一种"与黑暗相匹配的光明"，这就是老子说的"知其白，守其黑"表明的道路：人作为终有一死者"必须让自身先'没入深深泉源的黑暗中'，取得天然的缘发势态，然后才能与这个已经与自己相缘生的世界发生知识的、实用的、价值的关联"（张祥龙，1996 年：434~435）。如果把"知其白，守其黑"领会为一种人生境界的原道的话，那么张祥龙便借助海德格尔揭示了中国传统技器道思想的整体论建构意义："通过海德格尔这座宏大的、充满了引发'间隙'的思想桥梁，那被人将疲殆了的、甚至宇宙论化了的'阴阳'学说似乎一下子恢复了它原发的纯思想势态，不但可以与西方哲学中的问题产生'意义的粘黏'，而且势必被牵引到构成人类实际生存的历史运作之中。"（同上：434~435）

现在我们已经看到，海德格尔借助古希腊的技艺概念和中国传统技器道思想，明显地将现代技术与前现代技艺对立起来：他对前者采取了一种否定态度，因为现代技术是一种单向度的展现方式，只知通过展现遮蔽状态来开发、利用和消耗无蔽态势；对后者采取一种肯定态度，因为前现代技艺是一种"泰然任之"，即在展现遮蔽状态中注重保持有蔽状态或转化出新的有蔽状态。应该说，海德格尔对于这种怀旧观点在中西思想传统意义上给予了充分论证，但问题在于当他涉及到前现代具体技艺活动或人工造物时并非无懈可击。美国技术哲学家伊德（Don Ihde）认为，海德格尔对前现代技艺和现代技术的现象学描述带有明显的"浪漫主义"色彩：较之现代技术，前现代技艺更为可取（Ihde，1993：106~107）。但如果仔细考察海德格尔的例证，就可以看出他列举的某些前现代技艺显示出了与现代技术一样的控制和统治力量，而某些现代技术则显示出某种程度的"泰然任之"。海德格尔曾在《技术的追问》中比较了水力发电厂和风磨，认为水力发电厂将莱茵河呈现为持存物或"订造"为能量供给者，风车则不能如此来加以展现："风车的翼子的确在风中转动，它们直接地听任风的吹拂。但风车并没有为了储藏能力而开发出气流的能量。"（《海德格尔选集》下，1996 年：933）在伊德看来，如果在这里以水车代替风车，那么情况就大为不同："尽管这种（水力发电厂的）能量生产不同于古老的风车——它只是在有风吹拂时才转动，因此似乎任风自然，但风车在原则上不同于架在水流上的小坝，该小坝能使水车浇灌农夫的麦田。对我来说，举此为'好的'技术例证并不能避免人们把自然看作资源，除非它（风车）缺乏与电网之间的巨型连接。"（Ihde，1993：107）也就是说，水力发电厂与水车没有本质不同，只有程度不同，因为水车同样将河流预置为其水流压力的供给者。伊德还注意到，海德格尔将水力发电厂同古老木桥进行对比：古老木桥是"被建造"在莱茵河上，意为对莱茵河的"尊重"或不是"强迫莱茵河展现自身"，而水力发电厂则是"被摆置"到莱茵河上，意为对莱茵河的水压的"订造"。但问题在于，如果把莱茵河分为两岸看作一种自然天性的话，那么古老木桥连接两岸也可以被看作是莱茵河的强暴或强使。同样的，海德格尔在《艺术作品的本源》中还举了希腊神庙的例子，把它描述为一种景观，它的屹立于岩地上显示出"岩石那种笨拙而无所促迫的承受"，承受风暴的强力和发出璀璨的光芒，以及"使得不可见的大气空间昭然若睹"（《海德格尔选集》上，1996 年：262）。在这里神庙并不是被"订造"的景观，而是一种"泰然任之"或"虚怀敞开"。但伊德认为，如果海德格尔知道古希腊人为了建造巴台农神庙（Parthenon）而砍伐大量树木使雅典卫城后面的阿提卡山峰变得荒秃的话，那么他一定会认为神庙将其周围的树木展示为建筑原材料，并进而呈现出人工造物制造和使用的社会和政治建构本质。

　　海德格尔在描述现代技术和前现代技艺时，均经过精心的经验选择。正如前面表明，海德格尔在描述现代技术的物向度时使用了"持存物"概念（如水力发电厂将莱茵河展示为水力供给者），在描述前现代技艺的物向度（如桥、壶、神庙和祭器等）时则使用了"四方域"概念。伊德于是进一步提出如下问题：现代技术为什么不能按照"四方域"来展现世界？他由此举出一个与海德格尔不同的例证："当你在长岛海峡航行时，可以看到消勒姆（Shoreham）核电厂的超级竖井，它巍巍耸立在地平线上，它的顶上发出绿色光芒。这座竖井屹立在那里，带到在场中来的是，那片沙丘之地同天空相映成趣；它屹立在那里，同样也使大海与海岸线形成明显对比。如果没有消勒姆核电厂这一焦点的在场之物，那么沿着地平线出现的沙丘之地、大海和海岸线便会显得相当平凡无味。"（Ihde，1993：111）也就是说，消勒姆核电厂作为现代技术的产物同样能够聚集天地人神。对于伊德的这一批判，委贝克进一步认为海德格尔实际上是有选择地采取了两种不同方法："在分析传统人工造物时采用了一种非历史方法，至于对现代技术则采取了一种历史方法。"（Verbeek，2005：72）海德格尔一方面在分析水力发电厂时，把与这种技术相关的展现方式看作是存在的历史中的一个偶然阶段，因为水力发电厂把现实展示为持存物是因为无蔽的统治或"座架"的统治；但另一方面又在分析传统人工造物时把与技艺相关的展现方式看作物或对象的内在特征，如桥、壶、水车、风车等作为物按照"四方域"来展现世界，这在任何历史时代都是如此，是"思"的纯粹技艺方式，可以作为拯救之路。也就是说，海德格尔在其技术哲学中对现代技术和前现代技艺采取了双重评判标准。为了克服这一矛盾，必须要从形而上学的技术哲学转向人工造物的技术哲学，这就是不再仅仅把人工造物看作是技术或技艺的条件或还原为"非物的东西"，而是要从形而上的"本体论性技术"回到形而下的"本体性技术"中来，在"物之为物"的意义上思考技术性的人工造物。

德裔美籍技术哲学家鲍格曼（Albert Borgmann）深受海德格尔思想影响，一般被认为是发挥和发展了海德格尔《技术的追问》和《物》中的有关技术哲学思想。但他毕竟不再停留于技术的单向度力量方面，而是关注特定的技术性人工造物，关注的问题从"座架"的还原转向人工造物对人类生活的影响模式，因此实际上发展了一种人工造物的技术哲学。鲍格曼在《技术与当代生活特征》（1984 年）一书中区分出实体主义（如艾吕尔把技术看作是一种有自身逻辑的决定社会和文化的独立力量）、工具主义（如雅斯贝尔斯把技术看作服务于人类目的的中立手段）和多元主义（如拉图尔把技术看作是一种多面系统，其中许多力量影响和决定技术的最终产生和形式结构）三种技术哲学方法。在他看来，前两者存在着某种张力，因为实体主义强调技术自主性，而工具主义否定这种自主性。至于多元主义虽然可以通过多种因素的互动来解释技术的原初创新，但鲍格曼认为无论个别技术多么复杂和多样，都不能忽视在场的技术模式影响。鲍格曼为此试图要发展一种"范式主义"理论来理解技术，认为技术是对人类生活结构的特征化和限制性模式，这种模式"内在于现时代人对待世界的统治方式"（Borgmann，1984：3）。他把这种模式称为"装置范式"（divice paradigm），认为应该按照特定的装备来理解技术，因为"在各种（技术性）装备中，如在电视机、中央供暖厂、汽车等对象中，技术已经变得最为具体而又明显可见，因此各种装备代表了现代技术模式或范式的清晰和可理解案例"（ibid）。在他看来，这一技术范式作为构成世界的基本力量，虽然不过300多年历史，但它却使当代人类生活呈现出不同于以往的诸多新型特征。为了描述这种新型特征，鲍格曼分析了人类同各种技术装备的关系。所谓装备作为实体诉诸"便利性"（如实用、即时、随手、安全和轻便），以实现如培根和笛卡尔所预设的技术承诺（如将人从苦力中解放出来，丰富人类生活等）。例如，在前现代通过火炉或壁炉中的火为房间供暖存在诸多不便，为此才在现时代发展出非常便利的中央供暖系统。在这里壁炉作为制暖之物为中央供暖系统这一装备所取代，中央供暖系统在功能上虽与壁炉相同，但两者毕竟存在着根本差异：壁炉作为物不能分离于其环境或世界，也不能脱离人的参与，而中央供暖系统作为装备则完全可以脱离其环境且无需人的参与。鲍格曼把装备制造出便利的东西称为"商品"，装备之所以具有交付商品的地位是因为它的机械构成或机制。例如，中央供暖系统能将人从房屋供暖麻烦中解放出来，就在于它的如下机械构成：锅炉、管道、散热器和温度调节器等。这种机械构成具有独立的纯粹手段地位——手段独立于目的，从而尽可能使自身脱离其交付的商品。也就是说，所谓技术范式就在于它能够借助经装备交付的商品的便利来取代物的在场，非技术的物与其背景的不可分离由此委身于被遮蔽的机械构成或机制，因此人只能享用商品，而不必亲自参与生产。"装备范式"就这样把物分为商品和机械，前现代的技艺之物所扮演的多重角色现在被还原为能够提供便利的单一商品功能，人与装备的关系因此变成一种"脱参与"（disengagement）的商品消费关系。

按照鲍格曼的装备范式理论，技术最初为了"美好生活"已经发展成为一种"生活风格"，即商品消费。这种生活风格不仅来自装备推动的"脱参与"的世界构造方式，而且源于技术在西方自由民主社会中所起的核心作用。技术通过提供便利的商品使人脱离贫穷并丰富人的生活，但同时也使人远离自然物环境和社会背景。在这种意义上，人不是如海德格尔所说的被技术统治，而是以一种理所当然的人工造物模式卷入技术统治中，进入消费性生存状态，其危险性在于剥夺人的参与物的活动（甚至因为污染无法"切近"纯粹自然）以及与他人交流。与此同时，技术也使自由民主理念（自由、平等和自我实现等）现实化，因为如果人不能拥有相应的实践手段，便不足以在形式上为人提供自由地选择自我实现的平等机会。但鲍格曼认为，技术（如交通、通讯系统甚至经济社会结构等）为人提供的这种"平等机会"或"自我实现"形式远不是中立的，而是积极地干预或限制着人的日常生活经验，甚至破坏人的生活整体。他强调如果需要再次明确地提出"美好生活"问题的话，那么就必须要寻找另类可选择的技术消费方式，即针对装备范式进行一种技术转换或改造。鲍格曼并不打算激进地拒绝技术，使技术"锁闭于诸多限制中"，而是要使它处于"与中心的关联中"，这一中心由所谓"焦点物与实践"（focal things and practices）来提供（ibid：168）。在他看来，"焦点物"是能够聚集人的参与的那些事物（如桥、壶、神庙等），以"令人肃然起敬的威仪、与世界相联结以及其中心作用的力量"，"自然而然地吸引我们身心关注，并且占据我们生活的中心地位"（鲍格曼，2003 年：143）。"焦点物"能够推动以参与为特征的对待世界的态度或方式——"焦点实践"，使人在特定实践中自然地呈现物对人的价值和意义，如跑步和餐桌文化等。鲍格曼认为，技术转换将为这种"焦点物"和"焦点实践"保留一定空间，通过平衡焦点实践与装备方式，以确保现代技术与焦点物紧密联系在一起。这就是说，限制"超现实商品无限增加"，以使"技术性机器"同"技术性商品"一样"与富有表达力的现实"相容（同上）。

　　鲍格曼的"焦点物"和"焦点实践"概念，无疑发展了海德格尔以"四方域"描述的物之为物（如桥、壶、神庙等），但与海德格尔的描述有两方面不同：一是海德格尔对前现代技艺或人工造物所做的是一种选择性描述，有很大局限性，要求已经享受到现代技术带来的商品便利的人们回到那种被选择的传统中是不现实的，而鲍格曼认为任何传统人工造物均因现代技术背景而凸显出其"焦点物"的新奇意义，因此传统是可以与现代相比较而发挥作用的；二是海德格尔虽然以"四方域"描述了桥和壶的诗性，也为作为"终有一死者"的人留有位置，但他的描述仍然是"去背景"的"抽象"，而鲍格曼则认为物之为物或"焦点物"只有在社会和政治的"人类实践中才能得以繁荣起来"（Borgmann，1984：200）。鲍格曼据此倡导的技术转换方案，实际上是一种现代技术与传统技艺并重的双元经济部门。但芬伯格指出这种建议"不加批判地接受了占主导的技术范式",问题在于"现代工业技术在概念和细节上"并不是"完美的",甚至可以说是"人类和环境的灾难"(Feenberg, 1991:9)。因为现代技术不仅把物分为机械与商品,而且也使"非便利的废弃物"大量增长起来。这种废弃物既来自"脱参与"的技术性生产,也来自"脱参与"的商品消费,因为当任何机械和商品在其"便利"耗尽之后就全部进入非便利的废弃物行列,目前任何环境危机均来自这种废弃物的飞速增长。但是如果接受芬伯格的这种批评,仍然可以如委贝克那样通过"焦点物"和"焦点实践"的聚集参与概念,看到"人工造物在人与世界的关系中所起的中介作用"(Verbeek, 2005:203)。在这种意义上讲,技术人工造物固然割断了人经验世界的某些可能性,但同时也为人经验世界提供新的可能性。因此只要对技术按照特定的本土文化特征加以转换,在整体论意义上将原先从技术中抽离掉的社会和道德因素以新的价值形式(如可持续生态价值、人文价值等)赋予技术,以将技术产生的非便利性影响限制在最小范围,那么技术性人工造物就能够在人的行为与直观感觉之间搭起一座桥梁,以人在世界中显现和世界向人呈现的方式整体地塑造人与世界之关系,从而实现一种新型的自由和富裕的技术承诺。

以上人工造物的技术哲学发展,把人们带到了西方技术发展的现实背景中。无论是海德格尔通过中国老庄道家思想对传统技艺采取的怀旧情绪,还是鲍格曼基于对这种怀旧情绪提出的学术疑问而在人工造物技术哲学框架下设计的技术转换方案,都不可能离开现代技术发展的西方背景。这种西方背景对于当代中国来说,如果"不采用机械或更高技术",就要么"被屠灭,或被欺负得走投无路",要么只能"在技术之路上奋起直追"(张祥龙,1996年:412)。在这种背景下,中国传统技器道思想的整体论意义被遮蔽在现代主义机械论的甚器尘上之中,甚至丧失发言权。也正是在这种背景下,海德格尔相信"只有在现代技术世界发源之处,我们才能为技术世界的转向做好准备",并坚持认为"思想的转向"作为技术世界转向的前提"只能通过同源同种的思想","需要欧洲传统的帮助和对于这个传统的新的理解"。这里的欧洲传统在很大程度上是指古希腊人的哲学思想,但无法否认的是,中国古代儒道思想"对于技术的看法确实参与过中国文化史境的构成,约束过技术的无限发展",以避免"人的天机益然的原发世界"因其生存的内在逻辑"沦落为机械和机事大行其道的无自身尺度的状态"（同上）。海德格尔正是在老庄批判的"机械"和"机事"与现代机械技术相接近意义上，表明了中国传统技器道思想对现代技术的批判和拯救意义。但不能如海德格尔那样仅仅停留在前现代技艺范围中理解这一意义，因此鲍格曼和委贝克等人实际上在海德格尔的技术哲学基础上对这种整体论意义做了极大发挥，对西方现代技术做了辩证评价。一旦回到对现代技术全面的、整体的辩证评价上来，随着中西文化形象的不断变化，中国传统技器道思想在海德格尔那里开始显示出来的整体论意义也就需要进入其原本产自的中国本土语境中来加以彰显。如果说中国近代以来因西方殖民主义的"强使"或"促逼"而在技术上形成"直追"之势，几乎摒弃了中国传统技器道思想的话，那么现在在出于自愿接受西方现代技术以谋取"民族复兴"之路中解决同时带来的诸多问题，则需要在新的本土历史现实中释放出中国传统技器道思想的当代价值或意义。

第5章 超越现代技术隐喻：儒学复兴 对机械论范式的整体论回应

中国传统技器道思想在中国近现代早期被机械论哲学遮蔽的整体论意义，在当代存在主义哲学大师海德格尔那里得到一定呈现。这种呈现主要还是限于道家思想，较少涉及儒家思想或儒学传统。但儒学传统在中国文化中毕竟处于主流地位，且道家思想也经常是在儒学传统统摄中得到阐发。第2章已经涉及儒家思想，表明技艺或人工造物实际上构成了儒家思想和道家思想的哲学基础；第3章在揭示近现代早期中国传统技器道思想被西方机械论哲学的消解过程时，也包含了儒学传统对这种情形的文化回应。这种回应事实上自那时以来不断以"儒学复兴"的字眼出现在学术界和文化领域中，尤其是进入20世纪中期以来，"儒学复兴"作为世界文化的一种"渐强音"影响着人们对生活世界的现实关系的文化判断。这里关心的主要问题是：这种儒学复兴与技术哲学之间是否存在着某种关联？如果存在这样一种关联，那么在当下中国的技术发展背景中能否捕捉到传统技器道思想的整体论意义？进一步说，中国传统技器道思想能否在当今儒学复兴中成为以本土文化建构技术发展的自主创新文化资源？为了回答这些问题，本章将不再把儒学复兴当做一种"传播抽象儒学（disembodied confucianism）的努力"（德里克，1999年：228），而试图结合前面几章讨论，表明现代新儒家的如下思想线索：从自五四新文化运动以后儒学复兴所经历的若干思想转换是一种对广泛流行的现代化的"机械话语"的学术超越，由此赋予中国技术哲学思想传统中的技器道思想以一种新的整体论面貌，发挥着传统之于现代或后现代的现实意义。

5.1 儒家文化传统复兴与西方机械论批判

正如前面表明，哲学始于人对世界的实践关系，把人看作劳动者或制造者，并以人工造物为隐喻或模型来解释（自然）世界。中国古代哲学先圣们，在"形而上者为之道，形而下者为之器"的命题指引下，要么通过"人工"之"以天合天"悟出"天工"或"天道"，要么以人工造物来隐喻"仁"、"义"和"礼"等。前者是以老庄为代表的道家思想，后者则与从孔子开始一直影响后世的儒家思想直接相关。但不能将儒家与道家思想对立起来，这可借助郭店楚墓竹简《老子》加以说明。《老子甲》第一简说："绝智（知）弃卜（辩），民利百倍。绝考（巧）弃利，盗贼亡又（有）。绝伪弃诈，民复季（孝）慈。"《老子丙》第一、二、三简与现存传世本第十七、十八章相当，但却颇为不同："古（故）大道废，安有仁义。六新（亲）不和，安有孝慈。邦家昏乱，安又（有）正臣。"前一段表明道家反对智、辩、巧、利、伪、诈等，后一段直接涉及到仁义、孝慈和正臣，这两个方面均与儒家思想一致。在这种意义上，道家不仅不否定儒家的仁义道德，而且对儒家思想从反面起到补充作用。可以说，儒家思想以后的发展不断地吸收道家思想，或者说将道家思想包容在自身内部来加以发展。有了这种包容，中国儒学传统在以人工造物为模型构造哲学体系时，遵奉以仁义道德为特征的劳动者为"圣王"，形成了"内圣外王学"的基本思想框架，由此影响至今。

当然儒学作为中国传统主流文化，一般被认为是与西方基督教传统、阿拉伯地区伊斯兰教传统和印度佛教传统相当。但儒学并非宗教，只是说它作为一种源于中国本土生活世界的思想传承其来有自。当代儒学学者们一般将儒学传统发展分为三个时期：一是从先秦到两汉，原创儒学始于曲阜地方文化，在思想交融上吸收此前业已存在的传统文化（主要限于大禹域内的其他流派思想），逐渐成为整个中原文化。孔子作为儒学传统的"大成至圣先师"曾比较过夏商周三代礼制，但最终认同周礼，制作"周礼"的周公也成为其崇拜的"圣王"。对"圣王"崇拜，孔子自己说是"信而好古"（《论语》第7章）。其中孔子对以包含对技艺和人工造物给予各种描述的"六经"（诗、书、礼、乐、易、春秋）为代表的思想文化给予较高评价，而用力最多的当然是《易》和《春秋》，所谓"晚而喜《易》"表明他从早期"人道"传统转向对"天道"的探索。荀子和孟子虽均师承孔子，但他们各有不同。孟子长于诗书，主张"法先王"和"性善论"的心性之学，"言必称尧舜"，开辟了儒家心性思想的发展道路；荀子对先秦儒学以及道、墨、名、法等诸子之学进行批判性综合，长于礼，主张"性恶论"和"法后王",把儒家礼智学说发展到一个新阶段。但不能将孟子与荀子对立起来来看待,两者的不同主张同样具有互相补充的文化吸纳意义。如果说孟子更为强调"内圣"的意义的话,那么荀子则更加强调"外王"的意义。二是从魏晋到宋明,由于印度佛教的广泛传播和道家思想的深刻影响,儒学传统处于低谷,然后重新崛起并最终影响到东亚其他国家(如韩国、越南、日本等)。原创儒学在其后的发展还算比较顺畅,但自汉末以后其地位逐步受到佛教和道教思想的挑战。这种低迷情形一直延续到宋代,儒学传统才得以复兴,此即宋明新儒学。宋明新儒学可以划分为两支:一支是以二程和朱熹为代表的"理学"(又称"道学"),一支是以陆九渊和王阳明为代表的"心学"。周敦颐作为宋明理学开山祖师,在当时儒释道思想鼎立形势下,对《老子》和道家的"无极"、《易传》的"太极"、《中庸》的"诚"以及五行阴阳等思想进行熔铸,提出"无极而太极"的本体论以及"物则不通,神妙万物"和"主静立人极"的伦理观。受周敦颐影响,程颢和程颐吸收佛学思想,提出"理"或"天理"。朱熹作为集大成者继承发展了二程思想,利用北宋张载关于"气"的学说,建立了理学哲学体系:"理"是万物本源,"气"只是构成万物的材料,"未有天地之先,毕竟也只是理",但二者又是同时存在且密不可分,"天下未有无理之气,亦未有无气之理"(《朱子语类》卷1)。陆九渊把儒家思孟学派学说与佛教禅宗思想结合起来,承袭和发挥程颢"天即理"、"天即心"观念,提出了"心即理"命题:"心"是天地万物本源,天地万物是"心"之体现,"四方上下曰宇,往古来今曰宙。宇宙便是吾心,吾心便是宇宙"(《杂说》)。王阳明深受先秦思孟学派和佛教禅宗思想影响,直接继承陆九渊心学,集儒家心性论之大成,将儒家心性学说发展到最高和最后阶段。三是从鸦片战争开始,由于西方文明的巨大冲击,儒学传统再次处于低谷时期,因此直到今天都面临着再次复兴的严峻形势。前面已经表明,宋明新儒学并不把自己看作是汉代儒学的继承者,而是吸纳佛道二家思想文化资源,以直接继承孔孟道统为己任,极力在"内圣"方面发展孔孟心性之学。在西方现代技术的文明影响下,现代新儒家无疑直接承接宋明新儒学,但也诉诸对原创儒学的重新阐释。从鸦片战争到五四新文化运动这段时期的儒学发展前面第3章已经涉及,这里所谓现代新儒家主要是指五四新文化运动之后的儒学进展。

在中国儒学传统发展过程中,相对于第一时期来说,第二时期和第三时期的儒家思想发展均是面对外来文明挑战而崛起，因此都可以称为"儒学复兴"。前者可以称为"宋明儒学复兴"，后者称为"现代儒学复兴"。两者的不同在于：一是宋明儒学复兴被认为是成功的范例，现代儒学复兴则还被认为是一种正在进行时的"努力"，当然前者的成功成为后者成功的信心基础；二是宋明儒学复兴主要面对的是佛教传播中提出的心性层面的"内圣"问题，宋明理学也主要致力于这方面诠释和融通，现代儒学复兴则主要面对的是西方文明吸纳过程提出的技术层面的"外王"问题。相对于印度佛教的影响来说，西方现代技术的文明冲击来得较为急迫且非常广泛，因此现代儒学复兴始终无法绕开技术哲学这一主题而进行。对于第三时期的现代儒学复兴，可以进一步划分为三个阶段：一是相应于五四新文化运动对传统的文化批判，以梁漱溟、熊十力、冯友兰、张君劢、贺麟等为代表；二是从新中国成立到 20 世纪 70 年代末期，以唐君毅、牟宗三、徐复观等为代表；三是 20 世纪 80 年代初期以来，以余英时、杜维明、刘述先、成中英等为代表。这种分期显然包含地理上的分布差异，第一阶段主要限于中国大陆，第二阶段由于大陆政治变革原因儒学传统转向港台地区，第三阶段随着港台地区辐射，逐渐形成了美国华人学者儒学圈，只是这一阶段在中国开放格局中也得到大陆学者呼应。如果撇去不同学者的特定人文关怀、政治理想追求和普遍主义特质，那么立足当代中国的历史方位和现实情形，可以结合如下三个比较技术哲学主题解释现代儒学复兴的思想转换：一是如何从中西文化比较中对西方机械论范式作出批判；二是从中国儒学传统中能否开出与西方相比较的技术发展主题；三是中国儒学传统能否显现出对西方技术发展及其影响的本土文化建构意义。前两个主题虽然形式上有冲突之处，但如果考虑第三个主题，两者实际上在当代中国现实中具有统一之处。以下主要从梁漱溟、冯友兰和熊十力在新中国成立之前的文化或哲学思想出发，转入对第一个主题的分析和讨论。

　　本书第 3 章已经表明，近代以来中国人在追求现代化方面，有着比较中西文化异同的复杂思想情结。李大钊曾对五四时期的有关这种中西文化比较，列举出如下几种对异情形："一为自然的，一为人为的；一为安息的，一为战争的；一为消极的，一为积极的；一为依赖的，一为独立的；一为苟安的，一为突进的；一为因袭的，一为创造的；一为保守的，一为进步的；一为直觉的，一为理智的；一为空想的，一为体验的；一为艺术的，一为科学的；一为精神的，一为物质的；一为灵的，一为肉的；一为

向天的，一为立地的；一为自然支配人间的，一为人间征服自然的。"① 梁
漱溟作为中国儒家文化复兴的最早倡导者，认为这类"自然融洽"（中）
与"征服自然"（西）、"静"（中）与"动"（西）② 或中国缺乏西方科
学与民主的中西文化比较，还停留在表层差异上，提出中西文化的深层
区别在于"意欲"③，因为所谓文化不过是"民族生活的样法"，而生活
则是无法穷尽的"意欲"（will）及其"不断的满足与不满足"（梁漱
溟，1922 年：24）。他为此列举了中西文化各种差异，如"学"（西）
与"术"（中）、"喜新"（西）与"好古"（中）、"法治"（西）与
"人治"（中）、"剖析"（西）与"直观"（中）、"平等"（西）与"尊
卑"（中）、"个体"（西）与"家庭"（中）、"社会公德"（西）与
"伦常私德"（中）等，然后指出所有这些差异从根本上说是作为生活动
力的"精神"或"意欲"差异：

> 我以为人的精神是解决经济现象的，但却非意识能去处置
> 它。……欧洲人精神上有与我们不同的地方，由这个地方既直接的
> 有产生"德谟克拉西"之道，而间接的使经济现象变迁以产生如彼
> 的制度……考究西方文化的人，不要单看那西方文化的征服自然、
> 科学、德谟克拉西的面目，而需着眼在人生态度、生活路向。（同
> 上：57、55、53~54）

正如李泽厚指出，梁漱溟的文化哲学就在于"把文化归因为生活路向
和人生态度，把生活和人生归因为'意欲'的不同精神"（李泽厚，1994
年：280）。在这种哲学意义上，梁漱溟区分出三类文化："意欲向前"的

---

① 这是梁漱溟在 1921 年出版的《东西文化及其哲学》（商务印书馆三版本）一书转引的李
大钊原话，对五四时期的各种中西文化比较作了排列或分类（梁漱溟，1922 年：23）。

② 杜亚泉曾于新文化运动之初，以《东方杂志》为阵地，连续发表文章阐扬中国传统文
化尤其是儒家文化，贬抑西方文化。他在《静的文明与动的文明》（《东方杂志》第 13 卷第 10
号，1916 年 10 月）一文中认为东西文明"乃性质之异，而非程度之差"，其"性质之异"又
可用"静"和"动"来归纳。"自欧战发生以来，西洋诸国，日以其科学所发明之利器，戕杀
其同类"，这种西方文明"酒与肉之毒"只有以"淡泊如水"和"粗粝如蔬"的中国文明加以
"治疗"、"统整"和"统摄"（参见蔡尚思，1982 年：336 页）。

③ 这一概念显然来自叔本华的生命哲学，意指生命的意志，本质上是一种无目的和无止
境的追求，是一种盲目的精神力量。

西方文化（西方人遇到问题着眼于未来改造现实，以满足要求）、"意欲自为调和折中"的中国文化（中国人遇到问题不求解决和改造现实，只求得在现实中自我满足）和"意欲反身向后"的印度文化（印度人遇到问题则是试图从根本上取消这种问题或要求）。为说明这种区分，可举住房为例："在要求住居的意欲要求下，面对环境中倒塌的房子这个障碍，典型的西方式解决矛盾的方法是将旧屋拆除，重建一间新屋，中国人则修茸旧居，而印度人则试图消除居住的需求。"（艾恺，1991 年：163）按照梁漱溟的看法，现在是西方文化占据主流的时代，接着便是中国文化复兴成为世界文化主流的时代，印度文化虽有高明之处，但现在不宜在中国提倡。这种文化区分并不一定符合人类文化史实际情形，如西方文化有"意欲向前"的方面，也有"意欲自为调和折中"的因素（例如，梁漱溟深受影响的叔本华、尼采、伯格森等人的生命哲学就包含这一层面）；中国文化也不只是儒家文化，还有法家思想等；印度文化不仅包括佛教，也还有其他文化因素；人类文化历史更不可能采取从科学到玄学再到宗教，或从理性到直觉再到"现量"的退化路线。但梁漱溟的三文化路向理论，显然有利于他以中国传统的儒家学说对西方机械论作出批判。

在梁漱溟那里，所谓西方文化的"意欲向前"实际上是一种机械论文化隐喻。他虽然并未预见到存在主义的现象学哲学出现，但却能从存在角度上说明生活的意义。他说："要晓得离开生活没有生活者，或说，只有生活没有生活者——生物。再明白地说，只有生活这件事，没有生活这件东西，所谓生物只是生活。宇宙完成于生活之中，托于生活而存者也。"就此还进一步分析指出："当我们作生活的中间，常常分一个目的、手段。譬如避寒避暑、男女之别，这是目的。如是类推，大半皆这样。这是我们生活中的工具——理智——为其分配打量之便利而假为分别的……若处处持这种态度，那么就把时时的生活都化成手段——例如化住房为食息之手段，化食息为生殖之手段——而全一人一生生活都倾歆在外了。不以生活之意味在生活，而把生活算作为别的事而生活了。其实，生活是无所为的，不但全整人生无所为，就是那一时一时的生活也非为别一时生活而生活的。……事事都问一个'为什么'，事事都求其用处……这彻底的理智把直觉、情趣斩杀得干干净净，其实我们生活中处处受直觉的支配，实在说不上来'为什么'的。"（梁漱溟，1922 年：48、133～134）李泽厚解释说，梁漱溟实际上向我们表明，"生活就是此时此刻的自意识的当下存在，它本身即是目的，即是意味，即是人生，而不在于别处"，"生活更重要的是情感、直觉、情趣"（李泽厚，1994 年：281）。与此相比较，把生活化为手段、化为工具性的生活者和理性的存在物，正是西方机械论范式的文化指向：

> 人类头一步问题是求生存，所有衣食住种种物质的需要都是要从自然界取得的，所以这时态度应当是向前要求的，就着前面下手的，对外改造环境的，以力征服障碍的……近世以来，西洋的人生都是力持这态度，从这态度就有他那经济竞争——人与人之间的生存竞争。从这经济竞争结果将得个经济不竞争而安排妥协——人与人没有生存竞争，从这经济不竞争将不复持这态度——这种人生态度将随生存问题以俱逝。当西洋人力持这态度以来，总是改造外面的环境以求满足，求诸外而不求诸内，求诸人而不求诸己，对着自然界就改造自然界，对着社会就改造社会，于是征服了自然，战胜了威权，器物也日新，制度也日新，改造又改造，日新又日新，改造到这社会大改造一步，理想的世界出现，这条路便走到了尽头处！（梁漱溟，1922 年：166~167）

西方人把自然界看作是满足人的各种欲望从而为人所利用和征服的对象，此即所谓"征服自然"。这种态度指导着西方人对世界的整个看法，包括对他人或他国的态度。也就是说，意欲向前实际上包含了两种倾向：对外在世界的理性计算上导致了科学发展、个人私利和权利的倾力追逐导致民主扩展。这两种倾向均源于整体论破裂后的古希腊思想：怀疑主义的诡辩家们将对个人有利作为评价任何行动的唯一标准，苏格拉底将知识与道德对等实际上等于把理智置于首要地位。古希腊以后的西方思想致力于对自然界的理性计算，包括认识论、宇宙论等；西方现代主义文化的各个方面，如竞争经济、政治系统、宗教改造、法律建立、个人权利突出等，也是基于个人私利和理智运用而得到发展。

但是，梁漱溟并未停留于此，而是进一步对西方机械论进行文化批判。他认为，"大约理智是给人作一个计算的工具，而计算实始于为我，所以理智虽然是无私的，静观的，并非坏的，却每随占有冲动而来。因为妨碍情感与连带自私之两点"（同上：128）。他注意到西方人运用理智对待自然和人的态度，一方面发展了改造自然的技术方式，增加了知识和财富，另一方面也使人与人、人与自然分离开来。"人有了'我'，就要为'我'先前要求，要求都是由为'我'而来，一面又认识了眼前的自然界，所谓向前要求就是向着自然界要求种种东西以奉享，这时候他心里方面又是理智的活动，在直觉中'我'与其所处的宇宙自然是浑然不分的，而在这时节被他打成两截，再也合不拢来。"（同上：63）不仅人与自然分割开来，而且人与人也得以分割。"西洋人近世理智的活动太盛太强"，以致"人对人也是划界线而持算账的态度，成了机械的关系"（同上：158）。也就是说，整个世界作为一种机械关系，其结果必然是人情淡漠而苦闷。梁漱溟指出，西方人意欲向前的个人功利算计倾向使：

> 其精神上怎样使人与自然之间、人与人之间生了罅隙而这样走下去，罅裂愈来愈大，很深刻地划离开来。就弄得自然对人像是很冷，而人对自然更是无情。……并且从他们那理智分析的头脑，把宇宙所有纳入他那范畴悉化为物质，看着自然只是一堆很破碎的死物，人自己也归到自然内，只是一些碎物合成的，无复圆圆浑融的宇宙和神秘的精神。其人对人分别界限之清，计较之重，一个个的分裂对抗竞争，虽家人父子也少相依相亲之意，像是觉得只有自己，自己以外都是外人或敌人。人处在这种冷漠寡欢干枯乏味的宇宙中，将情趣斩伐得净尽，真是难过得要死，而从他那向前的路一味向外追求，完全抛弃了自己丧失了精神。外面生活富丽，内里生活却贫乏至于零。（同上：177~178）

这种分离或分割还延伸到家庭关系，"开口就是权利义务，法律关系，谁同谁都是要算账，甚至父子夫妇之间也都如此"，正是这种功利计较"使人完全成了机械，而窒息而死"，可以说"机械实在是近古世界的恶魔"①（同上：152、163）。

梁漱溟对机械论的文化批判，与西方浪漫主义批评并无不同。正如艾

---

① 梁漱溟在《东西文化及其哲学》中多处把机械看作"恶魔"，有趣的是印度甘地也采取了几乎同样的看法。甘地认为科学和技术在道德上是低劣的，"机器开始使欧洲荒芜，灭亡响了英国的大门；机器是现代文明的主要象征，我深信它代表的是极大的罪恶"；"科学种种真理与发现只是贪婪的工具，它们是需求倍增而由机器极力供给之。"（转引自艾恺，1991 年：131~132）

恺注意到："他用'理智'一词的方式与腔调与英国浪漫诗人们一致，有如雪莱的'计较能力'，在梁氏的理论里，理智可以分解人因而摧毁生命；个人主义斤斤计较的冰水淹熄所有宗教与伦理的热情，也掩蔽了生命本身。梁氏谈到机器与现代工业的种种方式也令人想起了纳斯钦及甘地等人。"（艾恺，1991 年：169）但梁漱溟与西方浪漫主义也有明显不同，因为他参照的是中国儒家哲学：

> 虽然中国人的车不如西洋人的车，中国人的船不如西洋人的船……中国人的一切起居享用都不如西洋人，而中国人在物质上所享受的幸福，实在倒比西洋人多。我们的幸福乐趣，在我们能享受的一面，而不在所享受的东西上——穿棉缎的未必便愉快，穿破布的或许很乐。……西洋人是要用理智的，中国人是要用直觉的——情感的；西洋人是有我的，中国人是不要我的。在母亲之于儿子，则其情若有儿子而无自己；在儿子之于母亲，则其情若有母亲而无自己；兄之于弟，弟之于兄；朋友之相与都是为人可以不计自己的，屈己以从人的。他不分什么人我界限，不讲什么权利义务，所谓孝弟礼让之训，处处尚情而无我。……家庭里，社会上处处都能得到一种情趣，不是冷漠、敌对、算账的样子。（梁漱溟，1922 年：151～153）

上面引证代表了梁漱溟所谓建立在情感基础上的中国文化优于建立在竞争技术上的西方文化的著名论调，这实际上赋予西方文化以"意欲—生活—理智"的机械论哲学基础，赋予中国文化以"意欲—生活—直觉"的儒家哲学基础。在他看来，作为中国文化代表的孔子强调的"仁"是一种超功利的"无所为而为"的生活和生活态度："不管得失成败利钝而无时或倦，所谓知其不可而为之。在以理智计算者知其不可则不为矣，知其不可而为之，直觉使然也"（同上：139）。这种直觉的生活态度就是儒家的"乐天"和"知命"，就是宋明理学的"孔颜乐处"，也即"仁"。也就是说，直觉、情感在生活中是比理智更为根本的东西。"孔家是赞美生活的，所有饮食男女本能的情欲都出于自然流行，并不排斥；若能顺理得中，生机活泼，更非常之好的。所怕理智出来，分别一个物我而大量计算，以致直觉退位，成了不仁。所以朱子以无私心合天理释仁，原从儒家根本的那形而上学而来，实在大有来历。……仁就是本能情感、直觉。"（同上：

128，144，158）在这里"仁"与"不仁"的区分在于，人的直觉与理智的优劣不同。一旦理智占据优势，伴随而来的便是私利计较和算计，"仁"因此而被摧毁。

梁漱溟通过以上批判认为，在机械生产带来资本主义社会痛苦以及引发社会主义兴起之后，人类文化需要一次根本变革，从西方文化转向中国文化，即复兴儒家文化。因为在技术、经济等"低的问题"解决之后，精神、情感等"高的问题"便会出现。"以对物的态度对人，人类渐渐不能承受这态度……以前人类似可说在物质不满意的时代，以后似可说转入精神不安宁时代。物质不足必求之于外，精神不宁必求之于己。"（同上：99）这里以孔子儒学为本的中国文化路向强调的是忘怀得失与道合一的人生态度，解决的是人生意义的苦恼和精神无着落问题。也就是说，"世界未来文化就是中国文化的复兴"："明白的说，照我的意思，是要如宋明人那样再创讲学之风，以孔、颜的人生为现在的青年解决他烦闷的人生问题。……有人以五四而来的新文化运动为中国的文艺复兴，其实这新运动只是西洋化在中国的兴起，怎能算得中国的文艺复兴？若真中国的文艺复兴，应当是中国人自己人生态度的复兴，那只有如我现在所说可以当得起。"（同上：213～214）梁漱溟在这里试图复兴一种"孔颜乐处"的人生态度，但绝非拒绝西方现代科学与技术。他实际上对直觉、情感作了发挥，诉诸一种直觉与理智的"回省"和"中庸"：

　　　孔子之作礼乐，其非任听情感而为回省的用理智调理情感，既其明了，然孔子尚有最著明说出用理智之处，则此中庸之说是也。……于直觉的自然求中之外，更以理智有一种拣择的求中。双、调和、平衡、中，都是孔家的根本思想。……只有踏实的奠定一种人生，才可以真吸取收融科学和德谟克拉西两种精神下的种种学术、种种思潮而有个结果。（同上：158、214）

梁漱溟既然在五四新文化运动摧毁传统技器道思想的西化浪潮中重又举起儒家思想大旗，那么他复兴儒家文化究竟在何种层面呢？对于这一问题，他说："从孔子那形而上学而来之人生观察，彻头彻尾有性善的意思在内"，主张"性恶"的"荀卿虽为儒家，但得于外面者多，得于内心者少""汉人传荀卿之经，孔子人生思想之不发达，固宜""宋学虽不必为孔学，然我们可以说，宋人对于孔家的人生，确是想法去寻的"，但"我不喜欢用性理的名词，在孔子只有所谓人生，无所谓（宋人之言的）性理"（梁漱溟，1922 年：146、148、150）。他在这里显然反对向外寻求的"外王"，强调从内心寻求人生之道的"内圣"，在严格区分道德的感性力量与欲望的感性冲动方面完全赞同和继承宋明理学。但他在肯定人的情感、直觉、意欲等感性存在的同时，又并不完全赞同宋明理学的禁欲主义倾向。

与梁漱溟坚持"新心学"（或"新陆王"）把中西文化看作一种"路向"、"性质"的个性差异相反，冯友兰则从"新理学"（即"新程朱"）体系出发推演出中西文化的共性差异。冯友兰深受罗素、怀特海等人的新实在论和维也纳学派的分析哲学影响，坚持将西方哲学的逻辑分析方法与中国传统的直觉主义结合起来，继承和发展程朱理学，形成所谓新理学。这种新理学体系包含四个命题或观念："理"，各个事物之所以成为各个事物的依据，总称"理世界"；"气"，具体事物的存在基础；"道体"，"理"与"气"不离，"理"为"太极"，"气"为"无极"，"无极"实现"太极"，此为"流行"，"流行"的总体即是"道体"；"大全"，宇宙，即"太一"、"大一"和"妙一"。这些命题有些类似于亚里士多德的形式与质料概念，但不同之处在于冯友兰这里是指纯粹逻辑观念，似乎并未有什么现实意义。不过这种逻辑观念的意义与梁漱溟的目的一样，在于其有利于人提高自身的人生境界，教人如何成为"圣人"，因此实为"内圣外王之道"。也就是说，冯友兰通过正的逻辑分析方法得出负的"空"命题，试图达到一种空灵的精神境界，即人生的"觉解"——内省经验（自觉）与理性思维（了解）的思维活动。冯友兰在这里实际上如柏拉图一样，对"技艺"给出了经验描述：鸟筑巢是一种无意识的本能活动，不了解筑巢的意义，但人筑室则是为了御寒避风雨，自觉到筑室的意义。冯友兰以这种经验描述为基础，强调"有觉解是人生的最特出显著底性质"，"是人之所以异于禽兽者，人生之所以异于动物的生活者"（冯友兰，1996 年：526）。

冯友兰为把"理"、"气"、"道体"和"大全"四个命题变成圣人的精神境界，按照"觉解"程度将人生的境界分为四类：一是无觉解的自然境界，原始人、赤子和愚人对人生和宇宙没有任何价值判断，即使在技艺上"凿井而饮，耕田而食"，"日出而作，日入而息"，也只是

"不识不知，顺帝之则"，"不识天公，安知帝力"？二是最低程度觉解的功利境界，强调自利，以"占有"为目的，是"取"，如秦始皇筑万里长城，虽然功在天下，利在万世，但其初衷终为自己之功利；三是较高程度觉解的道德境界，追求社会之利——"义"，以"贡献"为目的，是"行义"，是"与"；四是最高觉解的天地境界，因知天而完全知性，因此是衡量圣人的唯一尺度。尽管冯友兰"并不能从自己哲学中真正理论地引申出来""为何中西之分乃古今之异"（李泽厚，1994 年：295），但仍可结合他的"理世界"概念，从以上四种"觉解"状态中看到，他实际上是在与道德境界和天地境界比较基础上突出了功利境界的当下意义，然后由此进入中西文化比较。他说："各类文化本是公共底，任何国家或民族俱可有之，而仍不失其为某国家或某民族。"（冯友兰，1937 年：17）也就是说，文化的"理"是公共的，是各个民族或国家都有的"共相"，但具体到每个国家或民族又表现为不同形态，就是"殊相"。冯友兰明显强调文化的共相，所以中西文化包含共同的"理世界"——功利境界，只是发展阶段不同而已。在这里他在技术建构意义上诉诸包含在功利境界中的社会生产状态（农业还是大工业）、经济制度（"家本位"还是"社会本位"）等概念来解释中西文化差异：中国文化是"生产家庭化底文化"，西方文化是"生产社会化文化"。西方文化这种形态形成是因为产业革命使西方人舍弃以家庭为本位的生产方法，脱离以家庭为本位的社会制度；中国文化之所以落后是因为它不仅没有脱离以家庭为本位的生产方法，而且奉行的仍是以家庭为本位的社会制度。冯友兰认为，"中国现在所经之时代，是自生产家庭化的变化转入生产社会化的文化之时代，是一个转变时代"（同上：72）。这就是说，中国文化的形态转化途径在于实行产业革命，用大机器生产，使生产社会化。由此出发，他赞赏"清末人"（实为洋务运动者，如张之洞）的购买机器办实业，而批评"民初人"（实是五四运动倡导者）太看重文化，认为这反而耽误了产业革命实行，以致中国未能富强。冯友兰从"理世界"的共相出发似乎并未对西方功利性的技术文化给予批判，但他试图要解决的一个严肃文化问题在于，如果不能避免学习西方生产社会化文化，那么突出的问题就是如何保持中国民族文化的个性或殊相：

　　　　若从类的观点，以看西洋文化，则我们可知所谓西洋文化之所以是优越底，并不是因为他是西洋底，而是因为他是某种文化底。于此我们所要注意者，并不是一特殊底西洋文化，而是一种文化的类型。以此类型的观点，以看西洋文化，则在其五光十色底诸性质中，我们可以说，可以指出，其中何者对于此类是主要底，何者对于此类是偶然底。其主要底是我们所必取者，其偶然底是我们所不必取者。（同上：73）

在冯友兰看来，中国文化的出路是吸取西方文化的共相（工业化）而舍弃其偶然性（如私有的功利），然后将西方文化的工业化属性与中国文化的特殊性（如道德境界）结合起来，这样便避免了全盘西化与全盘孔化的文化困境。冯友兰在这里仍然强调"理"和"理世界"是不变的，所变者是实际世界。一定社会、阶级、群体的"理"规定了一定的制度、道德、标准和规则，不同社会的"理"便有不同的制度、道德、标准和规则。这些都是"合理的"，但在不同层次上存在事实上的冲突。例如，中国家庭化生产抵不过西方社会化生产等，但超越中西实际世界之上存在着共同道德，这就是不变的"理"：

> 我们是提倡现代化的，但在基本道德这一方面是无所谓现代化的……社会制度是可变的，而基本道德则是不可变的。……如所谓"中学为体西学为用"者，是说组织社会的道德是中国人所本有的，现在所添加者是西洋的知识、技术、工业，则此话是可说的。……中国所缺的，是某种文化的知识、技术、工业，所有的是组织社会的道德。（同上：228~229）

这种组织社会的道德照中国传统说法，就是仁义礼智信的"五常"。冯友兰指出，这"五常""不是随着某种社会之理所规定之规律而有，而是随着社会之理所规定之规律而有。而这就是'至善'。按照这种'道德的本质办法'去办事，先圣后贤，若合符节，即完全一致，可见道德中的至善及适中所依据的是客观（理）而非主观（心）的。"他继续说："我们的良知，遇见事物自然而然知其至当处置之办法，我们只须顺我们的良知而行"，也即"我们的良知于某种情形下，对于某种事物之处置，必作某种规定""此即无异说，所谓至当或'天然之中'本是本然的有，不过我们良知能知之"，而"良知即我们知之智者，我们的知愈良，即我们的知愈智"（同上：187，193）。将"仁"（良知）解释为"智"，以"理"的客观性取代"心"的主观性，借不变的、公共的、超越的"理"和"理世界"来应对变化的、流动的、生动的实际世界，包括技术创新、制度变革以及社会变迁等。

冯友兰的上述主张虽然与梁漱溟不同，但他从程朱理学的"理"、"气"等基本范畴上升为舍弃现实内容的抽象逻辑世界，然后再落实到肯定现实世界中的知识、技术、工业、制度、道德、规范、标准上来，以"理"来论证一切现实的合理性，从而赋予梁漱溟的"极高明而道中庸"这一命题以深刻的哲学解释。尤其是他提出的与"大全"同体的"大仁"，即"天地境界"，其超越自然境界、功利境界和道德境界之处在于，它从"穷理"、"致知"到"知天"、"事天"、"乐天"而达到"同天"，达到"浑然与物同体"或"与天地万物同一"。这种境界虽然主要是限于认知层面的"思议"、"了解"、"言说"，但"浑然与物同体"在技术行为上仍然包含了人与自然的和谐意蕴。

自五四新文化运动以后，特别是在"科玄"论战时期，无论是梁漱溟还是冯友兰，均面临着唯科学主义与人文主义两大思潮对立的学术思想情形。正是鉴于这种情形，与梁漱溟和冯友兰相比较，熊十力更加明确地对科学与哲学作了区分，以避免胡适以后的科学派将"从实用出发"、"以实测为本"、"从各部分区探究"的科学方法变成哲学上的科学认识论和机械论，从而追求与理智认识（"量智"）相反的非理智认识所能达到的本体境界（"性智"）。他极力对传统儒家哲学，特别是宋明理学（尤其是陆王心学）突出的"孔颜乐处"给予新的本体论论证。他说："本体现象不二，道器不二，天人不二，心物不二，理欲不二，动静不二，知行不二，德慧知识不二，成己成物不二。"（熊十力，2006a 年：原儒序）他正是以这种"体用不二"方法批判佛学、道家和西方哲学分裂本体与现象，其目标在于反对君临、主宰或统治、控制，反对超越于万物、现象之上的道、性、本体和上帝。在他看来，现象是本体的"功用"，"功用"是永恒变动、生生不息和"流行"不已，而本体就是"流行"。

熊十力特别喜欢以"翕辟成变"为隐喻，说明本体以凝聚（翕）与开发（辟）两种动力势能处于永恒运动之中。"辟"是健动、升进、开发之势，"翕"是凝聚、摄聚、闭固之势，前者为神心（宇宙之心、个体之心），后者成物。熊十力强调心不离物，只有物才见心："翕辟非异体，只势用殊耳"，"恒转之动而成翕，才有翕便有辟，唯其有对，所以成变"，因此"唯有凝摄之一方面所谓翕势，乃使健以开发之辟势，有所依据、集中，以显其胜用"（熊十力，2006b 年：67，145）。这种"翕辟成变"既是宇宙论，又是心物论，既适合解释自然世界运动，也可用于说明人工世界。尤其是他强调"翕势方起，即有辟势与之俱起，健以开发乎沉坠之物，转翕而不为翕转，是故就辟之一方面而言，终未尝物化"，以此警示今人要避免各种技术创新带来的物化或异化危机。李泽厚在评价熊十力思想时，认为熊十力"由于对现代自然科学及与之密切相关的近代西方文明缺乏了解，对这个物质世界由大工业带来的改造历史和状况缺乏足够认识，不仅使熊的'外王学'和'量论'（认识论）写不出或写不好，而且使他的这种本应向外追求和扩展的、动态的、人本的、感性的哲学仍然只得转向内心，转向追求认识论中的'冥悟证会'的直觉主义和'天人合一'的精神境界"（李泽厚，1994 年：275）。但在我们看来，熊十力其实认识到西方技术的强大力量和深刻影响："铁轨敷山，潜艇入海，而地失其险；飞机翔空，而天失其险"（熊十力，2006a 年：原儒再印记）。这说的正是"人克尽其能"的现代技术力量，由此认为"内圣"的道德价值必须通过经世致用的"外王"才不至于出现"有体无用"之空疏。

在以上三位现代新儒家中，冯友兰是梁漱溟的学生辈，熊十力在思想成熟上晚于梁漱溟，且受到梁漱溟的思想影响。梁漱溟以西方机械论的理智和算账意识批判，来衬托儒家文化的"孔颜乐处"。与此不同，冯友兰无疑赋予西方机械技术（大机器）和机械论（功利意识）以合理性，以便成就"极高明而道中庸"。但冯友兰在追求"天地境界"方面，即以"内圣"之道作为根本，以应对西方文化和哲学挑战，不仅与梁漱溟相同，而且与熊十力也完全一致。尤其是熊十力坚持以"体用不二"方法来传承和发展儒家文化，以应对西方哲学（包括机械论）挑战，具有更为深刻的整体论意义。这就是可以从儒家文化中通过"内圣"开出"外王"，如科技和民主等，因为如果不是这样，儒家文化传统便不能将西方技术包容在内加以发展。这一点正是下节要重点讨论的与儒家文化复兴相关的第二个技术哲学主题。

5.2　以儒家传统开出器械创制技术主题

从五四新文化运动开始到"科玄"论战结束，在以唯科学主义为表征的机械论范式不断解构传统技器道思想的巨大挑战下，现代新儒家实际上承当了传承和发展中国整体论思想传统的文化使命。但新中国成立本身使现代新儒家格局发生重要变化：一方面，部分从大陆去台湾的新儒家学者，如张君劢、牟宗三、唐君毅、徐复观等，把现代新儒学的发展中心转移到港台地区；另一方面，在新建立的大陆中国，随着马克思主义成为中国文化的主流意识形态，留在大陆的现代新儒家思想适应时事获得较大改造。现在一般把熊十力看作是现代新儒家的关键性开启式人物，因为牟宗三、唐君毅和徐复观均与熊十力存在师生关系，因此可以认为熊十力的儒家文化复兴薪火为港台地区新儒家继承和发展。但必须要指出，这并不完全是一个学术传统问题，也是一个需要面对现实的实践问题。在中国乃至整个东亚追求现代化背景下，无论是身处中国大陆的新中国建设，还是在东亚国家崛起形势下关注中国发展问题，现代新儒家都需要进一步面临传统与现代的关系问题。在技术哲学意义上，如果中国进入现代化建设必须要诉诸技术发展的话，那么现代新儒家就需要从儒家传统中开出现代意义的技术主题。正是在这一问题上，留在大陆的熊十力在其晚期思想中与港台地区新儒家，实际上进行了一种遥相呼应的学术探索。

前面述及的梁漱溟成名作《东西文化及其哲学》（1921年）于1910年代末期和1920年代初完成，冯友兰代表作——《新理学》（1939年）、《新事论》（1940年）、《新世训》（1940年）、《新原人》（1943年）、《新原道》（1944年）、《新知言》（1946年）（合称"贞元六书"）则完成于1930年代末期和1940年代。熊十力虽然在1920年代开始创作《新唯识论》并于1940年代改定《新唯识论》语体文本，但他的《体用论》、《原儒》、《明宗篇》、《明心篇》、《乾坤衍》、《存斋随笔》等均于1950年代完成。其中《原儒》一书较《新唯识论》更加发挥了"体用不二"的方法论作用，按照"原学统篇"、"原外王篇"和"原内圣篇"展示了"开内圣外王一贯"的儒家传统。如果说末篇是他在《新唯识论》中就坚持的本体宇宙论的话，那么首篇和中篇则主要突出"内圣"开出"外王"之意，弥补了《新唯识论》对人工技术世界尚未展开论述的不足或缺失。尽管有论者认为熊十力在这方面"无何特色"（李泽厚，1994 年：268），但我们认为他的"内圣"开出"外王"论述，具有适应当时中国追求现代化的时代特色，也与港台地区的现代新儒家思想形成比照。

熊十力在《新唯识论》中讨论"体用"问题主要限于"内圣学"方面，"于外王学不便涉及"，但他在《原儒》中设专篇讨论"外王"问题。这主要是针对从清末到民国有留学背景的国内学者对国学缺点的批判：他们认为国学缺乏科学思想、民主思想和系统论述。就缺乏科学思想来说，他反驳道：数学作为各自然科学门类基础与伏羲八卦相渊源，《九章算术》与八卦相表里，指南针首创于黄帝或周公，"木意"系墨翟、公输制作，《墨经》涵盖物理学，《孟子》记载公输设计精妙机械，化学始于战国炼丹术，张衡制造地震仪足见古代天文学之精湛，李冰战国时修水利工程至今发挥作用，春秋时扁鹊、仓公考察腑脏脉络说明解剖学已经盛行，地圆说见于《曾子·天圆篇》和《周髀算经》，邹衍五洲说始于战国等，所有这些都表明中国古代无科学思想之说毫无事实根据。在这种意义上讲，熊十力将《尚书·尧典》中的"天工，人其代之"作为中国传统技器道思想之导源："初民皆惊叹上天有创造万物之神工不可思议，帝尧却谓吾当发挥自己力量来代上天而奏改宇宙之神工，故曰：'天工，人其代之'。"（熊十力，2006a 年：13）

那么，怎样从"内圣"开出"外王"，或如何从儒家传统开出技术主题呢？熊十力首先把"事"解释为"古代圣王领导民众互相团结而遂其生，因天之化，因地之利，顺时之变，而开物成务"（同上：15）。意思是说开发自然质料，创造或制造自然中不曾存在的各种事物（人工物），此即器械创制。熊十力引证庄子的"书以道事"（《庄子》第 33 章）认为，所谓从"内圣"开出"外王"，无非就是以圣人典范（原创儒学思想传统）展示"仁"、"义"、"礼"、"乐"、"知物"、"备物"、"成物"和"开物成务"：

> ……圣人数往知来，为万世开太平之大道。格物之学所以究治化之具，仁义礼乐所以端治化之原。天地万物同体之爱，仁也。博爱有所不能通，则必因物随事而制其宜，宜之为义。（义者，仁之权也，权而得宜，方是义。义不违于仁也。）……乐本和，仁也；礼主序，义也。《春秋》崇仁义以通三世之变，《周官经》以礼乐为法制之原，

《易大传》以知物、备物、成物、化裁变通乎万物，为大道所由济。（《大传》曰："知周乎万物"，曰"备物致用"，曰"曲成万物"及化裁变通云云……）夫物理不明，则无由开物成务。《礼运》演《春秋》大道之旨，与《易大传》知周乎万物诸义，须参合始得。圣学，道器一贯，大本大用具备，诚哉万世永赖，无可弃也！（熊十力，2006a 年：原儒序）

在熊十力看来，原创儒学会通中国远古两派思想：一是从尧舜至文武政教等典籍，为实用派；二是伏羲初画八卦成为穷神知化和辩证法导源，为哲理派。孔子多半生（五十岁之前）致力于精通实用派，关注各种"开物成务"："子所雅言，《诗》、《书》，执礼，皆雅言也。"（《论语》第 7 章）朱熹注释说，"雅，常也"，"礼，独言执者，以人所执守而言，非徒诵说而已"。意思说孔子执着于民间记录之"事"，只是这里的"执"与"礼"连读，以动词解为"执守"。但熊十力引用明末方密的《通雅》认为，"《诗》、《书》，执、《礼》，四者并列，不可以执字作执守解"。他为此指出，古代"执"与"艺"通用，可作为"艺"读，因此"执"就是"艺"。熊十力进一步指出："古言艺者，其旨甚宽泛，盖含有知能或技术等义。六经也名六艺，取知能义也。格物之学及一切器械创作，则取技术义。此章（原学统篇）执字当属后义。"（熊十力，2006a 年：15）这段引言令人想到海德格尔把"技艺"解释为技术与艺术，只不过熊十力用"知能"解"艺"或"经"，用"执"解"技术"①。熊十力接着引用《论语》，说明孔子既从事过技术之事，也致力于知能之事。"吾少亦贱，故能多鄙事"，"吾不试，故艺"（《论语》第 9 章）。前一句是说孔子自言出身微贱，因此做了不少与实际生活直接相关的"格物"和器械创制一类的实事；后一句则是说孔子认为自己不能为世用，便只好去学习和会通各种知能之艺。也就是说，孔子承接尧舜禹的"天工人其代之"精神，不反知能和技术，反而提倡"致知在格物"。这是实用派方面，孔子"五十知天命"，开始学习《周易》，转向哲理派。从实用到哲理虽然有前后之分，但

---

① 熊十力在《原儒》其他地方也多次提到对"艺"的解释，其意相同。如在绪言中说："艺者，知能。古言艺有二解：如格物的知识与一切技术，通名为艺。二者，孔子六经亦名六艺。"（熊十力，2006a 年：10）前者为技术（科学），后者为知能。

两者在孔子那里融会贯通，形成"内圣外王之道"。熊十力解释说"圣"为"智""仁""勇"诸德皆备，即"成己"；"王"为"往"指一切均"向往太平"，即"成物"。"成己说为内，成物说为外，其实，成物即是成己，本无内外之分，而复言内外者，乃随俗假设耳。"（熊十力，2006a：21）这里所谓"圣学"就是"内圣外王之道"，就是《周易》说的"穷理尽性以至于命"。首先是"穷理"，借助格物学或自然科学和技术对万物加以分析并进行会通以寻找世界根源，然后通过"进在"或"精进"来"证解"万物为我和我为万物的"一本"状态，使人在"尽性"中显现出包括善行、智慧等一切与万物之性相通的"自性"，最后回到可以安稳的"本命"上来。这里虽然强调从"外王"到"内圣"，但"外王"的根本在"内圣"，由此便再次回到"体用不二"上来：

> 夫内圣之学，不离用以求体，亦不至执用而迷其体。执用迷体，则宇宙人生无根柢，理不应然。离用以求体，将超脱万物，遗弃现实世界而别寻真宰，其实与宗教同。儒者内圣学，体用不二，而亦有分，虽分仍不二。……至于外王学以平天下，位天地，育万物为极则。自私之个人主义，自骄之英雄思想，离群遗世之高隐，或僧侣主义，狭隘偏私之国家思想或种族思想，一切涤除尽净，蕲进于全人类大同太平之盛，懿欤休哉！其言化也。仁与义相反相成，礼与乐相反相成。礼为治本，而辅以法，亦相反相成。宽为要道，而济以猛，亦相反相成。衣食为主，正所以发扬灵性。灵性之发，必由于学。世未有肢体困毙，犹可为学也。《中庸》曰："博学之，审问之，慎思之，笃行之。"真积力久，自性超然，乃至与天地合德，与日月合明，斯其至矣！是故粮食之资，似与灵性无预，而灵性实待之以发展，亦相反相成也。广大深远哉，儒者外王学也。……一切学术，一切知识，必归本内圣外王……（同上：48～49）

以上所论"内圣外王"既按照"内圣学"以"体用不二"表明"衣食"（体）与"灵性"（用）的相辅相成的技术发展含义，又在结合"内圣学"在"外王学"意义上说明技术发展的"开太平"意义。熊十力指出："内圣则以天地万物一体为宗，以成己成物为用；外王则以天下为公为宗，以人代天工为用。"（同上：104）这里"内圣"与"外王"互相参合，不仅"天地万物一体"主"成己成物"之用，"成己成物"包含"人代天工"的技术含义，而且"天下为公"源于"天地万物一体"，"人代天工"的技术之用以"天下为公"为体。在熊十力看来，康有为认为孔子有"小康"与"大同"两种设想的观点是错误的，《礼记·礼运篇》中"与三代英"（夏、商和周的英贤）描述"小康"的句子，与属于"大同"的"大道之行"文理不通，可能是后仓、小戴等人所附之句，无非想张扬"小康"之礼教。"小康"之礼教毕竟不是"大道之行"，因此去掉这些伪作之语，就变成了儒家的"大道之行也，天下为公"的"大同"社会设想："圣人乃以天下为一家，以中国为一人者，非意之也，必知其请，辟于其义，明于其利，达于其患，然后能为之。"按照熊十力的看法，孔子的"外王学"之真正意图不在于"拥护君主统治阶级与私有制，而取法三代之英，弥缝之以礼义，使下安其分以事上，而上亦务抑其狂逞之欲有以缓下，将以保小康之治"，而在于"同情天下劳苦小民，独持天下为公之大道，荡平阶级实行民主以臻天下一家，中国一人之盛"（同上：99）。接着他又根据《春官》，对民主化的技术发展给予了描述：

> 百工众业相联，天产地产之材，无不化裁之以增其量、变其质，期于利用后生。而一切工业皆属国营，统之以事官，人人在团体生活中各得其智力体力，则贫富均矣。学校教以道艺，社会厉行读法。工人犹令习世事，人人自童年以至壮老，无一日旷学，则智愚均矣。《周官经》以冬官（即掌工业者）与夏官之外交，联系最密切。夏官有训方、职方、合方诸氏，专主通达大地万国之志愿，而互相联合为一体，从解决经济问题入手，利害与共，休戚相关，生产统筹，有无互通，一切悉本均平之原理。如此，则强弱均矣。（同上：103~104）

对上述天下为公的技术民主实现理想，可以从两个方面加以展开：一是倡导格物学，即科学；二是明确社会发展，以需求为导向，发展"资具"或生产工具。就前者而言，"知周乎万物，而道济天下"（《周易·上传》），表明科学的力量和价值，如指导人民以天下为公，"工欲善其事，必先利其器"（《论语》第 15 章）说的是科学方法，包括"内思毕心曰知中，中以应实曰知恕"的实证方法；就后者来说，"范围天地之化而不过，曲成万物而不遗"（《周易·上传》）指的是人工改造自然，使天体纳入人的范围，"夫《易》开物成务"（《周易·上传》）指的是开发自然，创造新产品，具有技术创新之意，"备物致用，立成器以为天下利"，"形而上者为之道，形而下者谓之器，化而裁之谓之变，推而行之为之通，举而措之天下之民谓之事业"（《周易·上传》），则是说技术创新具有人民共享其利的社会发展意义。熊十力在这里将生产工具发明与改进看作"群道变动之所由"，认为孔子上承伏羲、尧、舜以至文、武之道下启晚周诸子百家之学，把墨翟、惠施和农家之学看作儒家的思想延伸，指出后者"或为科学之先导，或为社会主义之开山"（熊十力，2006a 年：94）。由此可见，熊十力在新中国成立后的思想发展，体现了当时社会主义改造的时代特征。

当熊十力在大陆致力于从原创儒家开出器械创制的技术主题时，港台地区的现代新儒家学者们也在进行着类似研究。1958 年元旦，唐君毅、牟宗三、徐复观、张君劢联名发表《为中国文化敬告世界人士宣言——我们对中国学术研究及中国文化与世界文化前途之共同认识》，时称"港台新儒家文化宣言"。这一宣言无疑代表了他们复兴儒家文化的基本主张，其中一条重要的逻辑线索是以"内圣"开出"新外王"："中国文化依其本身之要求，应当伸展出之文化理想，是要使中国人不仅由其心性之学，以自觉其自我之为一'道德实践的主体'，同时当求在政治上，能自觉为一'政治的主体'，在自然界、知识界成为'认识的主体'及'实用技术的活动之主体'"（牟宗三等，2006 年：576）。不过由于该宣言系唐君毅起草①，因此实际上代表了唐君毅的文化主张。在他看来，中国文化历史虽然缺乏西方现代各种实用技术，致使中国未能有真正的现代化工业，但这并不能表明如五四新文化运动以来的唯科学主义者们认为的那样，中国文化是反科学反技术的因此应当加以排斥。也就是说，从科学应用到发展技术和推动中国工业与中国文化历史中的重利用以厚生精神相一致，以道统推动中国文化的道德精神"进升"应是复兴儒家文化的必然要求。

尽管唐君毅从平行而又优劣各具的中西文化中看到了"开新"的中国

---

① 1957 年唐君毅访美时与旅居美国的张君劢长谈，共同感到"在许多西方人与中国人之心目中，中国文化已经死了"，觉得有必要撰写一篇宣言，阐述中国文化的历史、现状和未来前景，以正告世人研究中国文化的正确方向和态度与对世界文化的希望。遂由唐君毅起草，由张君劢致函台湾的牟宗三、徐复观，征求他们同意联名发表，再由张、牟、徐修改，经过若干次往复函商榷最后定稿。

文化传统意义，但在如何将"道德主体"转换为"知识主体"或"技术主体"方面远没有牟宗三那样具有学理特色。牟宗三于 20 世纪 50 年代着重研究的问题是，如何从儒家传统的"内圣心性"开出"现代新外王"，此即"返本开新"。在他看来，中国历史文化包含"道统"，即儒家心性学，但缺乏寻求科学知识和技术应用的"学统"和追求法制化民主政治的"政统"，因为按照历史性的儒家文化始终只停留在内圣一面，于外王方面虽有如熊十力和唐君毅展示的那样有着大体的应用以厚生倾向，但始终没有得到充分发展。就科学技术方面来说，"儒家在以前确定的文化模型，虽是仁智合一的，然毕竟是仁为笼罩，以智为奴隶者。……在以前儒家学术的发展中，智始终是停在圣贤人格中的直觉状态上，即智慧妙用的形态，圆而神的形态上；始终未彰显出来，成为其自身之独立的发展，因而亦无其自身之成果。即智没有从直觉形态转而为'知性形态'。它总是上属而浑化于仁中，而未暂时脱离乎仁而成为'纯粹知性'。因此，逻辑数学都出不来。智，必须暂时冷静下来，脱离仁，成为纯粹的'知性'，才有其自身独立的发展，因而有其自身之成果，这就是逻辑、数学和科学"（牟宗三，1995 年：520）。在他看来，这里所谓"返本开新"就是固守儒家文化的道德价值，开出以科学技术为特征的"新外王"。

　　牟宗三反对直接由"内圣"开出"外王"，更反对以讲求功利的"外王"对抗"内圣"。那么，究竟应如何从"内圣"通向"新外王"呢？为解决这一问题，他提出"良知自我坎陷"说。牟宗三曾经谈到过熊十力与冯友兰有关"良知"的不同看法："三十年前，当吾在北大时，一日熊先生与冯友兰氏谈，冯氏谓王阳明所讲的良知是一个假设。熊先生听之，即大为惊讶说：'良知是呈现，你怎么说是假设！'吾当时在旁静听，知冯氏之语的根据是康德……而闻熊先生言，则大为震动，耳目一新……'良知是呈现'之意，则总牢记心中，从未忘也"（牟宗三，1973 年：178）。牟宗三以后实际上就是反对冯友兰以纯粹的逻辑抽象发展程朱理学的理性主义路线，坚持以作为"呈现"的"良知"，即实践理性的道德活动，发展陆王心学的道德主体思想。在他看来，只有肯定道德作为良知的"呈现"而不是假设（如绝对的理世界），是每个人固有的"性"，才能使自由意志或意志自律成为现实，而非虚渺：

　　　　正宗儒家肯定这样的性体心体之为定然的真实的，……故其所透显所自律的道德法则自然有普遍性与必然性，自然斩断一切外在的牵连而为定然的、无条件的⋯⋯孟子说，"广土众民，君子欲之，所乐不存焉。中天下而立，定四海之民，君子乐之，所性不存焉。君子所性，虽大行不加焉，虽穷居不损焉，分定故也"⋯⋯这才真见出道德人格之尊严，这也就是康德所说的"一个绝对的善的意志在关于一切对象上将是不决定的"一语之意，必须把一切外在对象的牵连斩断，始能显出意志的自律。（牟宗三，1973 年：137～138）

在牟宗三看来，多数西方哲学家都不能如儒家那样以道德实践内在的"性体"观念来讲实体、存在或本体，康德虽然从道德达到本体，但也只是把意志自由的实践理性作为一种假设，不能从理论上落到实处。儒家传统所讲的"性"之所以是自律的，是因为它不仅是观念或理念以及一般知识，而是在实践过程中步步"呈现"出来的"实践的德性之知"或"良知"。这种"良知"作为直觉或自觉的体认、体证、证悟或"呈现"，虽由经验提供，但它呈现的内容"虽特殊而亦普遍，虽至变而亦永恒"，由此"显出性体心体的主宰性"（同上：171，138）。这时"性体"和"心体"不仅成就了道德实践，而且也作为"天地之性"具有形而上学的宇宙论意义，因此"宇宙秩序即是道德秩序，道德秩序即是宇宙秩序"（同上：37）。

既然"良知"依靠"呈现"能够达到"道德秩序"或"宇宙秩序"，即"圣者仁心无外之天地之性"，那么"良知"便可以进一步表述为自觉的、实践的、体认的、呈现的"道德理性"。牟宗三于 20 世纪 50 年代正式使用"道德理性"的"自我坎陷"，解决中国文化的现代化问题。他使用"坎陷"一词源于《周易·说卦》的"坎，陷也"，认为它是一种自觉的"呈现"，表示陷落、下降、逆转和自我否定等意思。运用儒家文化传统中的"良知"或"道德理性"无法直接推出民主与科学，只有通过"自我坎陷"或自我否定才能成就民主与科学：

德性，在其直接的道德意义中，在其作用表现中，虽不含有架构表现中的科学与民主，但道德理性，依其本性而言之，却不能不要求代表知识的科学与表现正义公道的民主政治。而内在于科学与民主而言，成就这两者的"理性之架构表现"，其本性却又与德性之道德意义与作用表现相违反，即观解理性与实践理性相违反。即在此违反上遂显出一个"逆"的意义。它要求一个与其本性相违反的东西。这显然是一种矛盾。它所要求的东西必须由其自己之否定而为逆其自性之反对物（即成为观解理性）始成立。（牟宗三，1991 年：57）

从科学技术来说，"良知自我坎陷"就是要开出与其本身相对的"观解理性"，这是认可科学发现和技术发明及其应用的基础所在。就"观解理性"本性来说，与道德不太相干，由此形成的科学知识与技术人工造物也与道德不太相干。这样通过"自我坎陷"这一"呈现"形式便从"良知"或"道德理性"转换出作为科学技术基础的"观解理性"，从而在成就中立的"道德理性"或保护"内圣"的基础上，可以推进中立的科学技术的独立发展。

牟宗三在阐述其"良知自我坎陷"思想时，经常以海德格尔的存在主义现象学来加以比较。他认为现代新儒学的道德形而上学超越了存在主义，因为海德格尔"脱离那主体主义中心而向客观的独立的存有本身之体会走"，试图确立"客观自性的存有论"（牟宗三，1973 年：186），在他看来，这种存在主义"后天而奉天时"，就是人"把自己掏空，一无本性，一无本质"，从而"完全服役于实有便是人的本性人的本质，即真实存在的人"（同上）。这与"先天而天弗违"相对立，就是"执着存在的决断而忘其体"，以客观化的"存在"忘怀主观的"此在"。但是"良知的当下决断亦就是他（指海德格尔）的'存在伦理'中之存在的决断，独一无二的决断，任何人不能替你作的决断"（同上：187），因此不能将本体论宇宙论与道德形而上学分割开来。本书第 3 章已经表明，海德格尔在技术哲学意义上，从古希腊哲学思想中寻找到了现代技术的形而上学本质——"技艺"（包含艺术与技术）的展现与强使，鉴于现代技术力量展现的"座架"控制命运，试图借助中国老庄思想返回到艺术的自然"呈现"，达到审美的诗性或神性状态，即客观性的"存在"。可以说，海德格尔的"把自己掏空，一无本性，一无本质"也是一种"自我坎陷"，是对西方现代哲学尤其是机械论哲学的"自我坎陷"，试图开出与以机械技术为象征的现代性不同的后现代性来。与此不同，牟宗三则试图要转换出"容纳希腊传统"的类西方的"知性主体"或"观解理性"，开出海德格尔要"坎陷"的现代技术。在他看来，海德格尔的存在主义仅仅具有美学的灵魂，但从儒学传统来说，"人生真理的最后立场是由实践理性为中心而建立。从知性，从审美，俱不能达到这最后的立场"（同上：188）。儒家所谓"成于乐"的境界不能由美的判断去沟通意志与自然，而是"践仁尽性到化的境界"，是"道德意志之有向的目的性之突出便自然溶化到'自然'上来而不见其'有向性'，而亦成为无向之目的、无目的之目的的"，是"全部溶化于道德意义中的'自然'，为道德性体心体所透彻的自然"，这就是"真善美之真实的合一"（同上：177）。这就是说，道德实践作为人的主体性包含了技术活动，这种作为道德实践的技术活动不同于亚里士多德的目的论技术活动，它能通过个人实践呈现推动道德本体"消化生命中一切非理性成分，不让感性的力量支配我们"，同时又能做到"四肢百体全为性体所润"（同上：179）。

从与海德格尔的存在主义现象学比较来看，牟宗三可以说是一位儒家现代主义思想家。20世纪70年代，他在《现象与物自身》中对"良知自我坎陷"说作了进一步说明。"良知"不能把物作为对象加以研究和开发，不能产生科学技术，因此关键问题是通过"知体明觉"开出科学技术的"知性"：

> 知体明觉不能永停在明觉感应中，它必须自觉地自我否定（亦曰自我坎陷），转而为"知性"；此知性与物为对，始能使物成为"对象"，从而究知其曲折之相。……知体明觉之自觉地自我坎陷即是其自觉地从无执转为执。自我坎陷就是执。坎陷者下落而陷于执也。不这样坎陷，则永无执，亦不能成为知性（认知主体）。它自觉地要坎其自己即是自觉地要这一执。（牟宗三，1975年：122～123）

这里"知体"的"明觉感应"是指"良知"的直觉，只能认识物之自在，只有通过"自我坎陷"才能使物变成"知性"的"对象"。至于"自我坎陷"又被解释成为"执"，借助"执"使"知体明觉"自觉地从"无执"转变为"执"。熊十力曾将"执"解释为器械创制的"技术"，牟宗三则赋予"执"以"良知"的"呈现"之意。如果考虑到海德格尔曾将"技艺"解释为"展现"或"解蔽"，那么牟宗三对"执"的解释同样包含了"技术"之意。在牟宗三看来，"执"与"无执"源于佛家术语，就主体来说所谓"执"就是执着、僵执、停滞之意，执着就是识心，不执著就是无限心。在中国传统文化中，佛学的智心、道家的道心和儒家的良知明觉等均为"无执"的无限心，而佛家的识心、道家的成心、儒家的气灵之心等均为"有执"的有限心。牟宗三曾把康德的"决定"（determination）翻译为"定相"（"知性"根据原因概念对现象的决定），然后解释"有执"的含义："佛教言相，遍计所执相。唯识宗言三性，依他起性、遍计所执性、圆成实性。……遍计所执性，遍是周遍，计是计度衡量的意思，……遍就一切现象加以计度衡量而执著之特性。识有此执著性，它所执著成的就是相"（牟宗三，1997 年：147）。这里的"相"类似于西方人的"真理"概念，"执著"类似于海德格尔所说"技艺"的"展现"概念。按照西方现代主义哲学（如康德哲学），人在"定相"中是有限的，而不能无限。当然海德格尔的存在主义现象学是要克服这种"定相"或称"座架"，使人的有限心返回到无限去，即"无蔽状态"。在这种意义上，牟宗三的"执"就是"解蔽"、"展现"或"呈现"，"无执"就是"无蔽"。牟宗三认为，人不是决定的有限，而是"虽有限而可无限"，依此"需要有两层存有论，本体界的存有论，此亦曰'无执的存有论'，以及现象界的存有论，此亦曰'执的存有论'"（牟宗三，1984年：29）。这就是说，"知体明觉之自觉地自我坎陷即是其自觉地从无执转为执"，即是自觉地借助器械创制的"技术"，从圣向人、良知向知性、道德向科学、理性向技术不断转化，从而使得"技术"无限进步，进而呈现出无限之心。单从知性、科学以及技术来看，即"若从此来看人，则人自是有限的。但当他们被转化时，人的无限心即呈现。若从此看人，则人即具有无限性"（同上：27）。

　　从以上论述看到，牟宗三以其"良知自我坎陷"说开出了现代科学乃至技术，显然是对现代主义式的康德哲学的一种消化借鉴，但他强调人心的"虽有限而可无限"，又不同于康德哲学，他对后现代主义式的海德格尔存在主义现象学的对反发挥，体现了中国传统儒家哲学特色。这就是说，牟宗三秉持了梁漱溟、熊十力和冯友兰自觉的"内圣学"主导原则，又能出于对中华民族与现代联结的文化关注，开出现代科学技术的"新外王"。其实在"外王"方面，宋明理学是在吸收消化佛道后才达到神妙入微的理论高度，对世人具有重要的文化鼓励作用。梁漱溟以来的现代新儒家，也由于吸收现代西方哲学而成就了牟宗三的深奥哲学。但绕一个大圈子，从传统儒家文化开出现代技术，究竟有何当代意义呢？道德与技艺早已分属于人类文化的不同领域和不同层面，"仁智久已分离"，从"道德中心主义"中解放出科学和技术来已经不再是一个哲学或文化问题，"在世界政治、经济日益走向一体化的今天，决不允许中国文化按自己原有的节奏、速率，在无任何干扰的前提下自然生长"（周立升、颜炳罡，1995年：398）。李泽厚在评价牟宗三的哲学思想时，从"儒家传统的道德主义与现代西方的科学、民主及个体主义究竟有何关联"出发提出两个问题：

> 第一，"内圣"与"外王"的关系。"外王"，在今天看来，当然不仅是政治，而是整个人类的物质生活和现实生存，它首先有科技、生产、经济方面的问题；"内圣"也不仅是道德，它包括整个文化心理结构，包括艺术、审美等等。因之，原始儒学和宋明儒学由"内圣"决定"外王"的格局便应打破，而另起炉灶。第二，现代新儒家是站在儒学传统的立场上吸收外来的东西以新面貌，是否可以反过来以外来的现代化的东西为动力和躯体，来创造性地转换传统以一新耳目？（李泽厚，1994年：310）

李泽厚所提上述两个问题，其实归结起来就是不是从儒家传统开出现代科学技术，而是以西方文化（包括科学技术）来改造儒家传统文化（包括整个文化心理结构，除了道德之外，也包括艺术和审美等）。但进一步的问题是，如果这样便不能显现出中国传统文化的独立意义，且有颠覆儒家传统的文化倾向。在这种意义上，徐复观以对现代性的批判回到了梁漱溟的西方机械论批判上来。但与梁漱溟处在前现代化或从传统向现代过渡阶段不同，徐复观对现代化有着更为深切更为直接的亲身体验。他在20世纪60～70年代亲眼目睹了日本学习欧美所实现的现代化，更亲身感受了台湾、香港的现代化进程。这种经历使得徐复观如同唐君毅一样关注中西文化的特征差异，但与唐君毅的不同则在于他围绕现代化与现代性的关系问题进行思考与权衡。徐复观指出："现代化的最基本问题是知识、技术的问题。"（徐复观，1980a年：167）这使得现代化所造成的"现代文化的性格"只张扬工具理性、科技文明，而对于价值理性、人性完善则不予以重视；只发展人的生存手段，而使人丧失更重要的生存智慧。"第二次世界大战以后科学、技术进步的速度，连二十世纪初年的人，想象也不容易想象得到。但是，这种进步，增加了人的知识能力，却并不一定能增加入人的安全和价值，所以便形成所谓'危机的世纪'。"（同上：170）徐复观对这一危机表示深深忧虑，"西方文化中的科学理性过剩，压抑了人生中其他方面的理性的发展，以致使文化、人生失掉了平衡，因而发生了反理性的倾向……传统的价值观念，渐成为有躯壳而无灵魂，并且成为有权势者驱使无权势的工具，因而发生反价值的倾向"，这些也许均可以理解，但问题在于"对于西方这种插曲，不穷其源，不究其委，以为这是最新的东西（实际是最旧的），所以也是最好的东西"（徐复观，1980b 年：64~65）。正是鉴于这种批判，徐复观与熊十力、牟宗三试图从儒学传统中开出现代科学技术的不同，着重于重估中国文化对西方文化的普遍意义，从以儒家文化为主导的中国传统文化中开出西方现代文化缺乏而又必需的生存智慧，使现代人类走出现代性的生存困境。

在徐复观看来，西方文化执着于知识追求和技术实现，自近代以来在物质文明方面取得了重大成就，但却忽视了对道德、价值的维护，在精神文化方面呈现出巨大反差。自 16 世纪以来，追求财富在有意与无意之间被普遍承认为人生的终极意义，与此相关出现了科技万能论，认为科学技术可以解答、解决人类任何问题。随着这种意识形态盛行和扩散，精神上出现了虚无主义，尤其是面对核武器问题、环境问题、资源问题以及国与国间贫富差距问题，人们感到科技正把人类带向不确定的方向和深渊。与西方现代文化相比，中国传统文化的局限性突出地表现为在儒家精神中缺乏科学和技术，因为儒家虽然亲近自然，但这种亲近显然不同于科学技术对自然作客观剖析和分割性改造，因为后者只能使人的感情和德性客观化和自然化。他就此认为："中国文化所遗留的问题，是在物的方面。因物的问题未得到解决，反撞将来，致令人的问题也没有得到解决。西方文化今日面前所摆的问题是在人的方面。因人的方面未得到解决，反映转来，致令本是为人所成就的物，结果，反常成为人的桎梏，人的威胁。"（徐复观，1979 年：81~82）也就是说，西方现代文化有力地发展了人的生存手段，中国传统文化积累了人的生存智慧。面对现代化所带来的生存危机或生存困境，以中国文化正好向现代人提示一条出路，找到安身立命的家园，这正是中国文化对世界的普遍价值所在。"仁性与知性，道德与科学，不仅看不出不能相携并进的理由，而且是合之双美、离之两伤的人性的整体。"（同上：77）西方文化的当代"转进"在于"摄智归仁"，中国文化的当代"转进"则在于"转仁成智"。这种理论陈述似乎有着明显的普遍主义价值诉求，这就是以两大文化由"偏"至"全"，促进现代人的健康、和平生存和全面发展，但如果考虑中国发展来说，如果要"转仁为智"则须考虑"仁"之于"智"的建构意义。从这里看出，徐复观虽与熊十力、牟宗三不同而强调中国文化对西方文化的"纠偏"或"弥补"作用，但他们均以中国儒家文化的当代复兴为主旨，由此影响着第三阶段现代新儒家的思想发展，而后者涉及到与儒家文化复兴相关的第三个技术哲学主题。

5.3　以儒家道德主义建构技术文化方向

20世纪80年代以后，以杜维明、刘述先、余英时、成中英等为代表的第三阶段现代新儒家，开始活跃于国际学术舞台。这一阶段的新儒家中，杜维明等师从牟宗三，连同唐君毅、徐复观及其弟子与熊十力成为一系，成中英和刘述先等则师从目前尚未提到的方东美先生形成另外一系①。但他们这种师承关系也非决然分明，如刘述先除了师从方东美外，也深受牟宗三思想影响。第三阶段的现代新儒家的共同之处在于，围绕中国文化的现代化问题表达各自的文化主张，较之第二阶段的现代新儒家，视野更加开阔，更加富于现实感。他们绝大多数不仅目睹东南亚国家或地区（香港地区、台湾地区、日本、韩国等）以技术创新为特征的现代化的迫切要求，也在美国求学或执教过程中经验到现代性问题以及西方学者围绕这一问题存在的各种感受，因此实际上也需要如徐复观一样深入地追问现代性问题的解决方案，确立中国儒学对技术发展的文化建构价值。也就是说，第三阶段的现代新儒家的一个重要特点就在于，他们更加强调创造性综合或转换。如果说第一阶段现代新儒家鉴于五四新文化运动对传统技器道思想的消解或否定，着眼于对西方机械论批判，承担起了保护儒家文化传统的"内圣"，第二阶段现代新儒家又试图以"内圣"开出作为"新外王"的技术主题的话，那么第三阶段现代新儒家则是着眼未来评估中国儒家文化的"创新"和"突破"方面。

第三阶段现代新儒家的思想转变虽然如徐复观一样倾向于某种普遍主义，但无疑也有着当代中国的深刻现实背景嵌入。20世纪70年代末期以后，中国现代化从相对封闭状态进入改革开放阶段。这时中国学习和引进

---

① 方东美在抗日战争时期才从西方哲学转向中国哲学，这与熊十力潜心专研中国哲学传统形成相映成趣的对比。

西方现代技术作为一种"经济命令"或"政治命令"已成大势，同时中西文化比较也再次成为热潮，这时"冷落多年的中、西、体、用之类的比较又重新被提上日程"（李泽厚，1994 年：312）。正如前面已经表明，"西学东渐"经历了科技（洋务运动）——政治（戊戌变法、辛亥革命）——文化（五四新文化运动）三个阶段，中国传统技器道思想的整体论相对于"全盘西化"来说曾呈现出其巨大的情感力量和维护力量，但最终还是被西方机械论所消解。这实际上是一种从"中体西用"向"西体中用"的思想转换，但这种思想转换所凭借的体用模式毕竟源于中国文化传统，因此也极容易得到化解。正是在这种意义上，熊十力使用"体用不二"又重新将"西体中用"颠倒为"中体西用"。"今造此论，为欲悟究玄学者，令知实体非是离自心外在境界及非知识所行境界，唯是反求实证相应故。"（熊十力，2006b 年：43）这就是说，"体"是相应于"实证"之"用"，但"知实体"的"心性境界"与外在的"知识所行境界"，分别作为"体"和"用"又"不许离而为二"。熊十力虽然强调中国儒家传统坚执的"心性世界"能够最终结出"知识所行境界"的技术硕果，但西方现代文化毕竟以"知识所行境界"见长，因此所谓"体用不二"实为"中体西用不二"。李泽厚把这种整体论称为"早熟型的系统论"，认为就近现代中西文化比较来说它使"'西学'被吸收进来，加以同化，成为'中学'的从属部分，结果'中学'的核心和系统倒并无根本变化"（李泽厚，1994 年：323）。在这里中国儒家文化传统作为一种"民族性现象"，它所呈现出来的"为维护民族生存而适应环境、吸取外物的开放特征"，反而成了一种保守的精神和方法。如果说儒学复兴作为一种文化现象得以延续下来，第三阶段的现代新儒家们便需要为儒家文化传统的保守性提供一种综合性创新辩护。以下从技术哲学角度，主要讨论余英时、杜维明、刘述先和成中英的相关思想及其包含的技术建构主题。

　　余英时虽然并不专门研究中国近现代思想史，但它却能从古代思想与近现代思想的联系入手，采用"创新—保守"范式评估中国近现代思想的历史演进①。在他看来，激进或创新与保守并非指激进主义和保守主义那

---

　　① 余英时因研究从儒家思想到现代的思想史，被美国国会图书馆认为是"在中国和美国学术界最有影响力的华裔知识分子"，从而被授予有"人文诺贝尔奖"之称的 2006 年年度"约翰—克鲁奇人文与社会科学终身成就奖"。该奖项专门颁发给诺贝尔奖遗漏的领域，如历史学、政治学、社会学、哲学、人类学、宗教学、语言学和文学批评等。余英时能够获得此奖，足见他作为第三阶段的现代新儒家知识分子在西方的广泛影响。

样的两套思想，而是指两种"态度"（disposition）或"倾向"（orienta-
tion）。这两种态度或倾向虽然具有"打破现状"与"维持现状"的两极
化特征，但在"激进"与"保守"之间显然存在实际的程度之分。按照这
种范式，五四新文化运动之前，从魏源、冯桂芬、张之洞等人（倡导技术
变革），直到康有为、谭嗣同等人的戊戌变法乃至孙中山的辛亥革命，尽
管强调"变"的"激进"或"创新"方面，但也仍然保留着"保守"的
痕迹，即使是较为激进的辛亥革命者也并不完全否定中国传统文化，他们
认为"革命"、"平等"、"人权"、"自由"、"民约"等乃是中国文化中已
有的"国粹"，只是被人们忘记了而已。余英时同样也以"创新—保守"
范式评价"科玄"论战。在五四新文化运动中，基本问题不再是中西或体
用关系问题，而是"要以西方现代化来代替中国旧的文化"，奉"进步"
为最高价值，"任何人敢对'进步'稍表迟疑都是反动、退后、落伍、保
守"，但"严格地说，中国没有真正的保守主义者，只有要求不同程度变
革的人而已"（余英时，2004 年：17～19）。他举例说，张君劢并不反对
科学，不反技术，只是坚持人生问题并不能由科学来加以解决；梁漱溟也
认为科学是中国非要发展的东西，中国文化当然也需要变革，只是要适应
中国文化状况。至于以丁文江为代表的论战另一方，一般认为属于"激进
派"或"激进主义"，强调建立科学的绝对权威，促进中国人从内心接受
科学的价值，因此将科学应用于人生问题的解决之中，但当日本侵略中国
和救亡成为主要问题时，他们却表现了保守的一面，那就是将与科学直接
相关的民主问题搁置一边，主张中国需要一种"独裁"。

　　正是沿着以上"保守—创新"的方法思路，余英时把原创儒家思想的
诞生和兴起看作是历史上的一次伟大"创新"或"突破"。他受雅斯贝尔
斯的"轴心突破"理论影响，使用"内向超越"或"超越突破"等概念，
以礼乐为例说明儒道两家突破中国古代礼乐传统中"巫"的主导成分，因
为这时"天"与"人"之际不再需要以"巫"为中介，代之而起的是
"心"。余英时特别指出，原创儒家是以"仁"建构"礼"和"乐"：

　　　　孔子对礼乐传统加以哲学上的重新阐释，其结果是最终将"仁"
　　视作"礼"的精神基础。"仁"是一个无所不包的伦理概念，……它
　　既非完全"理性"，又非完全"感性"，确是包含着以各种方式组合在
　　一起的理性和感性成分。……我们完全可以讲，"仁"指的是个人培

育起来的道德意识和情感，只有"仁"，才可以证明人之真正为人。据孔子，正是这种真实的内在德性，赋予"礼"以生民和意义。子曰："人而不仁，如礼何？人而不仁，如乐何？"又曰："礼云礼云，玉帛云乎哉？乐云乐云，钟鼓云乎哉？"（余英时，2004 年：402 ~ 403）

在这里原创儒家思想的精神内核在于以"仁"为礼，"仁"作为人生发生转化的内在道德力量，其建构意义就在于赋予传统礼乐传统以新的生命意义。尽管这种礼乐传统并不能与现代技术相提并论，但它显然包含技术和艺术一类的人工活动。子产作为孔子的"启蒙"先驱，有一段话被人引于《左传》昭公二十五年说："夫礼，天之经也，地之义也，民之行也。天地之经而民实则之，则天之明，因地之性。"在余英时看来，这种"礼乐的神圣范式"，"见于所谓初民，亦见于发达文化"（同上：403）。也就是说，孔子的思想突破是把"礼"和"乐"的基础看作内向人心的"仁"，这种突破当然也包括以"天人合一"期盼未来的技术社会伦理秩序。

余英时极力强调儒家思想传统的"突破"，这本身包含了维护儒家思想的"保守"价值，但这种"保守"完全是为了"补偏救弊"，尊重"保守"的价值恰恰就在于"创新"。这种"保守—创新"范式如果不是仅仅限于中国思想史研究，而是进入更为广泛的中西文化比较语境，那么杜维明、刘述先和成中英等第三阶段现代新儒家便诉诸解释学方法阐发儒学传统的现实意义。

杜维明在其"儒家解释学"理论体系中，将儒家传统解释成为一种涵盖性很强的人文主义传统。他以"道"、"学"、"政"三个概念来架构这一传统理论体系："道"作为儒家传统的核心价值，针对的是人存在的终极意义问题，"基本上是对人的存在的反思，一种比较全面而深入的反思"，"讲究的是如何做人"；"学"作为儒家学术传统，主要包括经典注疏之学、礼仪之学（礼、乐、射、御、书、数六艺）和实现自我人格的修养之学（此学可释为"觉"）；"政"作为儒家的道德实践，是用儒家的道德理想转化现实政治。这种人文主义与西方那种反自然、反神学的人文主义不同，它提倡天人合一、万物一体；它具有宗教性，与基督教的不同在于它强调"自我转化"或"内在的超越"，这种超越不是超离，而是对自身限制的不断突破。

但是，儒家传统在当代是否还能保持其活力呢？关于这一问题，杜维明必须要面对与马克斯·韦伯及其后学帕森斯和贝拉的思想对话。韦伯尽管倡议中西文明比较研究，但他却认为儒家伦理思想因其保守主义成分而"具有对抗资本主义发展的强烈效应"（Weber，1951：249）。他一方面注意到儒家世界观强调一种非个人的神圣秩序，因此引导人们从内心中采取一种期望外部世界和谐的文化态度，另一方面又认为儒家思想不像西方新教伦理那样受超验的目标指导而成为大规模发展的经济技术动力，即儒家的最高理想只是适应世界，服从既定秩序，不具备转化功能。杜维明诉诸儒家传统复兴，其意义显然在于颠覆韦伯这一有关文化与发展的关系命题，那就是使儒家思想传统成为当代中国经济技术发展的动力因素。

杜维明认为韦伯的观点过分强调了传统与现代的对立，是一种带有明显欧洲中心论色彩的一元化的现代化理论。为此与余英时一样，他引入雅斯贝尔斯"轴心时代"概念，强调从多元化的文化观念出发，把儒学作为轴心文明的主要精神传统之一。在他看来，儒学并非只是被动地适应世界，而是一种具有转化性学说。其中宋明理学作为其转化形态之一不仅成为东亚文明的体现，还为"工业东亚"兴起提供了精神动力。同时，儒学本身具有普遍性特征，它作为一种对人的反思的学说，其价值是超时代的，目前欧美新兴的"新人文主义"思潮为当代儒学复兴提供了有利契机（杜维明，2000 年：618～619）。杜维明诉诸多元主义的解释方法，要说明的是以技术创新扩散为特征的经济全球化以西方启蒙运动以来推崇理性、科学与技术的扩展性个人主义和工具理性为意识形态，正在以对待自然和外在世界的控制与征服态度排斥着东方世界精神，但在这一过程中人们越来越强调要突出地域化和区域化特色，因此全球化不应消解不同文化差异，反而应加强文化多样性。在这种意义上讲，儒家所代表的人文精神和价值系统，可以避免西方启蒙运动以来单纯强调技术进步和创新出现的诸多文化盲点，以"个人"、"社会"、"自然"、"天道"等概念回答全球化倡导的"自由"、"平等"、"效率"所带来的诸如生态、环境和人文等问题。

同样的，刘述先也采取了解释学方法，来解决传统与现代的对接问题。与杜维明相比，他更加明确地指出中西文化各自的现实困境：一方面，中国从世界文明古国地位沦落为后来的殖民境地，充分地暴露出传统的重大缺陷，特别是缺乏技术呈现及以此为本质的实验观察、科学理论建构和逻辑数理思维方式，导致在工业化方面遥遥落后，以致在现实上落得个被列强宰割的惨烈局面；另一方面，西方文化也正经历着"现代以后"的种种问题，如技术控制对物质世界的机械化吞噬、形式与实质分离后的戡天物役、普遍商业化偏失和非人性倾向等。面对这种双重困境，鉴于传统"不会自动现代化"，刘述先认为我们"既不是抱残守缺，也不是全盘西化，而是如何去解释选取东西文化的传统，针对时代的问题加以创造的综合"，以便使传统"在现代发生影响和力量"（刘述先，1994a：252～253）。这种所谓"创造的综合"，就是开出一套适合现时代的形（而）上学体系。在他看来，当西方传统或经典的形而上学（追求隐藏在现象背后并超越现象之外的"物自体"或实体）被认为是理性误用的结果而遭到英美分析哲学、欧美存在主义以及现象学对抗后，西方正在孕育着以强调"绝对基设"、"世界假设"和"终极关怀"① 为特征的新一代形而上学。这种形而上学首先要对人类已经提出的终极关怀予以现象学描述，通过哲学智慧比较其得失，然后发挥创造力作用寻求新的综合，为人类找到安身立命之所在。这就是刘述先所谓"境界的形而上学"或整体论的"系统哲学"，只不过这种系统哲学并不限于西方哲学，也包括东方哲学，特别是对中国传统哲学的现代新儒家阐释：

　　　　无论现代西方在科学技术的巨大贡献，以及政治社会革命意识的觉醒，内在的安身立命始终是一个不可替代的问题，这个问题是不能靠对于一个超越外在的上帝的信仰来解决。新儒家体证到，吾人所禀赋的生命人人涵有一生不已、怵惕恻隐的仁心，由这一点仁心的体证不断扩充，即可以由内在接通超越，由有限体证无限。显然，这样的肯定不能由科学的经验推概来验证，它所牵涉到的是个人的终极的托付，唯有立志，下定决心，不断做修养功夫，才可能有所如实相应，而达到一种安心立命的境界。（刘述先，1994b：262）

① 柯林沃特（Colling Wood）的"绝对基设"、派柏（S. Pepper）的"世界假设"和田立克（Paul Tillich）的"终极关怀"，均是指人对世界和人生采取的基本观点、态度和信念。这些概念虽然无法为经验所证实或证伪，但它们显然具有明确的认知意义。刘述先认为所谓新的形而上学就是对这些概念给予客观描述，并随时代发展而不断给予解释。（刘述先，1994a 年：254、259）

　　刘述先上述用以解决"现代以后"人类困境的系统哲学或形而上学设想，明显地体现在他对"理一分殊"所作的创造性解释中。"理一分殊"一语最早由程颐提出，其中"理一"是指一切分殊之德共本于同一的仁体或道德本源，"分殊"是指本于仁体、在伦理情境中针对不同对象而呈现为不同的伦理理分或本分，如事父曰孝，事兄曰悌等。"理一分殊"表明儒家所根据的理是同一的，但因分位不同，责任也就不同。经过朱熹的发挥，"理一分殊"成了理学和心学的共同基础，在宋明理学中占据重要地位。刘述先对"理一分殊"的现代阐释，基本上是在解构朱熹过时理论的基础上，从朱熹的学说中翻转出来，赋予此命题以鲜明的时代意义。他一方面不同意朱熹将阴阳五行等思想掺杂其中，将天象与人事相对应，另一方面又认为朱熹以"仁"、"生"和"理"为三位一体的"理一"概念体系并不因其宇宙观的过时而在现代完全失去意义，尤其是他从一般与个别、体与用以及一与多等角度论述"理一分殊"更具现代启示。

　　为了说明"理一分殊"的现代意义，刘述先借鉴了卡西尔（Ernst Cassirer）的文化哲学。卡西尔与古希腊哲学家和现代主义哲学家的不同之处在于，他不再追寻所谓实质或实体的统一，而坚持一种功能的统一观点，从而使各种文化的丰富内容和特色得以保全。在这里人类文化虽然从创造结果和文化产品（包括技术人工制品）来说不能达到统一，但如果基于同一作用的创造过程便能达致统一，各种不同地域文化（包括中西文化）在功能方面能够做到相辅相成。与功能统一相关的是"规约原则"，这种"规约原则"不是科学规律或技术原理，但能够对科学、技术乃至社会起到一定规约作用。沿着这一文化哲学线索，刘述先指出："在我们的传统之中觅取资源，补偏救弊，在整个世界走向未来的过程之中，烛照机先，发挥出一定的作用。"（刘述先，1998 年：589）。也就是说，中国儒家的"理一"及其"仁"、"生"和"理"等核心理念，对当代技术社会显然具有规约作用。"理一"通贯中西的常道，但又不封闭和僵固，它的现实时空表现是多元开放的，呈现出各自的"分殊"性。就儒学而言，先秦孔孟、宋明程朱陆王及当代唐君毅和牟宗三，其思想学说均不相同，但却都归本于仁义，注重对生生不已的天道与温润恻怛的仁心体证。儒家思想的"仁"作为一种象征，其实与作为天主教徒孔汉思以"humanum"表达的人道和人性具有一致之处，此即康德以来所讲的"人要以人道对人"，就是所谓普遍的道德金律：己所不欲，勿施于人。在这种意义上讲，儒家的"仁"与基督教、佛教和回教等都是相通的。在"理一分殊"之下，刘述先认为传统与现代以及中西文化会通不需要承继具体的文化内涵，只要寻求精神上的感通和诱发人们创造的灵感，便能推动技术创新和文化变迁。但这并不意味着普遍的分隔或排斥，而是要通过一种开放式对话以谋求一种低限度共识，避免中西文明冲突加剧。

按照上述对"理一分殊"的现代阐释，"理一"并不为任何传统独占，现实中已有的传统都是"分殊"的表现，超越性的"理一"只是人们向往的理想目标，针对人类"现代以后"面对的问题，超越各种歧异，通过对话，互相学习和取长补短，形成人类共同的规约原则。比如，按照系统哲学或"哲学全观"，在宇宙是一气流通的基本理论预设下，与技术发展密切相关的"实然与应然"、事实与价值之间虽然有分别，但并不能完全割断它们之间的关联，既不以"应然"的价值判断吞没"实然"的事实判断，也不以"实然"的事实基础否认"应然"的价值地位。在当代社会中，技术已不再单纯是一个涉及事实判断的科学问题，而是一项与人类社会未来密切相关的价值事业。面对当代哲学过分强调技术发展的事实层面的"分殊"局面，现代新儒家更应在"理一"层面上为世界寻找人生价值方向。

刘述先针对中西文化着力研究"境界的形而上学"，通过"理一分殊"的创造性解释，表明中国儒家传统对技术发展的文化建构意义。与此相似，成中英以"本体诠释学"提出包含技术建构的"伦理工程"命题。在他看来，"诠释"作为对伽达默尔的哲学解释学的汉语翻译，较之"解释"更能表达希腊语"Hermeneutcics"的确切意义，因为"诠释"与"解释"有所不同："解释"是运用某一法则说明原因，目的是获得知识；"诠释"是就已明确的原因来把握其意义，目的是达到理解。在哲学史上，"本体"包含多重意思，主要是指本源、根源和整体，综合起来就是"完整的实体"。所谓"本体诠释学"就是依靠理性的知觉和各种方法，从最基本、最原始的本体思想及形而上学原理，形成对其价值的意义体会和认识。成中英认为本体是一元的整体，理性的知觉显现的只是整体的一部分。这一部分最初表现得非常新奇，但很快就显现出不足，因此要避免这种不足便需要新的方法。现代西方哲学发展是一个不断提出新方法和不断理解本体的文化创新过程，例如自 20 世纪 80 年代以来，就有现象学、（后）结构主义、哲学解释学、（新）实用主义等不同流派和方法。但每种哲学流派只代表一个阶段，并不代表对本体价值的真实理解。因此提出"本体诠释学"，就是面对本体与方法之间的这种困境，明确一种整体的本体意识，以使真实的本体与多元方法结合起来（包括中西哲学比较和融合），进而逐步实现对本体的真实理解。

按照以上"本体诠释学"方法，成中英认为中西哲学的不同之处在于：西方很早就把理性当做一种内在的自主创新活动，这种理性发展的不断突破构成方法意识的不断突破，现代以来持续的伟大科学发现和技术创新正是这种突破的明显证明；与此不同，中国哲学方法潜藏在本体意识中，它脱离本体意识而独立存在，只是在社会或政治出现重大变革时才显现出来。他由此进一步对中西哲学作了详细比较：一是本体差异，中国人的本体是整体，重视整体和谐，强调从多归结为一，如太极或天，借助锻炼和修养达到天人合一，西方人重视分析或方法差异，由一到多层层深入分析，分析差异即是本体差异，其概念是一个限定的本质，如上帝与人分离；二是人文主义差异，西方人坚持外在人文主义，认为人应该与客观宇宙有所不同，要肯定自己，不完全受制于上帝，同时认识和控制自然，中国坚持内在人文主义，不把万物排斥于人，肯定人就是肯定万物，不但讲究人际关系，而且也讲究人与自然之间的和善关系；三是自然主义差异，西方人奉行机械自然主义，把自然甚至人看成是一个机械的工具加以运用，意义源于超越的主体，即上帝，中国人奉行有机自然主义，把自然看成是有生命运动的整体，人可与之沟通，强调人与万物同体；四是理性主义差异，中国人基于一种整体本体的思考，理性趋于具体化，叫做具体的理性主义，西方人则趋于抽象化，叫做抽象的理性主义；五是实用主义差异，中国的实用主义是人格修养的实用主义，西方的实用主义属于功利主义，追求个人功利。从这种比较看出，成中英的"本体诠释学"似乎更加接近于中国哲学传统，他的任务只是要赋予其以当代意义，即"用普遍的知识和理性的方法，来表达适应现代人当前及未来生活之价值，来创造发挥中国哲学所蕴涵的智慧与精神"（成中英，1994 年：285）。这种对中国哲学当代意义的发挥，体现在他的天人合德的本体论、知识与价值合一的心性论及伦理工程系统论的理论逻辑体系方面。

成中英首先用怀特海的创生性过程哲学和象征指涉论，对《周易》和《老子》进行诠释，发挥了中国天人合德的宇宙本体哲学意义。《周易》六十四卦的象征意义呈现出人在因果效应模式中所经验的变化结构的清晰意象，这就是无论在人类事件中还是在自然条件下，都存在转形、影响、优势、对立、敌对、调和、一致和相对等关系，人的反报、承继、回复、开放、实现和失序等经验也象征性地在卦象系统和结构中占有一席之地，这种象征系统的有机相互关系和阶层次序结构增强了当代人对变化和转化等性质的知觉。《老子》不仅用无、无形来解释道，而且用水、赤子、母亲、阴性、朴、弯曲、曲卷、低下、一、至柔、空、静、弱等一大串意象来叙述道，这些意象构成道的终极实体的"象征指涉"系统，赋予道的概念以生动深刻意义，如道的形而上学、辩证法、认识论、伦理学、美学和政治学等。这种象征指涉性诠释试图通过宇宙本体说明生命本体的创生性，目的在于突出中国哲学强调的"一体统合"、"内在生命运动"和"生机平衡主义"等整体论原则，突出中国哲学传统显现出来的生命本体理想及其由此培育转化出的人心及人生价值。成中英接着以"人的本体论"对自然、人生进行理性反省，从知识与价值统一角度说明人的精神活动在本质上与宇宙本体相统一。也就是说，通过主客体的相互沟通，达到天人一体。成中英在分析人的形而上学理性时，仍沿用传统儒学和现代新儒学心性本体论的思维模式，但又有其独特之处。例如，他认为道德形而上学不能涵盖哲学形而上学，科学理论发展需要独立或暂时脱离心性本体等。这与第二代新儒家唐君毅、牟宗三等人的内圣开出新外王思想有明显不同：

> 人的存在可分为两个层面，一面是理性，一面是意志。理性以知为目标，因而产生知识化的宇宙以及科学的知识架构。意志以行为目标，促使人实践理想与价值。意志本身尚可分为情感与欲望两面，两者都注重行。但两者仍有迥异之处：情感注重精神、心灵的感受；欲望则偏向身体的需要与满足。这样我们可以勾画出一幅生命存在的图像：生命包含了理性的动向和意志的动向，意志的动向分化情感活动和欲望活动，分别实现为知识、价值与行为。而人的存在可视为知行的集合，知行的完成需要透过理性与意志的交互影响才可能，也需要透过心灵与身体的交互影响而见其功。（成中英，1991 年：13）

在上述引证中，成中英使用"理性"这一概念，有时专指与价值相对的知识化宇宙和科学知识，有时则指最高价值意义的形而上学理性、本体理性和生命理性。他把"生命理性"分为理论与实践或知识与价值两个方面，并从主客体关系上说"理不仅是理，也是性"，"理是外在的道理，性是内在的思考能力"（成中英，1988 年：49～50）。在这里知识理性与价值理性会产生冲突，但两者可以通过全体生命性的自觉与认识，寻求和谐关系来解决，这就是生命理性，儒家称为"性"。"人性"就是"生命理性"，包括道德实践理性与认知理论理性、价值与知识或意志与理性两个方面，两者相互渗透形成儒家哲学的内在理性和知识展开系列："对人生的反省，对生命的体验，对人性的观察，对社会的关怀，对道德的追求，对本体的探索"（成中英，1991 年：101）。这是儒家基于生命本体考虑所达成的知识导向哲学，也是儒家哲学从先秦孔孟荀直到宋儒程朱陆王发展知识与道德互为支持的理性传统。值得批判的是，这一传统（尤其是朱熹）并未暂时离开心性开出科学知识世界和技术人工世界。成中英显然由此看到中国哲学传统开出暂时离开心性本体的科学知识世界和技术人工世界（如同波普尔的世界 3），但他并不打算由此另创一个本体世界，因为他按照其"本体诠释学"方法，不仅认为中国哲学的基本内容和方法具有现代化意义，而且也认为中国哲学某些内容具有后现代意义。在他看来，中国传统哲学作为一种源于农业社会的意识形态，尽管同现代工业社会及后工业社会的思想意识具有质的不同，即使现在对它进行诠释也并不能落到有效解决经济技术问题和社会生活"实处"，但如果将经济技术问题和社会生活作为"细处"，便可以在精神道德层面对经济技术问题和社会生活起到一定建构作用。正是在这里，成中英开始从其知识与价值合一的心性本体论转向伦理工程系统论。

从儒家道德哲学来看，人类存在的主体原则是实现的力量与自由的动力，其主体被称为"性"或"主体性"，客体则被称为"命"或"客体性"，而将"命"转换为"性"则是出于人性的动力。成中英把这种自我转换分为三个步骤：第一步是背景假设，通过概念背景赋予人性以本体论意义，把自我主体看作一种自我体验的生命实在与潜能、自我与他人乃至与普遍之"性"相联系的能力和凌驾于"命"之上的主体动力和自由，至于"命"则被认为是客体的必然性与命定性，从而为人的存在与转换奠定统一的本体基础；第二步是道德性自我理解，把"天"、"地"、"性"等背景性的本体观念转换为道德观念，这样个人不再被看成世界中的一个客体，而被看成是独立于经验世界的偶然与限制之外，能实现其对"完美"

理念的主体追求；第三步是主体性本体自我实现，通过道德意识与生命寻求明确的本体指谓与终极证明，自我由此脱离"天"、"命"实在赋予的必然限定与客观命定，同时具有决定力量，把限制与命定转变为道德性的自我内在自由与力量显现，由此构成道德主体确认。正是通过这种本体论诠释，成中英不仅把儒家的道德看作一个具有本体证明的自主道德系统，而且还把它看成一种终极关怀，因为儒家能够把与此三个步骤对应的既有"自我"、自我实现普遍之"人性"潜能、已实现自我"自由"的自我看作是自我拯救与自我实现的辩证发展过程，同时还可以化解与这种自我转换过程相关的"需要"、"理想"与"拯救"三者之间的同一与差异，以确保道德自律或使"为仁由己"与"终极关怀"相互一致。

基于以上对儒家思想的道德哲学诠释，成中英认为中国伦理是一个目的性伦理体系，它强调个人伦理与宇宙伦理的一体性、统一性与连续性以及仁义礼智信的整体性。在西方伦理思想史中，亚里士多德发展的目的伦理强调责任目的化，康德发展的责任伦理强调目的责任化，最终形成了现代的各种责任层次伦理体系：个人伦理独立于家庭伦理、家庭伦理独立于社会伦理与国家伦理、社会伦理独立于国家伦理、社会伦理和国家伦理独立于宇宙伦理或宗教伦理等。在成中英看来，中国伦理体系建构，可以以心性化德性论融合西方伦理体系的理性化和知识化的责任伦理，适应现代信息化、知识化的社会管理，建立"伦理工程"，为未来人类社会定位和定向。这种"伦理工程"主要围绕现代技术发展和影响包含五项内容：一是科学技术与工业化有益于民生经济和国家富强，但在推进技术创新和工业化过程中，必须要参照工业化先进国家遭受工业危害及危机经验，运用理性整体思考来检讨技术创新与工业化带来的社会结构、人际关系与价值秩序变迁；二是科学知识为技术创新和工业化之本，在根源上并不与伦理精神相左，两者均为生命及生活所必需，因此必须要提高知识与价值、科学与伦理相互为用的道德建构共识；三是工业社会伦理应以发挥人性、理解传统、调和现代为宗旨，把技术创新与工业化始终看作实现人性的工具，接受人性需求与整体性的理性指导；四是发挥人性的仁义礼智信思想发展其他伦理，把科学伦理和技术伦理作为人性基本伦理延伸，建立对社会群体的公共道德伦理和普遍的社会责任感，发展对生态环境的尊重与生态系统的友好关系，建立各行各业的伦理规范与职业道德，如医学的医生伦理、遗传伦理，法律的律师伦理，企业家伦理等；五是工业化社会带来专业技术知识分工，伦理建设涉及各种专业知识及行政管理、工业管理、企业管理诸方面，因此社会伦理也必依赖管理决策思想加以推行（成中英，1991 年：240~242）。由此不难看出，成中英立足现代技术社会或工业社会，试图用传统儒学及其伦理精神的整体性、应变性和实践性来调节后现代化社会所遇的技术影响与人文价值之间的冲突问题。这表明他的现代儒家立场是，以儒家文化传统复兴促进中国现代化的健康良性发展。

　　以上余英时、杜维明、刘述先和成中英的相关思想，反映了现代新儒家以道德建构技术文化方向，但他们治学的背景毕竟来自港台地区和美国，所征用工业化与伦理化结合的经验例证也多取自美、日以及东南亚地区和国家，因此具有普遍主义的世界化特征。如果将他们的思想意义还原到中国大陆的现实背景中来，那还需要对大陆学者对现代新儒家的大致回应情形作一简单叙述。前面已经表明，20 世纪 80 年代以来中国大陆渐渐形成一种回归人文传统的"儒学热"或"国学热"，但这种思潮相比此前大陆第一阶段现代新儒家（如梁漱溟、冯友兰、熊十力、贺麟等人）在学术上的逐步沉寂，显然可以被看作是港台地区和美国出现的第二阶段和第三阶段的现代新儒家的大陆"反哺"（秦英君，2005 年：336~346），只不过在中国改革开放的不同时期背负了不同的本土背景。在这一反哺过程中，以蒋庆为代表的大陆学者明确打出"复兴儒学"和"大陆新儒家"旗帜，宣称"21 世纪是儒学的世纪"①。大陆新儒家提出复兴儒学口号虽然在阐扬中国传统文化方面并无不可，但蒋庆认为"中国大陆当前最大的问题不是发展经济和政治民主问题，而是'民族生命无处安立'、'民族精神彻底丧失'（所谓'十亿中国人的精神无所归依，十亿颗灵魂四处飘荡'）的问题，表现为'儒家传统遭到普遍否定'、'中国大陆已经全盘西化'等等"，认为"这才是中国走向现代化的最大障碍，也是中国近百年来政治上一直动荡不安的根本原因"，从而滑向了"立儒教为国教"的极端政治主张（方克立，1997 年）。也就是说，所谓"大陆新儒家"表现出与第二阶段港台地区现代新儒家开出现代技术和第三阶段港台地区和美国华人新儒家以道德建构技术文化根本不同的反现代化理论向度，不仅在政治上主

---

　　① 早在港台新儒家刚刚在大陆传播时，蒋庆于 1989 年政治风波之后不久，便在《鹅湖》月刊分两期发表《中国大陆复兴儒学的现实意义及其面临的问题》。该文虽然在台湾刊物发表，但却被称为大陆儒学复兴的"宣言"。

张消解主流意识形态，而且在反现代化方面具有以道德取代技术发展之嫌，因此被方克立称为"保守主义儒化论"①（方克立，2005 年）。方克立对"大陆新儒家"的保守主义思潮批判主要限于意识形态批判，但这在学术上并不妨碍人们从儒家思想传统中追寻以道德建构技术文化的良性现代化发展因素。事实上，当我国在强劲的经济增长过程中遭遇到诸如资源、环境和社会结构变迁等问题时，启用儒家文化传统进行各种学术和文化探索，发挥传统技器道思想的整体论意义，正是发扬中华优秀文化传统的历史使命所在。

5.4　西方后东方主义的中国传统文化表达

现代新儒家尤其是第二阶段和第三阶段的现代新儒家，不断借助或融合西方文化和西方哲学，使儒家文化传统显现出东方人特别是中国人的主体性意义，随后受到西方后东方主义的特别关注。为了说明这种关注，这里首先需要厘清从东方主义到后东方主义的思想发展线索。自西方现代社会以后，特别是 19 世纪英国工业革命以来，儒家文化传统被部分现代主义思想家认为是现代化的文化障碍。早在 17 世纪，倡导机械论的法国哲学家笛卡尔在谈到中国文化时要表达的意思，其实就是中国人并不具有"任何确定的知识"或理性产品，但与西方人一样具有笛卡尔所说的"普遍存在的人的理性"（忻剑飞，1991 年：146）。这就是说，中国并不具备产生现代科学和技术理性的文化土壤，但却可以普遍存在的人的理性接受西方人的理性产品。笛卡尔对中国文化的零散议论，当然也融于帕斯卡等

---

①　方克立将 2004 年称为"文化保守主义年"，因为在这一年中发生了如下文化事件：4 月，陈明挑战南开大学刘泽华以唯物史观为基础促进儒家思想与现实社会互动的观点，引发了刘泽华学生与"原道"派的一场争论；5 月高等教育出版社出版中华孔子学会组编、蒋庆选编的《中华文化经典基础教育诵本》一套 12 册，由此引发了持续数月的读经之争；7 月，蒋庆邀请陈明、盛洪、康晓光等大陆新儒家代表人物，以"儒学的当代命运"为题会讲于贵阳"阳明精舍"，这被称为"中国文化保守主义峰会"；9 月，许嘉璐、季羡林、杨振宁、任继愈、王蒙等 70 余位文化名人签署并发表《甲申文化宣言》，引发一场如何看待全球化时代的民族文化的思想论争，有人讥其为 1935 年"本位文化宣言"翻版；11 月 24 日，康晓光在中国社会科学院研究生院作题为《我为什么主张"儒化"——关于中国未来政治的保守主义思考》演讲，除继续宣传"立儒教为国教"观点外，还明确提出"用儒学取代马列主义"、"儒化共产党"的政治主张；12 月，号称"中国文化保守主义旗舰"的《原道》辑刊，以《共同的传统———"新左派"、"自由派"和"保守派"视域中的儒学》为题举办创刊 10 周年纪念会。

人的思想和见解中。直到 19 世纪末期，韦伯仍然将中国儒家伦理与保守的中国联系在一起。至于列文森则在 1960 年出版的《儒教中国及其现代命运》一书中，更是感叹儒家文化无法承受西化的考验而成为"博物馆的历史收藏物"。这种对待中国传统文化的态度无疑包含在西方"东方主义"（orientalism）的思想传统中，但以韦伯为代表的西方思想家并不能预测 20 世纪 80 年代以来包括中国在内的东亚国家所经历的激烈的现代化变迁。在这种背景下，西方人如果不能从传统"东方主义"强调的西方个体主义文化因素对东亚的经济奇迹作出完整说明，那就只能诉诸东亚国家传统的集体主义文化激励因素来得到解释。其中作为多数东亚国家的共同文化特点，主要强调成就感、家庭和和谐概念的儒家思想，被认为是影响东亚国家经济发展和繁荣的最重要传统文化因素。现代新儒家的普遍主义或世界主义倾向，使其作为世界历史发展的一种重要文化现象，当然也激起了西方"后（新）东方主义"（post – or neo – orientalism）或"后殖民主义"（post – colonialism）的文化话语流行。

当代美国学者萨义德（Edward Said）认为，传统东方主义是"西方用以控制、重建和君临东方的一种方式"，其基本假定是"东方以及东方的一切，如果不明显地低西方一等的话，也需要西方的正确研究"（才能为人们所理解），"它代表着现代欧洲近来从仍属异质的东方（the East）所创造出来的东西"（萨义德，1999 年：4、50、119）。他的这种看法实际上反映西方"后（或新）东方主义"或"后殖民主义"的话语诉求，意在使西方人"能对文化霸权的运作方式有更好的理解"，"激发人们以一种新的方式去处理东方"（同上：36）。这一反转传统东方主义的话语诉求，显然源自第二次世界大战结束（1945 年）到冷战结束（1989 年）的世界历史背景，其中有三个历史事件更是值得反思：伴随殖民主义终结的东方许多民族和国家的先后独立、全球市场的日益开放以及后现代西方世界的政治重塑。随着殖民主义的日益衰落，新独立的东方民族和国家开始通过民族主义的文化认同和运动有效地摆脱西方控制，这使基于殖民化主题形成的传统东方主义在西方知识分子中不再被认为是理所当然的东方文化陈述范式，后殖民主义理论由此而生。与此同时，逐步形成的全球市场超越国家界限，使民族文化认同出现转向消费主义生活风格趋势。这意味着传统东方主义在全球化时代，必须同商品化和技术化的普遍主义和世界主义目标相结合，否则它作为一种从文化上贬抑东方国家的意识形态，便不能在不亲自经历以及作出理性判断和评价选择情况下将东方本土文化打入"非存在"之列。在殖民主义条件下，殖民国依靠其技术优势获得出口给殖民地消费品的贸易优势，由此进行资源掠夺和剩余价值榨取，因此把殖民地本土文化表征为消费文化便成为多余。但问题在于，许多后殖民地本土文化现在日益变得与技术化或市场化的"理性铁笼"缠绕在一起。因此在自由流动和去规约化的象征意义下，后殖民地本土文化加入全球消费者大家庭，不再被看作是天真的、非理性的另类因素。传统东方主义由此作为不合时宜的殖民主义产物开始遭到拒绝，只能重新调整自身以适应全球文化形势要求。更为重要的是，面对西方人对其后现代状况的强烈反思，传统东方主义对东方形成的固定文化认同日益从中心走向边缘，而来自边缘的文化认同问题则走到前台来，诸如西方和平运动、民权运动、生态运动和妇女运动等正是后现代反思的社会产物，东方文化也在这种后现代氛围中得到重新审视。对传统东方主义的解构当然需要以反转韦伯式的中国文化命题为着眼点，力求在西方语境下重新审视儒家文化传统，包括中国传统技器道思想，以确立起新的东方主义话语系统。

在整个 20 世纪，较早以后东方主义态度对待中国文化的西方人，当数德国存在主义哲学家雅斯贝尔斯。他在《伟大的哲人》一书中将释迦牟尼和孔子置入全球哲学框架，认为他们"同根同源"，又同西方伟大思想家一样追问同样的问题："历史性及其后继的唯一结果只能在包容一切的人性历史中加以想象。"（Jaspers，1962：13）按照这一全球历史视野，他在《历史的起源和目标》一书中认为，公元前第一个千年的"轴心时代"囊括了东西方许多不同文明的同时涌现，其中包括前面余英时讲到的儒家思想的文化"超越"，这些文明以批判和反思的思维形式在人类历史上首次参与到世界现实的文明整体塑造中。对于东方文化的"他者"形象的这一西方意义，法国存在主义哲学家梅洛—庞蒂（Merleau - Ponty）则写道："西方哲学能够（从印度和中国）学习到，重新揭示与存在的关系，评估我们自闭于称为'西方人'的可能性，且也许可以重新打开这种封闭状态。"（Merleau - Ponty，1964：139）当然 20 世纪参与东西对话最为重要的哲学家应属海德格尔，他的比较技术哲学思想前面已系统论述，这里主要就本节内容作些简单铺陈。他激进地追问古希腊—基督教形而上学的罗格斯中心主义传统，认为这一传统在西方以带有计算性和客观化倾向的现代科学和技术思维方式达到最高顶点，并将这一传统同东方尤其是中国和日本的思维方式加以比较。海德格尔无疑与其他许多西方思想传统批判者一样，从中国道家和禅宗的沉思冥想和直觉的思维方式那里获得共鸣。但与雅斯贝尔斯倡导东西方跨历史的统一精神不同，海德格尔对待中西对话有些模棱两可，坚持认为哲学本质上是一种西方现象，因此具有较为明显的东方主义色彩。但无论如何在比较技术哲学方面，海德格尔毕竟为人们提供了中西对话的参照坐标。自20世纪中期以来，美国夏威夷大学的东西中心和哈佛大学的亚洲中心长期致力于东西对话，大大推进了普遍主义的中西比较哲学和解释学研究。这种研究涉及到技术哲学不多，现在转向后东方主义围绕科学、技术和生态问题展开的与东方哲学的思想对话。

在传统东方主义那里，似乎不可能将科学技术与东方哲学联系起来，因为后者向来被认为带有神秘主义和非理性主义倾向，最多只能充当西方科学主义、实证主义乃至机械论的平衡砝码。但请不要忘记，即使在19世纪工业革命兴起之后，西方科学与东方神秘主义就结成一种联盟。诸如黑格尔、歌德、叔本华等思想家，就曾经把来自东方的佛学思想作为科学对抗本土的形而上学传统的强劲思想同盟。甚至在启蒙运动及之前，中国儒家思想尽管与现代科学与技术并不存在直接的内在联系，但在蒙田、马勒伯朗士、倍尔、沃尔夫、莱布尼茨、伏尔泰、孟德斯鸠、狄德罗、赫尔维修、魁奈和亚当·斯密等人那里，却能以其理性主义伦理基础被想象为反对宗教和与当时正在兴起的科学精神相协调的思想武器。克拉克（J. J. Clarke）据此认为："就东方思想某些方面与现代科学视野的广泛接触来说，这种想象一直持续到二十世纪。"（Clarke，1997：165）但这里必须要指出，20世纪以来西方人对中国哲学的热情探索从内容上毕竟已经不同以往。以往除了莱布尼茨曾受中国儒家经典《周易》的阴阳理论发展了与适应计算机技术发展的二进制代数之外，均不是把中国儒家思想看作现代科学技术兴起的文化内容，只是把它作为一种思想策略来对抗当时对科学不加宽容的宗教神学。但进入20世纪以来，西方人试图要从东方形而上学中直接为"新的科学"发展寻找相应的文化根基或哲学框架。这里所谓"新的科学"主要是指相对论、量子力学、分子生物学、系统科学和生态学等，这些学科进展与伽利略以来主要依靠分析和实验的现代科学不同，表现出一种与机械论和还原论的现代科学世界观极为不同的整体论世界观。随着当代新科学发展，西方思想家试图在中国和印度自然哲学中找到从原子论、还原论或机械论通向有机论或整体论之路。

　　早在 1930 年，德国哲学家荣格（C. G. Jung）就指出中国古代《周易》中的"背景假定"与量子力学的科学假设（粒子运动不能离开其微观环境而运动）有着惊人的相似性。作为荣格的合作者，量子力学的领军人物之一鲍里（Wolfgang Pauli）则发表《共时性》一文指出"科学的新近结论越来越接近于一种有关存在的一元论思想"（见 Jung, 1985: 133）。鲍里参与这种哲学讨论显然源于这样一种文化氛围，那就是当时量子力学界其他几位关键物理学家同样以类似路线从东方思想思考量子力学广泛的认识论和形而上学意义。玻尔作为量子力学的重量级人物，就曾注意到量子力学的革命性思维模式与古代东方哲学之间的密切联系。他的量子理论解释，在某种意义上是把思辨或直觉引入对自然的科学理解。他在访问中国之后，开始尤其热衷于中国道家哲学。当丹麦政府为他封爵时，玻尔选择中国道家的阴阳符号作为其制服图案，以象征其互补原理的量子力学思想。薛定谔和海森堡同样也对东方思想给予关注，尤其是海森堡以其测不准原理为基础坚持某种平行主义观点，强调东方哲学有利于调和西方智慧与量子力学两者关系：

　　　　在某种程度上讲，现代物理学的开放性也许有助于将古老的传统与新的思想趋势协调起来。例如，自上次大战（第二次世界大战）以来，日本对理论物理学的伟大科学贡献，或可表明远东传统哲学思想与量子理论的哲学实质之间的某种关系。在本世纪头几十年中，当欧洲还流行那种天真的物质主义思维方式时，远东人可以不另诉诸这种思维方式，便可以轻易地自我适应量子理论的实体概念。（Heisenberg, 1959: 173）

　　可以说，西方 20 世纪上半期的整个科学思想转换，推动着包含科学家在内的西方思想家思考这种思想转换的东方哲学基础。在这种背景下，一如前面已经表明，如果撤除其传统东方主义的思想成分，那么广为中国知识界所熟知的英国科学家（生物化学家）李约瑟则在更一般意义上表明中国自然哲学与后古典物理学之间的重要关系。在他看来，中国道家自然哲学家的核心思想在于：自然为一，自然活动无处不在，它是一种永恒的自我创生过程。这种自然模式不是一种强调因果链条或机械过程的机械论模式，而是一种强调生生不息的有机论宇宙模式。按照这种整体论模式，物的特殊活动方式不是因为他物的超验行动或推动，而是因为其处于不断变化的宇宙循环中被赋予自然行动的内在特质。李约瑟认为，中国古代这种有机论哲学实际上指向了玻尔和卢瑟福（当代原子物理学创始人）无需诉诸牛顿而达到的科学见解。克拉克评价说，李约瑟的研究目标之一在于"以开拓中国科学的历史疆界作为对伽利略—牛顿模式的批判，利用新儒学（指宋明理学）的自然思想提炼一种有机论综合，由此来超越西方机械论思维"（Clarke，1997：169）。

包括玻尔、鲍里、海森堡、薛定谔和李约瑟等在内的一大批科学家，无疑阐明了中国哲学的当代科学意义。但把这种意义升发为一种普及性的世界观，要归功于卡普拉（Fritjof Capra）。他在其 1975 年出版的《物理学之道》一书中，提出了一种"对反统一"（union of opposites）的著名东西比较哲学命题，用来说明西方思想在量子物理学发展中回到东方传统思想立场问题：

> 因此在现代物理学中，宇宙被经验为一种动态的、不可分割的整体，这一整体必然地将观察者包含于其中。按照这种经验，诸如时间和空间、被分割诸客体以及原因和结果，所有这些传统概念均已失去意义。然而，这样一种经验却非常类似于东方的神秘主义经验。（Capra，1976：70）

卡普拉将当代新生的物理学与东方古代哲学相提并论，认为现代物理学的主要理论和模型导向一种新的世界观，这种新世界观与东方神秘主义观点具有惊人的一致性。他在这里强调两个关键概念："宇宙的基一"（basic oneness of universe）和"意识的综合角色"（integrated role of consciousness）。就前一概念来说，现代物理学在亚原子水平上提供了一种有机的自然模式，把世界设想为一个不可分割的整体，万物在这一整体中处于永恒流动中，不存在牛顿机械论科学中想象的任何固定的、绝对分离的基本实体；就后一概念来说，现代物理学发展指向一种一向被牛顿范式所排斥的可能观念，即把意识引入对自然的集成或综合描述，因为所谓量子现象"只能作为过程链条中的诸多链接点来加以理解，其最后的归宿留存于作为观察者的人的意识当中"（ibid：318）。按照这两个思维向度，如果诉诸中国道家、印度教和佛教传统，可以发展一种新的世界观：东方各种思想学派虽然细节上有所不同，但"它们均强调宇宙的基一"和把"宇宙看作一种不可分离的实体——永动的、活生生的有机体，精神与物质相同一"，正如当代物理学表明，"这种普遍的相互构成整体也包含了作为人的观察者以及他或她的意识"（ibid：23，44）。在卡普拉看来，东西思想之间的"接触点"在于它们的"对反的互补"（comeplementarity of opposites）思想：东方哲学虽然确认了不可分离的统一体，但也认识到包含一切事物的统一体内存在着各种差异和对比，诸如善恶、男女和生死等看上去似乎分离的和极化的对立面，它们在同一实体中表现互补的两个方面；同样的，现代亚原子物理学也持类似见解，就是物质既可分又不可分，既连续又不连续，力和物体只是同一现象的两个不同方面而已。

卡普拉上述东西思想比较并非要表明东方形而上学对量子物理学发展的实际意义，其目的仅仅在于提出一种新的哲学框架，由此来理解新兴的物理学理论内容，因此涉及到科学与精神目标之间的关系协调问题。他指出东西方这两条路径曾趋于分离，其结果是两者成为一种文化分叉，失去了相互交流机会，无法形成一种综合性世界观。他为此要表明的是："东方思想和更为一般的神秘主义思想提供了一种与当代科学理论相一致和关联的哲学背景，或提供了一种使人类科学发现能与其精神目标和宗教信仰达到完美和谐的世界观。"（ibid：24）这一观点经常被批评为无视东方神秘主义与现代科学的不可通约特征，因此无论是在文化背景上，还是在方法论和实践应用上都无法行得通。但这种批评忽视了卡普拉的中心目标，这就是西方世界观的基本假定重塑。卡普拉并不试图要从科学理论本身来支持新兴的物理学发展，而是要表明围绕客观物质理念、绝对心物区分和严格决定论形成的哲学信念基本上不能适应当代科学发展的新型思维方式要求，因此把东方理念作为一种哲学策略，试图颠覆西方长期以来的哲学信仰，以便提出一种新的世界观或哲学范式。

卡普拉的以上哲学文化策略，其实并不稀奇。早在17世纪经典科学革命时期，为了颠覆亚里士多德的科学权威，就有不少哲学家和科学家（如笛卡尔、莱布尼茨、波义耳等人）热烈倡导各种不同于古希腊原子论和怀疑主义的哲学学说。但是，卡普拉提出的哲学综合理想毕竟是要将西方科学的当代发展同东方宇宙论相结合，因此成为20世纪后期许多杰出思想家广泛讨论的哲学主题。俄国出生的当代物理学家普里戈津（Ilya Prigogine）作为这方面的重要人物，曾针对当代物理学发生的根本变革，为了就物质的自组织特征提出一种新的方法，指出"也许我们最终能够把西方的传统（带着它对实验和定量表述的强调）与中国的传统（带着它那自发的、自组织的世界观）结合起来"，"朝着一种新的综合前进，朝着一种新的自然主义前进"（普里戈津、斯唐热，1987 年：57）。与此同时，著名物理学家玻姆（David Bohm）则试图在东西方之间架起一座桥梁，将东方理念融入其量子理论解释中。他反对统治物理学数世纪的原子论实体观——主张把世界解析为分割的和独立的部分或要素的经典思想，认为应按照新的物理学理论构筑一种非碎片的实体观，用以说明本质上"不可分割的宇宙整体"。为达到这一目标，他发展了"隐含秩序"（implicate order）理论，由此把物理现象看作内在于自身。这种"隐含秩序"是一切现象的总体或一元论秩序，所谓"解释秩序"（explicate order）只能从"隐含秩序"展开而来。在玻姆看来，这种整体论的实体观不仅使量子理论意指的新物质性质理解成为可能，而且也使人类精神世界与物理现象世界重新统一成为可能。与卡普拉和普里戈津一样，玻姆将这一新的一元论观点看作是东方思想的整体论哲学暗示。当然这绝不意味着玻姆全盘接受东方思维模式和行为方式，只是探索一种新的综合，这种综合被称为"东西方以往一切伟大智慧"（Bohm，1981：24）。

卡普拉、普里戈津和玻姆的中心议题是"整体"概念，他们主张西方应该实行一次世界观整体变革：从以往三个世纪多一直占据统治地位的以原子论和机械论为特征的科学形而上学基础，转向一种强调无可逃脱的相互关联的整体论方法。这当然也是他们关注东方哲学的主要原因所在，因为在东方哲学那里万物背后的整体关系是一个普遍的基本哲学假设。卡普拉的这种哲学比较不仅诉诸以量子力学为代表的新物理学进行，也把它延伸到生态学领域。卡普拉继《物理学之道》之后，于 1982 年出版了《转折点》一书，试图展示一种"新的范式"或"实在的新观念"。这意味着"思想、观点、价值观的深刻变化"，为自然的整体和人与自然的和谐相处艺术提供"整体的和生态的生活观"（卡普拉，1989 年：22、194）。卡普拉相信，这种新的整体论范式源自系统论的思维方式，因为系统理论为思考所有不同领域的现象提供了概念框架："以相互关联和相互依赖的观点来看待世界"，"系统一旦集合成整体，其特性便不能归为部分的特性"（同上：32、196）。在他看来，这种系统方法无疑可以从东方思想中获得支持，它在许多方面不过是东方古代思想的现代改造而已。在这种意义上讲，所谓新的范式作为一种新的综合结果，必须要按照中国道家哲学的阴阳理论指引，寻求理性和直觉、男性与女性以及行动和思辨之间的动态平衡。卡普拉认为："西方文化一直坚定地崇尚、鼓励阳，亦即人性中雄性的、自我肯定的因素，一直忽视阴，亦即雌性的、直觉的方面。"（同上：35）前者使现代技术建立在"人对自然加以统治"的信念之上，它"与把世界视为机器的思想模式以及对于线性思维的过分强调的做法相结合，造就了一种既不健全又不人道的技术，自然的、有机的、复杂的人类栖息环境已被一种简单化、合成化、预订化的环境所代替"，但正如中国儒家经典所言"阳至而阴"，西方文化的"转折点标志着阴与阳之间的流动将向相反方面发展"，以"重新建立起人性中雌雄两性之间的平衡"。（同上：34~35）

在后东方主义那里，中国儒家哲学和道家哲学成了诊断和解决西方现代和后现代问题的文化传统。在冷战结束后，随着中国成功的经济改革展开，这种热情和兴趣一直延续下来。中国道家在西方虽然不可能取得宗教地位，但其阴阳形象和术语、理论见解和诸多实践正在得到追捧，如太极拳和风水实践以及人与自然关系的共生方法等均受到西方大众欢迎。在这种大众实践氛围中，生态模式作为一种对西方现代主义观念的批判，在全球化背景下无疑成为一种集东西方哲学智慧为一体的价值要求。美国政治哲学家斯普莱纳克（Charlene Spretnak）正是参照中国道家等东方思想，试图以传统弥补现代性不足，由此提出一种新的世俗精神，即"生态—后现代主义"。这种新的智慧超越"现代性的失败方面"转向"现代性曾蔑视和拒绝的诸多传统"，这些传统"包含生态共享和动态一体的天启色彩"（Spretnak，1991：19、23）。在他看来，后现代主义可以从其对现代性的批判中进入东方传统智慧中，从解释学上重建古老观念，使其适合和应用于后现代的生态问题解决。这种结合中国哲学等东方传统智慧的"生态—后现代主义"观点主要强调如下内容：万物内在的神圣观念，宇宙的自我创生和人类生活的自我实现意识，克服主体的自然嵌进和人际现实的二元论，主体性和内导智慧的反宗法思想，身体及其情感、象征和精神潜力的意识强化，人类话语相对性和人类文本多元性的清醒认识，自然万物的整体互动和无限流动认识，以及赞同情感、互相同情和宽容的伦理系统，等等。

后东方主义思想家从现代性批判中，试图将中国儒家思想同资本主义结合起来，为后现代性的断裂状况寻找解决方案。早在 20 世纪 70 年代，梅奇戈（Metzger）把宋明时代的"新儒家"看作一种资本主义改造力量。在他看来，这种新儒家尽管在历史上并未起到韦伯强调的清教伦理所起的那种现代化作用，但其理性思想同样也具有欧洲启蒙运动的那种现代特征，因此它以其集体性的传统价值能够在跨国资本和技术自由流动的全球化中较好地适应世界经济技术变革。梅奇戈认为，西方资本主义成功的一个明显悖论在于，促使资本主义兴起的清教伦理正在日益丧失其原有的指导行动的宗教动力或道德价值，因为资本主义制度的工具理性已经取得某种自主性，在这种工具理性下任何社会关系在本质上均被理解为一种抽象的契约关系，清教徒那种救赎的价值追求再无立锥之地。在这种道德真空下，可以考虑将儒家伦理作为清教伦理的一种替代物，因为儒家思想的道德向度整体上不能从与物质主义分离开来，同时又不被物质主义所遮蔽。也就是说，儒家思想在救赎意识上并非严格的宗教伦理，可以以"理性化的道德"或"世界主人的形式"之名调整世界和使"有效的道德努力"合法化，以强调宇宙和谐和个人道德以及"互惠价值"的繁荣观念，推动已经丧失原创超越目标的资本主义发展。（Metzger，1977：201，205）

进入 1990 年以来，梅奇戈有关中国儒家思想的这种世界调整和世界改造观念，继续得到后东方主义学者响应。瓦尔克（Walker）认为美国日益变成一个在文化上断裂和脆弱的后现代社会，中国儒家思想针对这种社会文化断裂可以向美国提供这样一种承诺：以儒家文化系统的整体论品格取得道德和政治重塑。在美国这样的后现代社会中，儒家文化系统是否能够取得实质性效果，可以说是一个开放的学术问题。美国哲学家奈威勒（Neville）为了回答这一问题，将儒家传统与美国实用主义作了比较："儒家坚持一种自上而下的完全囊括一切天地之性的礼仪观，道家则尊崇从下向上的人性真伪辨别的自然习性观。两者虽然不同，但实用主义的符号理论提供了一种使它们和解的路径方法。正如实用主义理论的内容表述一样，真理在于认识到两者连续的完整统一。"（Neville，1994：14）他着眼于美国公民社会改善，按照实用主义思想重塑儒家哲学，提出所谓"儒家实用主义"，试图将中国传统文化价值（如集体概念、家庭观念等）同实用主义背后的工具理性结合起来。这种讨论无疑意味着西方人正在把儒家思想看作把晚期资本主义制度与道德礼仪理论结合在一起的改造力量，促使西方人以非个体主义的哲学框架调整工具理性，认识到这种调整对政治自由和国家需要与控制的重要意义。由于美国信守的实用主义一般来说主要涉及结构问题，通过符号解释系统把儒家礼仪纳入资本主义道德化体系，有利于裁决公民需要与国家需要之间的和谐关系。

无论如何，20 世纪中期以来，后东方主义对中国传统文化尤其是儒家思想所作的解释和说明，从根本上改变了以韦伯为代表的传统东方主义观点。按照这种解释和说明，中国传统文化中的一元论、整体论和集体主义观念被看作是解决西方后现代社会断裂问题的潜在补救方法。如果这种解释和说明并不限于抽象的深奥说教，那么它与目前正在发生的地缘政治、经济和技术变革密切相关。当前时代作为一个新的"轴心时代"，不仅表现为欧洲启蒙运动的伟大普遍化工程日益产生了某些后现代问题，而且也体现在全球化支点正在从大西洋转向太平洋或从西方国家转向亚洲国家，包括中国。正是这种地缘政治、经济和技术中心变移倾向，使以儒家文化为特征的"亚洲价值观"进入东亚人的自我意识更新中。在这种意义上，后东方主义与现代新儒家基于同一全球背景，均有世界主义或普遍主义倾向，其不同仅仅在于：前者着眼于西方后现代问题，后者则更关注东亚现代化问题。现代新儒家试图通过当代西方思想修正儒家思想，后东方主义则以儒家思想作参照系为西方思想确立新的方向，它们均表明中国传统文化的整体论意蕴。但在这里不能停留在普遍主义的世界哲学设想上，必须要将其还原到中国本土的历史和现实背景中，把西方后东方主义和现代新儒家思想结合起来，从技术哲学视角进一步阐发中国传统技器道思想的当代意义，以回应至今仍然占据统治地位的西方机械论范式：

（1）现代新儒家在复兴儒家文化过程中，始终以恢复"内圣外王"的中国版"劳动人"形象为思想宗旨。按照这种文化形象重塑，"内圣外王"通过技艺活动参悟"器"的终极本质"道"。在这里"技"包括接近现代意义的器械创制技术和其他艺术，与此相对应"器"作为人工造物也包括空间内容的器物和空间外侵的机械或机器，它作为象征意义的哲学范畴当然也可以衍生为天地万物，因此借助技艺活动参悟天地万物之道，构成了中国技术哲学思想传统。在这种意义上，现代新儒家从中国哲学传统中不仅能够开出现代意义的技术，而且诉诸存在或实在的终极本质"道"的伦理关怀对这种技术的负面意义（如其空间外侵导致的生态破坏问题等）作出批判，从而极大地发挥了中国传统技器道思想的整体论见解。西方后东方主义思想家正是诉诸这种整体论，对西方机械论给予批判，并试图确立一种新的世界观。在后东方主义那里，如果说笛卡尔—牛顿机械论世界观支配的现代科学在认识论意义上"最终导致了整个世界的祛魅"（格里芬，1995 年：2)，而构成现代科学目的或本质的现代技术同时在改造意义上形成了对世界的毁坏的话，那么要改变这种机械论世界观就需要回到"古老的世界观"（同上：18)，包括中国古老的整体论世界观上来，从而显现出中国传统技器道思想的当代魅力。

　　(2) 现代新儒家从儒家文化传统对现代技术背后的西方机械论给予批判，这与后东方主义热情赞扬中国传统技器道思想的整体论倾向具有一致之处。但这里必须要注意他们所处的不同历史背景，前者处在中国前现代阶段，后者则面对的是西方后现代问题。可以说，中国虽然从鸦片战争开始就在殖民主义的强烈冲击下遭遇现代化问题，但直到中国改革开放之前仍未能展示出现代技术的强大力量。因此如果说第一阶段的现代新儒家在民族危亡时期以对西方机械论批判来振兴民族精神的话，那么第二阶段的现代新儒家通过中国传统文化开出现代意义的技术则是要在新的历史时期试图为中国富强提供传统文化基础，或在更宽泛意义上为东亚地区或国家兴起作出儒家文化传统解释。但毫无疑问第一阶段和第二阶段的现代新儒家均没有离开"体用不二"或"道器不二"的传统技器道整体论方法，这一点也为第三阶段的现代新儒家所继承。只是在第三阶段的现代新儒家所对应的历史阶段，中国已经在改革开放中走向强盛，从西方国家学习现代技术已经不成为问题。但中国现代化才用了仅仅 30 多年时间，在进入 21 世纪之后便逐步表现出某些西方数百年时间才产生的后现代问题。就这一问题来说，格里芬在其《后现代科学》一书中文版序言中，把中国的 21 世纪发展看作世界未来关键："考虑到中国的巨大和她的活力，考虑到她注定要发挥的不断增长的影响，她今日的现代化进程必将对未来人类如何与自然界相处这件事上产生重大影响。"（同上：中文版序言）第三阶段执教于港台地区和美国学术机构的现代新儒家之所以在中国大陆引起巨大反响，绝不只是源于纯粹学术问题，而是因为它与当前的中国现实状况相适应。正如前面表明，第三阶段的现代新儒家与后东方主义实际上采取了相类似的思想路向，这就是综合创新的整体论方法。在这种综合创新中，第一阶段的现代新儒家批判西方机械论已开始显现出它的现实意义，即表明机械论支配的现代技术的消极影响，但这并不意味着对抗第二阶段的现代新儒家开出的现代技术，因此第三阶段的现代新儒家所作的只是既要保留第二阶段的现代新儒家开出的现代技术概念，又要克服第一阶段的现代新儒家就现代技术所表明的消极影响。如果现代新儒家已经将传统技器概念转换为西方式现代技术概念的话，那么就可以援引格里芬的话表明中国传统技器道思想的现实意义："中国可以通过了解西方世界所做的错事，避免现代化带来的破坏性影响。"（同上）

（3）与后东方主义在中国作为一个纯粹学术问题引起人们关注不同，现代新儒家无论在历史上还是在当前现实中均与我国主流意识形态密切相关。儒家文化传统虽然仍然存留于中国民间日常生活实践中，但在经历了多次政治、社会和文化变革后，它的制度性架构已经不复存在，因此其文化影响和渗透力已远远没有历史上那么深刻。通过现代新儒家重申传统，如果不是在主流意识形态的思想框架基础上，便不可能在当下中国现实中发挥中国传统技器道思想的整体论意义。也就是说，只有着眼中国现实和未来发展，诉诸马克思主义对传统技器道思想作出与主流意识形态一致的哲学文化解释，中国传统技器道思想才能不被批判为新保守主义思潮而被遮蔽。因此必须要接受近代以来中国传统整体论被西方机械论遮蔽的经验教训，要学习后东方主义将儒家思想融入资本主义的学术方法，把传统技器道思想融入社会主义意识形态。目前中国特色社会主义意识形态事实上正在中华文明复兴之名下，形成容纳传统技器道思想的文化倾向，这是下章要进一步深化的技术哲学主题。

第6章 结束语：走向一种中国本土化的技术哲学整体论

对中国传统技器道思想的整体论意义重新阐释意味着一种可选择的技术思想，也意味着可以运用技术多元主义理念取代或包容至今已经被人们普遍公认的"技术单一主义"思想——即机械论支配的线性技术发展模式。在这种意义上讲，不同民族或国家的不同社会系统、政治意识形态和文化背景，需要推动不同的本土技术发展路线。中国在取得社会主义革命胜利之后，奉马克思主义为主流意识形态，通过推动马克思主义中国化不断探索适合中国的技术发展主题。那么，马克思主义中国化与现代新儒家是否具有一致之处呢？应该看到，马克思主义在其中国化过程中，有着与现代新儒家思想复杂的文化关系，有时甚至出现冲突，但两者在不断的交锋和弥合中显然又存在着趋于整体论意义的关系汇合。本结语将从马克思主义经典原理出发，借鉴西方马克思主义研究最新成果，表明马克思主义的技术社会整体论与传统技器道思想的整体论的一致性，以此来推动中国传统技器道思想，在马克思主义中国化的技术自主创新意识形态表达中发挥重要的文化自觉意义。

6.1 历史唯物主义与中国传统体用范畴

经典马克思主义的技术哲学思想包含在其历史唯物主义或唯物史观中，而对唯物史观的至今仍然占据主流地位的传统解释[①]是：马克思把社

---

① 在我国多数马克思主义哲学教科书中都将生产力解释成为一种首要因素，持同样见解的西方马克思主义思想主要自 G. A. 柯亨为马克思的"生产力首要性命题"所作的详细辩护（柯亨，1989 年：第 6 章）。

会分为三个不同的相对独立要素——生产力、生产关系和上层建筑，其中包括劳动工具、劳动力和劳动对象三大要素的生产力是社会的基本力量或引擎，生产关系是生产过程涉及的人和生产力量的一切关系，这种关系在特定时代最初要适应生产力发展要求，但当它们阻碍生产力发展时就会进入革命，而建立在经济基础（生产关系）上的上层建筑（包括道德、伦理、宗教、国家、政治斗争和其他意识形式）则是实际的生产关系的体现和结果。这种经典解释具有明显的技术决定论色彩，它严格按照生产力决定生产关系和由生产关系构成的经济基础决定上层建筑这样一种逻辑，来理解经典马克思主义的唯物史观，但这种决定论解释显然是一种简单化的处理方法。马克思确实认为资本主义的生产力优于封建社会和古代社会，并描述了它的巨大革命力量和作用，但这里的问题是他理解的"生产力"、"机器"等概念远比技术决定论者理解的技术或生产力概念要广泛和复杂得多。马克思把劳动力理解为"人的身体即活的人体中存在的、每当人生产某种使用价值时就运用的体力和智力的总和"（《资本论》第1卷，1975年：190），而技术决定论者只是声称劳动力是生产力三大要素之一。按照技术决定论界定，劳动力包括技能、素养、诀窍和经验等，即科技知识也成了劳动力属性，因为每个劳动力都会在生产过程直接使用已经被广泛接受的科技知识。这意味着生产力应当包含劳动过程实际利用的一切因素，如果科学知识和人的经验可以满足这一条件的话，那么就没有理由不认为人的道德和价值结构与其生产或技术实践直接相关或在劳动过程中起直接作用。

在技术决定论者看来，马克思的文本并未将诸如道德或法律一类的东西置于"生产力"范围，只有生产的物质和自然因素才是生产力。但如果生产的物质和自然因素是标准的生产力范畴的话，那么科学、经验一类的东西就很难进入生产力范畴。显然这种论证是不合理的，因为即使一般道德作为社会制度在生产中不发挥作用，道德价值作为劳动力或工人的基本属性也会发挥作用。技术决定论的错误恰恰就在于它忘记了这样一个事实：不仅劳动力在生产过程中操纵它的知识，而且劳动力自己的价值判断和意志同样也在起着作用。因此如果说生产力包含的工具和原材料只有同劳动力结合起来才能发挥作用的话，那么支配、控制、指导和体现劳动力的知识和价值直接地参与生产过程，它们作为劳动力属性也是生产力。正如科学知识仅当其并入劳动力才是生产力一样，道德和非道德价值也只有作为劳动力属性才能发挥相应作用。正是包括劳动力、相关价值、知识、素养和工具、工厂等在内的社会生产总体决定了社会的其他领域，因此历史发展的解释基础不是技术决定论理解的那种生产力，而是由生产力、生产关系及其相关价值相互促进或相互矛盾的生产方式或技术实践。也就是说，历史的解释基础在于一种辩证复杂的社会整体发展，其中人的价值、欲望和利益不仅包含在劳动力中，而且也包含在客体化的劳动形式（如机器）和生产关系中。也就是说，生产方式的发展，无论是其内部运行还是向另一种生产方式发展，都不能独立于人类及其价值而发生。社会发展从一种形态向另一种形态过渡之所以发生，也是因为人类生产方式的辩证运动，而这种生产方式涉及的任何实践活动（包括技术实践）都内在地包含了价值、目标、目的和需要，包含了道德因素。

经典马克思主义正是在以上整体论的唯物史观基础上，对科学社会主义作了某种技术预想。马克思无疑是从资本主义技术社会批判出发来设想历史发展的最新生活形式，即基于技术实践将自由的历史特征置于生产方式框架中加以考察。对于马克思有关机器系统和大工业生产的经典批判已有人作了较详细论述（李三虎，2006 年：第 4～6 章），这里不再赘述，只是要指出：在马克思看来，资本主义"狂热地追求价值的增值，肆无忌惮地迫使人类去为生产而生产"，它"为一个更高级的、以每个人的全面而自由的发展为基本原则的社会形式创造现实基础"，但更为高级的社会主义或共产主义与资本主义有明显不同，社会主义强调"社会化的人，联合起来的生产者，将合理地调节他们与自然之间的物质交换"，"靠消耗最小的力量，在无愧于和最适合他们的人类本性的条件下进行这种物质交换"（《资本论》第 3 卷，1975 年：649，926～927）。也就是说，社会主义的技术发展要求在于其使用价值享用，这与资本主义的那种交换价值增值形成明显区别。

经典马克思主义的社会主义技术预想，无疑从古代社会传统获得启示。但这里的问题是，这种古代社会传统是否也包含了中国传统？马克思无疑看到了 19 世纪中期西方资本主义与中国文化传统之间的巨大张力："半野蛮人维护道德原则，而文明人却以发财的原则来对抗。一个人口几乎占人类三分之一的幅员广大的帝国，不顾时势，仍然安于现状，由于被强力排斥于世界联系的体系之外而孤立无依，因此竭力以天朝尽善尽美的幻想来欺骗自己，这样一个帝国终于要在这样一场殊死的决斗中死去，在这场决斗中，陈腐世界的代表是基于道义原则，而最现代的社会的代表却是为了获得贱买贵卖的特权。"（《马克思恩格斯全集》第 12 卷，1962 年：587）马克思和恩格斯在其著作中受到传统东方主义影响，除了使用"古老的中国"和"最古老的帝国"这类中性术语之外，还使用了"半野蛮国家"、"半野蛮人"和"不开化的人"等传统东方主义字眼，但他们毕竟又不同于传统东方主义。马克思一方面基于欧洲资本主义，从以商业霸权确保工业优势到以工业（技术）优势维护商业霸权的殖民主义逻辑，认为当时鸦片战争背景下的太平天国革命不仅导致中国封建社会结构的迅速瓦解，而且也造成资本主义的世界市场危机，从而印证着欧洲社会主义兴起的合理性①。另一方面，他又在历史哲学意义上表明，包括亚细亚（指印度和中国）生产方式在内的古代公社与科学社会主义和共产主义设想存在着千丝万缕的联系。马克思把亚细亚的、古代的、封建的和现代资本主义生产方式看作人类社会经济形态演化的几个历史阶段，其中亚细亚生产方式被当做人类历史第一阶段的相对孤立或封闭的土地公有制、农村公社来加以理解。

在马克思看来，中国与印度一样是以农业和手工业为其生产方式基础，但中国这种生产方式的结合更为直接和紧密："每一个富裕的农家都有织布机，世界各国中也许只有中国有这个特点"（《马克思恩格斯全集》第 13 卷，1962 年：604），因此能够给予资本主义大工业产品以最顽强抵抗。可以说，中国古代生产方式是一种典型的亚细亚生产方式。既然资本主义生产方式推动的是一种异化的技术发展——资本使用机器是把工人全部生活时间变成资本价值增值的劳动时间的最可靠工具，而原始公社甚至古代城市公社使用工具是为了劳动者本人而珍惜劳动，那亚细亚的农村公社和土地公有制与古代希腊和罗马的城邦社会和行会制度实际上就成为社会主义和共产主义设想的历史参照。马克思曾经引用古希腊和古罗马人的观点，高度赞扬古代人把技术看作对劳动和劳动创造的使用价值改善。如

① 马克思和恩格斯于 1850 年初在谈到当时中国问题时曾经引用德国在中国的传教士郭实腊（即居茨拉夫），把欧洲的社会主义理论和实践与中国太平天国革命联系在一起，甚至将"中华共和国"、"自由"、"平等"和"博爱"等字眼赋予英国资本主义影响下的太平天国革命。在 1853 年的《中国革命与欧洲革命》中，马克思具体分析了外国工业品输入、鸦片贸易如何直接导致太平天国革命，而太平天国革命也加速了英国经济社会危机："中国革命将把火星抛到现代工业体系的即将爆炸的地雷上，使酝酿已久的普遍危机爆发，这个普遍危机一旦扩展到国外，直接随之而来的将是欧洲大陆的政治革命。"（《马克思恩格斯全集》第 9 卷，1961 年：114）

果考虑到在马克思那里对前资本主义的生产方式并没有给予清晰的民族界定，那么亚细亚生产方式实际上构成了他设想强调使用价值的社会主义的历史参照视野。难怪在苏联和中国进入现实的社会主义制度之后，美国学者魏特夫在《东方专制主义》（1957 年）一书中采取极端的传统东方主义观点，把社会主义革命看作是亚细亚生产方式的东方复活，认为新中国成立后所实行的大规模蓄水、治水和灌溉、交通等社会工程建设不过是"古已有之的半管理制度"（魏特夫，1989 年）。

经典马克思主义的社会主义技术预想渗透传统因素，绝不是对传统的简单重复，以传统道德因素对抗资本主义生产方式，而是强调一种超越资本主义的现实性创造。马克思指出："人的思维是否具有客观的真理性，这并不是一个理论的问题，而是一个实践的问题。人应该在实践中证明自己思维的真理性，即自己思维的现实性和力量，亦即自己思维的此岸性。"（《马克思恩格斯选集》第 1 卷，1972 年：16）这里所谓"现实性"是指人类实践活动及其产品本身，正是"人类活动"创造了现实，这种"现实创造"必然包括人类生活需要的新的对象、力量和关系创造，即"对象化"。也就是说，人类在其实践活动中为了达到这种对象化或改造世界，便要诉诸技术力量或工业力量，由此来判断人的意识、道德和思想的合理性。马克思指出工业以至于整个经济界和政治界的关系是现代主要问题之一，因为"工业的历史和工业的已经产生的对象性的存在，是一本打开了的关于本质力量的书，是感性地摆在我们面前的人的心理学"（《1844 年经济学哲学手稿》，2000 年：88～89）。这意味着技术创造及其产品作为人类实践的重要组成部分必须要满足人类实践利益才能具备现实性，而对技术发展的道德意识或判断为获得合理性确认则只能诉诸社会活动和关系，各种社会力量的关系协调对于通过技术发展持续而有效地实现人类实践利益起着重要作用。在马克思看来，道德一类的东西必定是能够在特定生产方式或技术发展中发挥作用的东西：

　　　　"人的"这一正面说法是同某一生产发展的阶段上占统治地位的一定关系以及由这种关系所决定的满足需要的方式相适应的，同样，"非人的"这一反面说法是同那些想在现存生产方式内部把这种统治关系以及在这种关系中占统治地位的满足需要的方式加以否定的意图

相适应的，而这种意图每天都由这一生产发展的阶段不断地产生着。（《马克思恩格斯全集》第 3 卷，1960 年：508）

他在这里将道德同特定的生产方式相联系，试图说明道德意识是否合理要看它在生产方式运作中扮演的具体角色，即它在其"现实性和力量"中显示合理性。马克思作为道德家和历史哲学家，批判了人类生存的社会方式，特别是批判了资本主义的异化劳动和异化技术发展（包括机器系统和工业革命），意在表明人类技术实践和物质现实的辩证过程必然要从抽象的、单向度的生存状态发展到多向度的、具体的、丰富多彩的生存状态。这里实质上是从道德情感上基于当前不公正的社会秩序，参照传统道德从全人类立场为其人道主义的、社会主义的和普遍主义的价值判断提供预言式证据。如果诸如机器应用、资本积累等历史条件倾向于否定人的自由，那么就自由意识本身来说，需要遵循历史规律，通过调整社会关系和结构来解放人类自身，其中借助人的自我意识和道德自觉表达人的真理是人获得自由的首要条件。在经典马克思主义的社会主义技术预想中，原始公社或道德共同体的传统道德因素是作为对现实的批判，同时融入新的社会理想中而发挥重要的思想建构作用。

上述对经典马克思主义的唯物史观的整体论理解，显然可以用于对中国技术哲学思想传统作出一致解释。在传统儒家那里，社会不过是一种"道德共同体"。这种道德共同体是集仁义礼智信为一体的社会运行，或者说是技器道互容互纳的整体历史发展。在儒学长期发展过程中，中国历代思想家的理论假设基本上没有离开"道体器用"模式。正如前面已经表明，当这一模式仅仅限于中国本土时便不会出现太多争议，但在现代西方技术发展的攻势和吸引下，便开始通过"器体道用"逐步转化为"西体中用"。正是依靠这种哲学话语转换，中国传统技器道思想才被西方机械论范式所消解。李泽厚接受"西体中用"这一哲学话语，但他诉诸马克思主义唯物史观给予整体论解释，实际上避免了"全盘西化"与"儒学复兴"之间的文化困境。在他看来，"从唯物史观来看的真正的本体，就是人存在的本身"，就是作为"社会生产方式和日常生活"的"社会存在"，"社会存在就是社会本体"，而"现代化首先是这个'体'的变化"（李泽厚，1994 年：332）。在这一本体变化中，由于科学技术引起的生产力发展是整个社会存在和日常生活的根本动力和因素，因此"科技不是'用'，恰好相反，它们属于'体'的范畴"（同上）。基于这种理解，他认为现代化虽然并不等于西化，但现代化毕竟源于西方，因此现代化包含"西体"之义。但如果仅仅在科技意义上来谈论"西体"，自然有传统技术决定论之嫌；如果在更为广泛的意义上用"西体"来指涉"西学"，便又有"全盘西化"之嫌。李泽厚于是接着强调"西体"的"中用"，其实质在于"如何适应、运用在中国的各种实际情况和实际活动中"（同上：337），因为尽管物质生活有着普遍必然的客观历史标准，但不同民族、国家、社会、地域和传统毕竟存在不同的文化发展和精神需要，而这种文化发展和精神需要渗透于物质生活本身之中。这在某种意义上又回到了现代新儒家熊十力的"体用不二"传统上，把"西体中用"看作一种既不是全盘抛弃传统又不是全盘西化的创造性历史转换过程，它既包括"西体"运用于中国，又包括中国传统文化的"中学"做为实现"西体"（现代化）的途径和方式，使"西体"实现"中国化"：

> 在新的社会存在的本体基础上，用新的本体意识来对传统积淀或文化心理结构进行渗透，从而造成遗传基因的改换。……在发展逻辑思辨和工具理性的同时，却仍然让实用理性发挥其清醒的理智态度和求实精神，使道德主义仍然保持其先人后己、先公后私的力量光芒，使直觉顿悟仍然在抽象思辨和理论认识中发挥其综合创造的功能，使中国文化所积累起来的处理人际关系中的丰富经验和习俗，它所培育造成的温暖的人际关系和人情味，仍然给中国和世界以芬芳，使中国不致被冷酷的金钱关系、极端的个人主义、混乱不堪的无政府主义、片面的机械的合理主义所完全淹没，使中国在现代化过程中高瞻远瞩地注视着后现代化的前景。……真正的"西体中用"将给中国建立一个新的工艺社会结构和文化心理结构，将给中国民族的生存发展开辟一条新的道路和创造一个新的世界。（同上：337～338）

以上在唯物史观的整体论意义上，主要从中国传统文化突出西方技术之"体"的中国化应用和转换。以历史唯物主义包容传统因素，其实是经典马克思主义诉诸传统设想社会主义技术发展的本义所在，其意义在于：如果不能如中国近代早期一些知识分子或社会主义建设时期的激进政治运动那样完全抛弃传统因素，那么对传统因素就要进行适合时代要求的创造性转换。但进一步的理论问题在于，为使传统因素不被“片面的机械的合理主义”所湮没，应如何在社会主义现实中包容传统因素呢？经典马克思主义创立科学社会主义的阶级基础是资本条件下科技创新（以蒸汽机发明和应用为标志的工业革命）带来的工人阶级，其在对资本主义（包括现代工业文明中机器对人的束缚）批判基础上，适应工人运动（如以与机器对抗为特征的鲁德运动）的政治实践需要，在《法兰西内战》和《哥达纲领批判》中就从资本主义到社会主义的过渡或变革提供了两种方案：社会主义的政治革命与超越脑力劳动和体力劳动分工的技术创新[①]。这两个方案的矛盾之处在于，社会主义一方面要从资本主义那里承接相应的技术基础[②]，另一方面又要消除资本主义条件下的技术异化现象（如脑力劳动与体力劳动差距）。尽管马克思对未来社会设想的“个人的全面发展生产力”应该同时包含这两个方案或过程，但他却明显地把前者归于共产主义的“第一阶段”（社会主义），后者归于共产主义的“高级阶段”。这一思想也许适合于社会主义整体上取代资本主义的全球性过渡（这实际上是一种意识形态的“乌托邦主义”），但在局部的、现实的社会主义过渡中，显然需要其后继者适合不同社会传统对这两个过程加以弥合。从这里可以看出，“历史唯物主义”这一经典马克思主义话语虽然包含了整体论含义，但从字面上似乎只是在时间向度上表明了社会主义的历史必然性，但当社会主义在全球中成为一种民族独立的制度现实时，无疑需要诉诸“空间唯物主义”这一叙事来显现其与前资本主义或传统社会的象征性关联以及与资本主义的实质性差异。

6.2　空间唯物主义与社会主义再情境化

德国哲学家加达默尔在20世纪60年代注意到，西方任何哲学流派的发展和流行均基于如下历史事实：20世纪的经济技术只是继续利用19世纪科学发现和工业革命带来的可能实践，但第一次世界大战和第二次世界

① 西方新马克思主义学者芬伯格将它们称为“两种完全独立的革命方案，共同存在于马克思对未来设想的未能解决的张力中”。（芬伯格，2005年：70）

② 马克思认为：“人们自己创造自己的历史，但是他们并不是随心所欲地创造，并不是在他们自己选定的条件下创造，而是在直接碰到的、既定的、从过去承继下来的条件下创造。”（《马克思恩格斯选集》第1卷，1972年：603）

大战表明的"真正的划时代意识",则是"把对技术进步的信仰同对有保证的自由、至善至美的文明的满怀信心的期待统一起来"的"资产阶级时代""已经终结"(加达默尔,2004年:110)。在这种划时代意识下,20世纪以来的西方哲学,诸如存在主义、现象学、语言哲学、解释学等学派,便不能离开对技术进步的哲学反思,至少不能离开技术进步主义这一背景。这里俄国十月革命和中国民主社会主义革命胜利,无疑使社会主义成为西方哲学反思资本主义现象的意识形态之镜。在以列宁主义和毛泽东思想为代表的马克思主义成为现实的"东方主流"的同时,西方马克思主义在当代资本主义背景下承当起了理论批判和创新任务,重新阐释历史唯物主义,以表明其对现代性、现代化和现代主义的当代解释意义。19世纪末期以来,西方基于马克思主义所作的社会主义评论,都是在"历史唯物主义"名下包含在时间和历史决定论的西方中心论背景下,表明技术的工具决定意义。但从1917年(俄国十月革命)到1968年(法国学生运动),始于卢卡奇、柯施和葛兰西等人的西方马克思主义大大地改变了马克思主义的基本原理和知识领域。这里主要从技术哲学视角,对西方马克思主义在空间唯物主义视角下对当代资本主义技术社会的意识形态批判进行审视,以便阐扬其对重申中国传统对社会主义中国建设的思想参照意义。

经典马克思主义在讨论到城乡对立时,无疑涉及到空间性问题:当城市以其强大的资本增值推动的技术扩张遇到乡村传统力量对抗时,便展示了一种社会性冲突空间。但这种观点并未被后来的马克思主义所发展,即使是列宁、布哈林、托洛茨基、考茨基等人也只是认为技术进步来自人类历史的必然趋势,而非来自诸如自由、平等、公正和人道等道德理想,展示的仍是一种反空间性的历史决定论或技术决定论。当西方马克思主义重审这种技术决定论或历史决定论时,便越来越呈现出一种空间性的生产或创造话语。在这里有许多西方思想家对这一话语趋势作出贡献,但只有苏贾(Edward W. Soja)才明确地以与"历史唯物主义"整体上不分先后、相互交织和彼此相依的"空间唯物主义"(spatial materialism)或"社会—空间辩证法",突出马克思主义的"空间性"(spatiality)问题(苏贾,2004年:196~197)。他的所谓"空间性"或"生产的空间"是一种对物质空间与心理空间进行社会化转换的实体化的社会产物,其基本特征在于:空间性既是社会行为和社会关系的手段、预先假定或生产者,又是社会行为和社会关系的结果、具体化或产品;空间性能够与时间性(如传统因素)一起对社会生活起着建构作用,在充满冲突、斗争以及各种问题面对中推动社会行为和社会关系进入具体化的物质实践情境中,而这种具体的空间性不是维系和巩固既有的社会实践,便是旨在重构各种社会实践;空间性植根于时间或历史的偶然性与社会生活的时间性植根于空间的偶然性,是社会生产和社会再生产的同一发展过程,是生产的空间展开和空间的历史延续的相互统一。

　　苏贾尽管在阐释空间唯物主义时明显反对历史决定论或技术决定论,但他同时也强调"在得到空间化的同时而又不导致一种反历史的氛围"(苏贾:2004 年:199)。为做到这一点,除了对历史唯物主义和空间唯物主义、社会—空间辩证关系以及社会生活的时空建构进行确证之外,还需要回到本体论的历史追溯上来探索海德格尔的"存在"的空间意义。这一思路虽然已经超越西方马克思主义范畴,但通过海德格尔可以寻找到讨论空间性问题的西方早期马克思主义线索。正如芬伯格认为,即使不能将海德格尔的《存在与时间》看作是对卢卡奇的《历史与阶级意识》的一种回应,从而将海德格尔的"存在"概念看作卢卡奇的"总体"概念的"去马克思主义化版本",但至少也能对卢卡奇与海德格尔作某种比较①(Feenberg,2005:99~103)。

　　卢卡奇的"总体"概念在早期著作中代表的是古希腊思想传统,在后期著作中代表的则是未来共产主义社会。古希腊人面对的是这样一个生活世界:万物各得其所并按照其内在倾向获得自我实现的理念或罗格斯。但这种世界已经不再存在,现代性或现代化把各种对反命题变成对立原则。例如,事实与价值相对抗,技艺变成技术使技艺不在具有自身的内在倾向,强加于原材料上的测量、计划和目标不再具有真正的"目的"。海德格尔从古希腊人的"技艺"概念中鉴别出了所谓与现代技术不同的艺术层面的那种和谐的"泰然任之",并试图通过伴随现代技术增长而出现的"拯救力量"来恢复这种和谐。他倡导这种和谐显然与其现象学的"存在—在—世界—中"概念和带有中国色彩的"四方域"概念密切相关,而这些概念都强调主客一体和价值事实一体的空间性意义。这种思想进路在海德格尔时代对任何一位德国古典思想读者来说并不陌生。其中卢卡奇在加入匈牙利共产党之前一直作为德语文学评论家和散文家加以写作,其《小说理论》一书可以说是海

---

　　①　事实上,海德格尔在《存在与时间》一书中,清楚地参照了卢卡奇的"意识的具体化"(reification of consciousness)概念。他对实践的强调和对传统哲学思辨风格的批判,确实也与卢卡奇的实践哲学相类似。

德格尔熟悉的一部著作。在这部著作中,卢卡奇要表明的是荷马史诗时代并不存在义务与利益、个体与集体、艺术与现实以及精神与世界的总体对立。他的"总体"概念与海德格尔的"技艺"解释有着明显的同构之处:

> 总体作为每种个体现象的最初现实构型,意指某物阈于自身能够达到自我完成。它之所以能够达到自我完成是因为万物皆从自身而来,没有哪种事物能排除在自身之外,也没有任何事物能在自身之外指向更高实在;还因为自在的万物皆可成长达到自我完美,并通过自我遂愿顺从极限。存在的总体的充分条件是,万物在被诸多形式包含之前就已经变成纯一。这些形式不是限制而只是生成意识进入万物的外表,它们虽曾处于休眠状态,但作为其最为深层的内在渴望却必须表现出来。在这里知识就是美德,美德就是幸福,美就是世界被赋予有形的意义所在。(Lukacs,1968:34)

卢卡奇强调从总体或存在的开端到审美的归宿,均与海德格尔的"技艺"概念的美学要求相一致。在德国古典哲学中,传统通过辩证法理解,古希腊思想传统中的"整体"或"总体"概念重新成为一种现代理想。黑格尔曾经诉诸这种辩证法发现自主的"主体性",保留了现代性的优越地位,但西方当代思想家们正是从这一发现中寻找到现代生活各种经验性失范的理论和实践根源。海德格尔为此在协调古代传统与现代社会时,诉诸一种新时代预期(后现代),对人类思想力量进行了一次创造性转换。与此不同,卢卡奇则是立足现代性改造,从怀旧主义主张转向黑格尔式的马克思主义。在《历史与阶级意识》中,卢卡奇强调正如荷马时代的古希腊社会共同体一样,无产阶级要团结一致超越资产阶级社会的个体异化状态,通过阶级意识自觉推动异化劳动达到自我的非异化完成。这种共同行动不是任意意志的强迫实现,而是顺应自在之物发展的历史必然趋势。但如果着眼于对世界历史的深度来理解"总体"概念,以古希腊人的共同体理想来设想无产阶级的"总体的在场"(presence of totality),那么这种在场必须要诉诸其创造自身历史的实践或创造世界的历史性"劳动"。这样一种历史创造既是历史的,又是空间性的。就人类世界而言,存在在本体论上是历史的,但仅仅强调存在的历史性,"总体的在场"便不能转换为超越历史的非时间性自我运动或完成,因为缺乏积极的空间性历史参与意味着无法把握存在的总体在场。这种参与从根本上说表现为无产阶级的经济生产,但只有在资本主义条件下工人才能理解其通过劳动创造的社会世界,并发现自身在世界中以卢卡奇所称的"具体化"或"对象化"的异化方式处于客体化过程。具体化是以物的形式表现的社会过程,它在黑格尔那里被解释为"现象形式"或"主体性形式",在马克思那里则以商品拜物教概念出现。与海德格尔把这种具体化思想批判为客观化和机械化经验主义一样,卢卡奇认为具体化代表着总体的割裂或异化。但与海德格尔不同的是,卢卡奇强调无产阶级只有通过对社会现实的自觉拥有才能复兴这种"总体"理念:基于对现代意识渴望的自我与世界一体丢失的空间性确认,揭示"类物"形式下的一切社会关系本质,通过自我确认的创造性转换推动资本主义社会进入"去具体化"的社会主义现实过程。

　　如果说海德格尔诉诸存在主义现象学本体论讨论存在的总体问题属于非马克思主义范畴的话,那么萨特则与卢卡奇一样同属于西方马克思主义范畴,对空间性问题进行了存在主义本体论探讨。在存在主义和现象学经典著作中,异化的现实与克服异化的需要之间的辩证张力植根于时间性的转换过程或历史创造,但这同时也是空间性创造。正如现象学创始人胡塞尔以"生活世界"概念赋予存在以一个"位置"一样,萨特则在其《方法的探寻》一文中通过这种"位置"将主体与客体、人类与自然、个体与环境、人文空间与人文历史联系在一起。这就是要建构一种"横向的综合","对声明的纵向时间轨迹作空间性的推拉"(苏贾,2004 年:205)。但如果把"位置"等同于存在,就会出现一个理论问题:存在一旦作为"位置"的东西加以命名,就会与位置分离,从而再次产生笛卡尔以来的"思维实体"与"广延实体"对立的现代主义问题,甚至回到遥远的"原始设置",因为人类意识从一开始就允许自在之物(无意识现实之物)与自为之物(有意识之人类)的存在主义基本区别。如果说萨特所称的"虚无"指明的是主观意识与客观世界的物质分裂的话,那么直到 20 世纪 60 年代法国知识界便以这种物质分裂的"虚无"概念来对抗资产阶级价值观的思想基础,只是不再以存在主义作为资产阶级价值危机的解决方案,以避免存在主义的人道主义哲学复活主体的自大狂的可能危险。在这种理论要求下,法国后结构主义恢复了自 19 世纪以来的浪漫主义精神——反叛权威、秩序和结构精神。不同之处在于,后结构主义不再如浪漫主义那样把自我置于反理性主义的中心位置,而是将反理性主义同自我的非集权化概念并置,因此实际上是一种后浪漫主义。在这种意义上,后结构主义打破传统东方主义的霸权之镜,通过解构西方罗格斯中心主义,无意之中转向后东方主义,以激活某种非控制的差异或"差延"力量。

在后结构主义思想家中,鲍德里亚有关消费、交往和符号的社会理论表明:当前世界的敌托邦表征在于,到处都充满了仿真、流动的象征、内爆的意识和技术的狂妄等。他与其说是一位非马克思主义者,还不如说他极大地发挥了马克思有关阶级、交往和消费的思想和方法。在他看来,经典马克思主义尽管对后现代主义思想兴起产生重要影响,但它展示的全球资本和技术决定世界消费模式的基本逻辑毕竟已经引起现代主义者的思想反思,形成了新的理性修辞和自由民主乐观主义。为了解决这一理论矛盾,鲍德里亚在当代信息技术发展和晚期资本主义条件下,以符号价值和仿真分别代替马克思的使用价值和生产概念作为新的现实描述,形成了所谓"超现实"(hyper－reality)概念。这种描述对一切具体化和霸权式的绝对主义形式采取反叛态度,反映出对充满技术客体、权力和霸权的菲利斯主义(philistinism)(市侩习气)时代的决定论世界的浪漫主义批判。但他并未停留在这种浪漫主义描述上,而是试图诉诸克服线性因果关系局限而超越现实世界,由此对历史作出一种空间性分析:

> 在历史的欧几里德空间中,两点最短路径是直线,也就是进步和民主路线。仅就启蒙运动的线性空间来说确实如此,但在我们的"世界末日"(fin de siecle)的非欧几里德空间里,存在一种破坏性曲率确实使一切偏离轨道……这是线性的终结。依此来看,未来便不复存在。但如果未来不复存在,那么终极目的也就不复存在。所以这算不上是历史的终结,我们面对的是一个自相矛盾的反转过程,面对的是一种现代性的反转效应……在大变局的循环和动荡过程中,现代性正在分化为各种简单要素。(Baudrillard,1994:10～11)

鲍德里亚并不试图将历史变成一种难解之谜,而是将它展现为一种人工世界的空间集合。这种空间集合强调因果关系的线性秩序,就此一再声称历史不可逆转,只有一条路径依赖出口。但历史现在终于报复人类了,因为人类沿着这种线性因果关系秩序已经穷途末路,达到了非在空间上反转不可的境地:从英雄主义的个体意识转向超越符号主体性的象征交易。正是在"反转性"(reversibility)问题上,鲍德里亚将中国道家哲学包含在他的后马克思主义论述中。在中国道家哲学那里，"反转"是人的基本生存要素："反者道之动；弱者道之用。天下万物生于有，有生于无。"（《道德经》第40章）"反转"作为一种必然趋势，决不是与万物内在的自然倾向相对抗，而是无需强调"自我"便能够驾驭一切生命盛衰，因为自然客体并不屈就于人的因果秩序，或说因果行为是无用的。在这种意义上，道家克服现实纷乱的方式就在于静寂或平衡。鲍德里亚曾在《完美的罪行》中直接引述庄子与惠子在河边有关鱼的快乐的争论的故事（前面章节已经引用），以表明他与道家哲学的理想一样均是追求清静无为的命定思想。其实与庄子一致，老子也曾说："天下莫柔弱于水，而攻坚强者莫之能胜，以其无以易之。弱之胜强，柔之胜刚，天下莫不知，莫不行。"还说："天下之至柔，驰骋天下之至坚。无有入无间，吾是以知无为之有益。不言之教，无为之益，天下希及之。"（《道德经》第43、78章）鲍德里亚的"诱使"（seduction）概念，与老子阐述的"柔弱"概念相一致："诱使即是显弱，即是让渡柔弱。我们以自己的柔弱诱使，决不以强大的符号力量诱使。在诱使中，我们规定柔弱，柔弱即是赋予诱使以强大的力量所在。"（Baudrillard，1990：83）这种"诱使"就是稀释公然的坚持，或者说是使外在柔弱隐藏的内在坚强实力显现出来，因此"反转"和"柔弱"包含无为的命定策略，它们要求一种可靠的直觉和自省。鲍德里亚为了说明这种命定策略，在《象征交换与死亡》一书中引用《庄子》"庖丁解牛"寓言，论及"庖丁"不受身心空间限制，只是"依照节奏和间隙的内在逻辑组织而行动"，这种行动在实践上表现为一种交换结构，"刀和身体相互交换，刀在陈述身体的缺失，并且通过这种方式本身，依照身体的节奏解构身体"（波德里亚，2006年：188）。中国道家哲学强调的自我创生并不必然是一种自由行动，而是随机的象征交换。在西方政治经济学背景下，鲍德里亚诉诸道家哲学只是要表明非因果关系的"无为"在现实中的可把握性，从而使道家哲学服务其对马克思主义理论的创新目的。

鲍德里亚基于技术化的符号和仿真，将人在生产过程中的异化问题转换为信息网络化过程中的异化问题。这种转换并不意味着自我认同的失败，而是直接指向道德共同体的价值丧失。这一理论指向有些类似于海德格尔和哈维（David Harvey）的"时空压缩"批判，因为体现现代性实验或现代技术实践的观念莫过于速度概念，工业时代的关键机械可以说不是蒸汽机而是钟表。经过伽利略、牛顿等物理学家的理论化之后，时间、速度和加速度作为新生的事物被人们普遍接受下来。到 19 世纪后现代世界由于铁路（加速度的文明标志）、电报（消除距离的设备）等技术发展，开始完全陶醉于由此形成的同步化、标准化以及效率和预期之中。时间的不可逆性或者历史进步必然要求征服空间，而对速度的狂热追求必然意味着空间压缩。这就是马克思所说的"通过时间消灭空间"，也是海德格尔的"去远"（Ent - fernung）经验概括。海德格尔曾接受胡塞尔的"生活世界"概念，以"存在—在—世界—中"（beings - in - the - world）这一主题区分出世界空间、区域和此在空间（包括"去远"和"方向"）三种类型，认为去远、方向和区域是描述"存在—在—世界—中"的三种空间性方式，而世界空间建立在"存在—在—世界—中"的空间性基础之上。按照这种分析进行推理，现代技术作为"座架"是对此在运动"方向"的定位或控制，其目的是加速此在征服地球的"去远"运动，如飞机和通讯技术等无不表现为这种运动。如果说海德格尔的本体论空间叙事还显模糊的话，那么作为西方马克思主义者的哈维的"时空压缩"概念则明确地表明了现代技术的空间效应图谱：从 1500 ~ 1840 年马拉车或航船平均速度为每小时 10 千米到1850 ~ 1930 年蒸汽火车平均速度达到每小时 65 千米和蒸汽船平均速度达到每小时 36 千米，地球相对空间缩小了大约 1/5；到 20 世纪 50 年代螺旋式飞机平均速度达到每小时 300 ~ 400 千米时，地球相对空间又缩小大约 1/7；到 20 世纪 60 年代喷气载客飞机平均速度达到 500 ~ 700 千米后，地球相对空间再次缩小 7/12。（哈维，2003 年：301 ~ 302）

与海德格尔和哈维比较之下，鲍德里亚的"超现实"概念不过是要表明，当代信息技术（如互联网）带来的地球相对空间缩小几近于"零点"。在这种"零点"空间中，世界表象背后的只是"虚空"，"正是这背后的虚空，占据了权力和生产的中心地位"，"一切都返回到空乏，包括我们的文字和举止"（Baudrillard，1990：84）。这里的"虚空"有些类似于萨特物质与精神相分离的"虚无"概念，但不同于道家永恒的"道即空虚"概念，突出的是当代技术发展和影响下的价值和意义丧失问题。正是针对当代这种异化情形，鲍德里亚试图以"象征交换"概念为复兴人类"集合体"（collective body）提供一种怀旧主义模式。这一象征交换模式实际上是浪漫主义、集体象征主义和后东方主义的复杂结合，其意义在于超越卢卡奇把意识等同于意义的世界具体化图景，重拾集体象征主义的共同体价值观。

西方马克思主义在空间唯物主义下对技术的批判必然意味着资本主义技术的空间性价值改造，而这种空间性价值改造的重要参考坐标当然是社会主义的集体价值要求，由此便进入一种意识形态批判和建构。20 世纪中期以来，随着科学技术日益成为一股强大的经济、社会、文化和政治力量，人们开始宣称"意识形态的终结"①（贝尔，2001 年），甚至由此认为"科学技术是好的而意识形态是坏的"。但这种"意识形态终结论"只是表明了与"政党政治革命"和"阶级斗争意识"（或各种"主义"）相关或以阶级对立为特征的意识形态已经式微，代之而起的则是着重于经济与科学技术发展的新型意识形态诉求。这里的问题是，西方思想发展如何在技术哲学意义上从经典马克思主义过渡到西方马克思主义的意识形态批判？现在人们一般以理性主义的现实化来说明从前现代到现代的社会变革：随着机械的、理性的科学知识及其技术应用，根扎于社会组织的程序化和理性化，如市场等价交换、合理程序制定以及社会成果优化和计量等，也逐步成为社会主流。在这里资本主义作为一种经济体系，推动技术脱离传统价值体系和制度而成为独立力量，极大地普及了程序化的社会组织。资本主义这种形式化空间扩张看上去似乎非常平等，但却不能解释由此出现的普遍强制和不公问题。在现代主义（特别是启蒙思想家们）那里，这种强制和不公来自智力差异、自我约束不强、传统或家族差异、习俗差异等空间因素，从而使理性主义的现实化不受任何批判。马克思曾通过社会情境和空间性进行一种意识形态批判，认为资本主义实际上是一种诉诸市场公平和技术中立等形式平等的意识形态掩盖资本利益歧视的实质不公的价值追求。也就是说，理性主义现实化的形式平等通过剩余价值导致实质不公现象，其中技术进步扮演着与资本合谋的理性角色，因为在资本主义社会中技术发明服务于资本家控制劳动力需要，而不是服务于人类整体利益。"可以写出整整一部历史，说明自 1830 年以来的许多发明，都只是作为资本对付工人暴动的武器而出现的"（《资本论》第 1 卷，1975 年：477）。

---

①　加缪于 1946 年第一次使用"意识形态的终结"一语，表明法国社会党内部意识形态争论不过是一种游戏而已。这一议题在阿隆那里又变成了"意识形态时代的终结"，更是对以往意识形态的毁灭性颠覆。贝尔正是在这种语境中受到启发，于 1960 年出版了《意识形态的终结》一书，主张发端于 19 世纪人道主义的普遍性意识形态已经走向衰落，新的地区性意识形态正在兴起。在这里贝尔的观点其实并不十分激进，但以后的"不战而胜论"（以尼克松的《1999，不战而胜》为标志）、"历史终结论"（以福山的《历史的终结》为标志）和"文明冲突论"（以亨廷顿的《文明的冲突》为标志）无疑与"意识形态终结论"有着紧密联系。

但在西方思想发展中，马克思以上技术批判思想并未受到人们重视。即使韦伯这样一位非马克思主义思想家，在批判资本主义形式平等时，也主要限于官僚化组织和商业组织特征。海德格尔作为非马克思主义者受韦伯影响显然再次回到了马克思涉及的技术意识形态批判主题上来，只是这种批判并未如西方马克思主义者卢卡奇那样进入社会主义向度。但如果考虑到海德格尔与卢卡奇的空间性思想比较，那么在空间唯物主义意义上，法兰克福学派特别是马尔库塞受海德格尔思想影响，通过卢卡奇继承经典马克思主义的技术意识形态批判。法兰克福学派多数成员致力于强调，在理性主义现实化的当今时代无所不在的技术及其影响本身就是意识形态。如果说第一代和第二代法兰克福学派成员强调以工业文化的控制功能（它以其特有的技术控制机制遮蔽与其相异的人的任何行为方式）为基础，断言现代技术较之传统意识形态更加意识形态化（霍克海默、阿多诺，2003年；马尔库塞，1988年）的话，那么第三代法兰克福学派成员则表明科学技术之所以成为意识形态，是因为在工业社会中必须要以科学技术的理性化来保证压倒一切的经济持续增长和政治秩序维系的合法性功能（哈贝马斯，1999年）。但正如后结构主义带有明显浪漫主义特征一样，法兰克福学派也为别人留下非理性主义和浪漫主义口实，因为它与经典马克思主义的不同之处在于，对当代资本主义和国家社会主义作出同等的技术意识形态批判。正是鉴于这一理论困境，哈贝马斯通过对马尔库塞的思想批判，完全抛弃了对技术的意识形态批判，认为资本主义技术发展的控制本质产生的诸多问题（如工人控制和环境变化），如果不能从社会主义价值中得到解决，那就只能承认技术的第一生产力地位，并相信技术专家在不越自身专业领域和不"侵占生活世界"条件下，合理地解决所有"技术问题"（Habermas，1986：45、91、187）。法兰克福学派似乎由此回到了理论上的"逻辑终点"，这就是重新认同技术中立的工具主义观点，拒绝对现代技术作出任何批判。但也正是在这时，西方新一代马克思主义思想家们开始重新审视社会主义价值，试图复兴经典马克思主义，开辟新的技术意识形态批判渠道。

在西方新马克思主义阵营中，芬伯格是参照社会主义价值进行技术意识形态批判的最出色理论家。与法兰克福学派早期思想家所处资本主义与社会主义两大意识形态阵营对垒的冷战背景不同，芬伯格面对的意识形态形势在于：20世纪80年代末期的柏林墙倒塌以及苏联和东欧剧变严重损害了社会主义作为西方马克思主义的"社会批判的信誉"（芬伯格，2005年：前言）。西方自由主义者们以此开始声称社会主义失败，历史将终结于资本主义的技术进步神话中。但芬伯格沿着经典马克思主义线索，继续追问如下技术哲学问题：人类是否必须要屈从于"机械的苛刻逻辑"？人类能否从根本上重新设计技术以使其更好地服务人自身？为了解答这一工业文明前途的历史命运问题，他将苏联和东欧剧变归于对经典马克思主义的思想偏离："前苏联能合理地宣称马克思赞同工业计划、就业保障和低成本的基本必需品，但是整个经济的国有化（甚至在像农业这种技术条件不适合的产业中也依然如此）、社会生活的全面官僚化、政治和警察的独裁、奴役劳动和大屠杀、艺术退化为宣传，这些状况中没有一种来源于马克思。"（同上）也就是说，不能因为苏联和东欧剧变怀疑马克思致力于实现的社会主义，更不能因此对资本主义丧失富有想象力的社会批判。在他看来，如果面对 20 世纪 90 年代以来的西方后现代主义批判不是衰微而是接近于高潮这一思想发展事实，那么西方马克思主义就要唤醒一种"历史可能性的信念"或"选择意识"："在直面各种技术的和实际的异议的情况下，重新开始有关社会主义的讨论。"（同上：3）这里社会主义作为一种"选择意识"或意识形态选择，是基于如下对技术发展的文明规划的整体论空间性分析框架：

（1）技术整体论批判在空间性上要表明的是，技术与社会不能分离，即技术的理性形式化倾向与其在社会中的现实化倾向均不能脱离具体社会空间发挥作用。按照芬伯格的技术批判理论，现代技术执行两种操作：一种是去除自然客体的实际情境，使其在空间上与最初的环境相脱离，然后将自然客体进行简化，在形式上根据目标使其功能化方面凸显出来；二是鉴于从功能概念化到实际制造人工制品必然受到现存的技术和社会环境影响，又必须将去除情境的自然客体置于预先存在的设施和体系的实际情境中，然后借助来自社会的伦理和美学因素在社会中发挥作用。芬伯格把前者称为"初级工具化"，把后者称为"次级工具化"。（同上：220）海德格尔曾将去空间的"初级工具化"作为"解蔽方式"来追问技术本质，法兰克福学派特别是马尔库塞则集中对技术实践对象的初级工具化进行批判，只有后结构主义者福柯才在"再空间化"意义上，以"圆形监狱"模式集中对"次级工具化"进行审视。芬伯格在这里强调所谓的"技术的辩证法"："技术的完整定义必须包括次级工具化，次级工具化与对象在初级工具化中被否认的方面共同发挥作用"（同上：222）。这种整体论解释恢复了马克思限于工厂空间对机器引入进行批判的特定方法，因为按照这种方法可以像福柯那样进入医疗、教育、互联网络、运输系统等具体空间进行更广泛的技术批判。这在理论意义上不仅可以继承法兰克福学派对启蒙运动的积极因素研究，而且又能打破法兰克福学派对技术的完全消极评价。

（2）技术整体论的意识形态批判基础是对技术的"形式偏见"分析，基本逻辑是：初级工具化最初产生了包含最低限度的社会制约的技术要素，这种技术要素的相互结合再通过技术设计，从形式上配置不完整的特定"技术符码"，由此形成带有"形式偏见"的技术体系和设备，从而对技术发展和整个社会产生制约和控制作用，只有当这种初级工具化的技术设计通过次级工具化与生活世界产生张力引起了新的需求时，"形式偏见"才借助新的技术设计得到修正，将新的需求转化为更为完整的"技术符码"。例如，为了生产一台电冰箱，工程师制造诸如电路、电动装置、绝缘体、制冷气体等基本零配件，再以适当方式加以组合，以便达到制冷和贮冷目的或功能。这些技术均可以分解为最基本的去除自然和社会情境的简化技术要素。这些技术要素虽然并不具备社会特性，但在其历史发展过程中都有其最低限度的社会依据，因此带有明显的"形式偏见"。这时初级工具化占据主导地位，采取纯粹技术知识形式。这里去空间性的技术知识并不足以完全决定技术设计。例如，冰箱尺寸问题就不能从技术上解决，而是根据一般家庭需要和室外需要来解决，它取决于社会设计。这样从人工制品最初制造开始，经过各个发展阶段到最终成为社会流通设备，在去空间性的初级工具化的同时，次级工具化作为再空间化便表现为一个社会建构过程。也就是说，次级工具化在长期发展过程中往往表现出严格的规则性，因此理解单独设备和整体设备的标准方式开始出现。这种标准很大程度上反映决定技术设计的特定社会要求或"形式偏见"，因此被芬伯格称为"技术符码"（Feenberg，1999：87）。所以"形式偏见"分析代表了技术意识形态批判，而不断推动"技术符码"趋于完善正是技术整体论的思想目标所在。

在特定情况下，"技术符码"具有政治性意识形态特征。"技术符码"一般明确表述技术设计的要求或规则，被奉为控制设计的理想或典型准则。这些理想或典型准则虽然在初级工具化过程中主要表现为技术话语和专家实践，但它们随着在日常生活世界的应用和影响日益广泛，也常常转化为社会、文化和政治话语或意识形态之争的焦点，其"形式偏见"不断得到纠正。例如，当电冰箱使用的一般制冷气体对臭氧层造成破坏这一事实被确认之后，环保主义者便明确表明公众由此引起的皮肤癌问题，这种关注随转化为政府政策指令和工程师的技术改进，以便在新的技术设计中形成一种带有环保意识的新型"技术符码"；女权主义者同样也表明，当将电冰箱理解为一种妇女劳动的替代品时，女权意识也会在社会层面影响到电冰箱的生产和设计（尤其是外观风格）。技术次级工具化源于生活世界，要么反映此前围绕设计而展开的社会争执的特定要求，要么指向现有技术使用者的需求表达而进入技术过程。当然随着技术逐渐侵入社会生活，对技术侵蚀进行对抗的生活世界便会产生更多的次级工具化——技术社会建构的意识形态要求。初级工具化与次级工具化的这种密切结合表明，在不同社会条件下，技术能够作为一种"文明规划"被重新设计，以便服务于人类和自然，而不是控制人类和自然。

（3）在意识形态意义上，资本主义文明规划尽可能将技术界定为去空间的"初级工具化"，同时又尽可能将一切空间性因素看作"非技术"，因此实际上突出了社会主义文明规划包含的"次级工具化"价值意义。芬伯格无疑将包括初级工具化和次级工具化的技术界定看作一种普遍的理论要求，并以此对资本主义作出批判。在他看来，传统技术是以其实践情境规定它在社会中的空间性地位，这种实践情境进入资本主义后变成了"次级工具化"的强大障碍。尽管前资本主义和资本主义均具备技术实践的"初级工具化"特点，但这种"初级工具化"在传统社会中仅仅存在于较小范围的"技术飞地"（techological enclave），只有在资本主义才变成带有"形式偏见"的"技术符码"或意识形态，从而变成人类的普遍命运。这种普遍命运可以概括为技术实践的四种要素："去除情境化和系统化"（技术对象与其直接情境分离以及各个去除情境的对象联系）、"简化法和中介"（技术对象被简化为其有效或有用方面和技术设备作为审美和道德融合载体）、"自主化和职业化"（技术主体行为与技术对象使用后果相分离，技术主体把自己的技术行为看作一种职业）以及"定位和主动"（技术主体自身定位为驾驭和控制对象，技术对象相对于工人和消费者具有自主活动性）。资本主义最大限度地发挥"初级工具化"的这四种要素，同时尽量压低技术关系的"次级工具化"要素，其风险或危机就在于它"以劳动和自然环境为代价"、无视"对象嵌入社会的方式"或"技术的意外后果给人类和自然产生的影响"、把人降低到"从属地位"的"对象"以及将工人和消费者的主动性"简化为偶然的策略姿态"（芬伯格，2005 年：223～230）。从根本上说，导致这些危机的原因在于通过技术"初级工具化""将资本霸权运行于其中的整个社会关系领域进行重新建构"，而不在于"一种社会控制的特定技巧"（同上：230）。但这绝不意味着资本主义不存在"次级工具化"支持的"综合形式"，只是说这种综合形式只有在政治抗议和竞争压力下才会得到支持，如包含环保意识的新技术设计就是在反污染的政治抗议下对带有"形式偏见"的"技术符码"进行改造的结果。这类解决方案总是存在许多缺陷，如对汽车的恶性依赖这一深层次问题甚至不能在资本主义体系中提出。因此只有在社会主义中才能通过再情境化实践恢复资本主义将其设定为服务资本霸权时所丧失的空间性要素，涵盖从物化向重新综合转移的原则和步骤，充分考虑技术对象的本质特点、环境要求以及操作者、消费者和客户需要，把诸如健康和环境、工作快乐和工业民主内化为工程技术目标或符码。

那么，社会主义究竟如何才能在技术上达到"初级工具化"和"次级工具化"的完美统一呢？芬伯格把社会主义看作一种"新的文明规划"，这种新型文明规划与一般政治运动（如生态运动、妇女运动、人权运动等）的不同在于它以"一种新的文化、不同的价值、不同的生活方式和不同的组织原则"产生"一种和谐的、充分综合的新型社会体系"，因此可以作为一条"现代化的替代道路"（同上：169）。这一替代道路要求将政治变革与克服脑体分工充分结合起来，使在资本主义的"初级工具化"中丢失的劳动力及其文化背景等空间性因素获得增长。但在经典马克思主义那里并不能看到这种完整结合，因此必须要重新审视"社会主义过渡"问题。在芬伯格看来，社会主义作为一种文明规划包含了不断消除市场盲目性的生产方式社会化、取消不平等现象的广泛民主化和克服脑体分工的技术创新三个步骤。这里任何单独强调其中一个步骤均会导致非马克思主义立场：例如，苏联模式以牺牲民主和技术创新为代价强调计划，哈贝马斯则以民主为借口放弃技术批判。社会主义过渡的这三个步骤的整体要求是：正如考虑知识、效率和目的或功能等技术因素一样，应把人、自然和社会同等地置于技术设计的具体化战略核心，从而超越资本主义去空间化的技术物化情形：

社会主义对不损害环境的技术和对人道的、民主的、安全的工作的要求不是外在于技术的逻辑，而是响应了要建构自然、人类和技术要素的协同作用的总体性的技术发展的内在趋势。只要生产效率是通过更进一步的具体化而不是通过在更加抽象的设计中外在控制来实现的，社会主义的需求融合到技术的结构中也就不会降低生产的效率。（同上：235）

芬伯格以上强调技术、自然和社会相互容纳的社会主义"新文明"，虽然不完全是从与传统对比中得出，但却没有忽略传统的现实性象征意义。在他看来，前资本主义社会的技术主体与技术对象不分的实践情境被资本主义的去技能化消解，它必须要在社会主义文明规划中得到恢复。这里的传统当然只是作为现代社会忽视的重要利益的文化象征，强调传统不是退回到自然状态，而是"朝向一种根据人的需要和利害关系的宽广范围而有意识地构造的'总体性'"（同上：236）。按照这种观点，结合鲍德里亚的后东方主义社会理论，西方马克思主义通过空间唯物主义揭示的空间性实际上表明，中国传统技器道思想对当下中国特色社会主义现代化建设具有不可忽视的象征性意识形态意义。

6.3 社会主义中国化的技术发展理论探索

当从经典马克思主义和西方马克思主义转向中国化马克思主义时，必须要确认中国与世界比较的历史方位：中国共产党建党（1921 年）一百年前中国正从"康乾盛世"转向衰落而英国已进入科技创新支撑的工业革命高潮，建国（1949 年）一百年前中国在鸦片战争中丧失主权独立地位而德国经典马克思主义正在兴起；按照目前中国特色社会主义蓝图规划，建党 100 周年（2021 年）时实现全面建成小康社会的奋斗目标，进入世界创新型国家行列，建国 100 周年（2049 年）时基本实现现代化，中华民族实现伟大复兴。也就是说，清代 100 年闭关锁国政策造成的与西方发达国家之间的巨大技术差距或"创新鸿沟"，需要中国共产党以马克思主义为指导，通过走中国特色自主创新道路，花 100 年时间来加以弥补。在这 100 年中，以建党、建国、改革开放（1978 年）和现在（2008 年）作为分界可以分为三个 30 年：如果说第一个 30 年处于科学与救亡的时代交织中，建国后 30 年又进入学习与自力更生斗争的曲折和苦涩中，近 30 年中国呈现出学习国外先进技术的开放力量的话，那么今后 30 年则将是中国特色自主创新道路真正取得伟大成就的关键时期。通过这种历史方位确定，可以考察中国化马克思主义融合中国传统技器道思想，逐步接近于一种技术社会整体发展的文明规划观念的本土理论变迁过程。

当一个民族或国家普遍地认为自身技术能力低于别国时，无疑是对自身文化形象的一种贬抑。自鸦片战争之后，中国知识和政治精英多持这样一种思想假设：西方国家的技术优势意味着西方文明本身拥有强大的文化实力。按照这种思想假设，中国传统技器道思想被迫受到怀疑并进入衰退。正如阿尔法雷斯指出："至迟到 1949 年，西方技术提供了一种意识形态功能：它向中国人表明中国自身的落后；它在中国人的灵魂深处划下一道深深的伤痕：中国锐气已被'挫败'。"（Alvares，1991：186）在中国共产党成立之前，西方技术的这种意识形态功能，显然伴随着当时中国知识和政治精英复杂的意识形态选择：一方面，它在西方国家的殖民主义下并未为中国提供一种进步模式，反而激起了中国人的民族认同感和文化自觉意识，即使是在消解中国技器道思想中扮演重要角色的社会达尔文主义最终也未能确立成为中国的意识形态，至于与中国传统文化心理相适应又具有西方技术意识的杜威实用主义思想也只能成为一个过场；另一方面，中国儒家文化传统在西方力量冲击下处于衰败之中，它只能适应中国新的价值和信仰系统创造而在保持中国人的民族认同感和文化自觉中发挥作用。正是在这种意识形态迷茫中，"十月革命一声炮响，给我们送来了马克思列宁主义"。马克思主义在中国得到有效传播固然与国家救亡的现实主题密切相关，但它却"主要是作为意识形态、作为未来社会的理想来接受、来信仰、来奉行的"（李泽厚，1994 年：153）。有关这一点，毛泽东对唯物史观所作的如下整体论陈述也许更加表明，中国化马克思主义者最初是如何突出意识形态的重要地位：

> 诚然，生产力、实践、经济基础，一般地表现为主要的决定的作用，谁不承认这一点，谁就不是唯物论者。然而，生产关系、理论、上层建筑这些方面，在一定条件之下，又转过来表现其为主要的决定的作用，这也是必须承认的。……当着政治文化等等上层建筑阻碍着经济基础的发展的时候，对于政治上和文化上的革新就成为主要的决

定的东西了。……我们承认总的历史发展中是物质的东西决定精神的东西，是社会的存在决定社会的意识；但是同时又承认而且必须承认精神的东西的反作用，社会意识对于社会存在的反作用，上层建筑对于经济基础的反作用。这不是违反唯物论，正是避免了机械唯物论，坚持了辩证唯物论。（《毛泽东选集》合订本，1967年：300～301）

以上陈述并不单纯是对唯物史观的整体论重复解释，它代表了毛泽东对经典马克思主义的意识形态的深刻领悟，对以唯物史观代替社会达尔文主义和以走社会主义道路取代走资本主义道路具有深刻的中国文化主题意义。如果套用中国传统体用模式，它包含两层反历史决定论或反技术决定论含义：一是即使接受西方资本主义的物质技术文明之"体"，那也需要中国特有方式之"用"；二是马克思主义作为"西学"即使可以为"体"，也要适合中国生产方式和社会存在而"用"。在空间性的"革命"意识上，经典马克思主义并未以农村为基点建构其社会主义理想，俄国十月革命更是坚持了城市化社会主义革命道路。经典马克思主义的中国化创造性转换，正是适应中国本土的小农生产方式，突出了"以农村包围城市"的中国特色。尽管中国传统儒家思想的"内圣外王"与马克思主义的社会主义道德有很大不同，但毛泽东和刘少奇基于中国小农生产传统的社会现实，分别以"思想改造"和"自我修养"在思想情感上消除不利于当时革命现实和政治要求的观念、习气和风尚，这的确反映了中国儒家传统道德主义或伦理主义的强烈影响。作为马克思主义中国化的"毛泽东思想"这一术语，恰恰为刘少奇首先大力提倡和阐发。

马克思主义最初在中国传播时，直接面对的历史情形在于：中国在政治、技术和意识形态上均处于无力状态，当中国政治在区域上的日益分化（军阀混战）受到民族主义指责时，那些在政治中心之外的各个商业口岸与外国人"合作"并采用西方技术和价值的中国人也被理解为"卖国贼"。面对这种形势，李大钊作为最先传播马克思主义的先驱之一，便从两个方面突出马克思主义中国化特色：一是为避免或跳过资本主义的"卡夫丁峡谷"来建立社会主义理想社会，最早号召知识青年"到农村去"，把阶级希望放在农村和农民身上，具有民族主义色彩；二是强调社会主义的协和、友谊、互助和博爱以及尊重劳动等伦理道德特征，作为"阶级斗争"的社会文化补充，具有道德主义倾向。这与后来的毛泽东思想具有一脉相通之处，同时也与现代新儒家梁漱溟发起的乡村重建运动具有契合之处。梁漱溟于 1931 年建立山东乡村建设研究院，意在倡导"地方自治"和"乡村自治"。这一运动虽与当时国民党南京政府某些改革者谴责农村破败和要求恢复农村活力的政治气氛相适应，但它作为一种国民运动显然不同于当时国民党依靠官僚体制推动的自上而下的现代化计划。梁漱溟的乡村建设研究院也不同于曾在美国耶鲁受过教育的晏阳初借助西方理念所建立的乡村建设研究院：晏阳初崇拜西方文化，相信中国 5000 年的历史和文化是中国现代化发展计划的现实"敌人"，试图建立现代的"科学的"乡村，而梁漱溟的基本策略则是只有农民自己救自己，其宏大目标在于建立一种新型的中国文化和社会，它既受惠于现代化成果，又在中国传统智慧和组织框架中避免西方之恶。可以说，梁漱溟是在倡导一种典型的中国特色的乡村建设理念，即以儒家人格力量解决现实的实践问题。但这并不意味着乡村建设不吸收西方技术，他在山东从事乡村建设试验时曾认为恢复农村生产力和复兴农村经济必须要依靠技术进步。梁漱溟倡导的乡村建设运动尽管于 1838 年日本侵略中国时陷入停顿，也曾受到毛泽东的政治批评，但其民族主义、道德主义和实用主义精神，毕竟为用唯物史观代替社会达尔文主义和马克思主义中国化的实践要求提供了文化启示。毛泽东与梁漱溟私交甚厚，他们享有共同的儒家文化信仰，能够在传统人文环境影响下就中国农村和智力改进问题将其内在的道德倾向同外在的政治、经济和军事成功地结合在一起，把美好社会实现系于连续的社会精神改造，以便解决农村经济落后问题和避免城市资产阶级社会非人道化倾向。他们不仅像马克思那样将人同动物区分开来，而且基于对抗物质利益的道德原因也将中国人同西方人区分开来。但毛泽东与梁漱溟的不同在于，对前者来说道德上的自我牺牲是为了民族或国家及其人民，对后者来说牺牲本身是目的而非手段。在传统意义上这可以说是"道体"的象征性表达，但作为手段的"体用"又必定是为了集体生存。阿尔法雷斯在论述中国马克思主义传播者与梁漱溟的思想关系时指出：

> 正是毛主义者们最终认识到梁的终极目标：中国的复兴和重整基于人对一种共同伦理的热情投入。正如梁常把这种共同伦理描述为儒学那样，它是"一种不属宗教的宗教"。毛主义者的中国复兴也吸收了梁的计划的其他许多方面：强调小型农业，地方自赖，自立于外国

理念和援助，小团队动员，以及农民自身的农业发展。（Alvares，1991：198~199）

　　新中国于 1949 年成立之后，中国共产党从在农村的革命转移到在大城市的执政，新成立的政府运作也主要在城市展开，而多数农民也从过去被剥夺状态中解放出来。这时社会主义文明规划，对西方技术采取什么样的态度再次成为一个重要的意识形态问题。苏联社会主义的全俄电气化计划只是在中立意义上对资本主义国家的狂热追赶，这种追求国民生产总值提高的大规模工业化很大程度上忽视了相关的社会危机和生态风险。但列宁提出的"新经济政策"（用社会主义整体目标改造以小生产为基础的资本主义成分），毕竟试图要通过独立创新来达到提升现有技术水平的社会主义目标。中国共产党带领中国人民确立社会主义制度后，在技术发展方面面临的首要问题是：以怎样的方式推动技术创新在前共产主义的社会主义过渡中发挥作用？"如果接受资本主义的教训，就可以希望在社会主义条件下由工人控制社会以将劳动异化、环境污染和资源耗竭降低到最低程度。"（李三虎，2006 年：304）但由于中国毕竟是在一个经济落后的小农国家建立社会主义，所以要做到社会主义的技术再情境化并非轻而易举。
　　对社会主义技术发展方式的艰难抉择，也许透过当时以一种"后革命时代"的"仇外仇古"（xenophobia）文化心理针对胡适和梁漱溟开展的哲学批判给予适当解释。在技术哲学意义上，胡适倡导美国杜威和詹姆士的实用主义，强调通过人工的技术来观察世界，因此实际上把真理、感觉、意象和经验等看作人工的用以"应付环境"的技术化产物，此即"有用即真理"的真理观和"大胆假设，小心求证"的认识论。艾思奇和李达以与人工无涉的世界的"实体性"、"规律性"和"客观性"等为前提，将胡适的实用主义批判为与马克思主义对立的"主观唯心论"[①]，其理论实质在于拒绝资本主义的形式化技术发展模式。就在从反技术主义线索对胡适进

---

　　① 艾思奇认为，胡适的实用主义把"经验"解释成人摆弄"事实"的活动，不"包含任何客观事物的反映，而仍然只剩下一些'人造的'和'供人用的'应付的'法子'"，把真理看作是"应付环境的工具"，"应付环境"的目的仅仅在于收到"效果"，实际上把真理看作是"主观信仰"（艾思奇，1955 年：30、33、38）。李达则指出，胡适的实用主义把真理和科学法则看作"是为了人造的，是人造出来供人用的"，"是假定的"，因此是否认客观世界的（李达，1955 年：10）。

行批判的同时，现代新儒家梁漱溟的道德主义也受到来自技术主义路线的思想批判。贺麟和冯友兰分别曾作为"新心学"和"新理学"的现代著名新儒家代表，在转向对中国传统的反省过程中，认为梁漱溟的"意志"、"生命"、"直觉"、"良知"等概念是一种反理智、反理性、反科学和反技术的"神秘主义"或"复古思想"。

当时学术界以上技术主义与反技术主义的理论矛盾，其实与党内意识形态围绕技术发展存在的不同主张有着密切关系。针对社会主义过渡中存在的经济短缺问题，刘少奇曾强调在社会主义框架下实现技术经济增长的最大化，主张社会主义发展应正确对待既有技术和生产力量，赞同采取适当措施推动中国现代化运动。毛泽东担心的是在相对落后的社会主义社会中不加约束的技术经济增长会产生诸多政治风险（如资本主义"复辟"效应），强调以工人阶级控制技术发展。从马克思的两个革命方案来看，我国这两种技术方式选择有巨大差异，前者似乎强调引进外来技术的"技术挂帅"，后者强调消除技术异化现象和官僚主义生产集中的"政治挂帅"。如果超越政治过渡进入文化选择，两者实际上均是基于社会主义现代化目标的技术改造方式。但现实的社会主义实践，并未进入一种芬伯格式的整体论意义上的技术发展轨道。按照毛泽东的最初规划，社会主义的农业手工业改造（即农业合作化运动）和私营工商业改造（即从公私合营到收归国有）应与"国家工业化"同时展开，至少需要十年完成。但前两者的社会主义生产关系变革推动不到三年时间便得以完成，而后者则刚刚起步。这一进程之所以得到快速发展，无疑是以集体化和国有化掩盖本土技术基础积累为前提。事实上，当亿万农民在农村掀起"农业合作化"高潮时，希望由此带来的"现代化机器生产的革命"并未如期而至。但正是这种狂热使毛泽东设想一种从私有制过渡到高级公有制的快速生产关系革命设想：在农业方面"必须先有合作化，然后才能使用大机器"（《关于农业合作化问题》，1955年7月31日），在工业方面则坚持以"思想和政治"为"统率"和"灵魂"避免经济技术工作"走到邪路上去"（《工作方法（草案）》，1958年1月）。20世纪50年代，中国曾经主要依赖苏联技术援助发展自己的现代工业。但苏联技术经济援助于1960年的突然停止，使毛泽东相信必须要不惜一切代价推动中国自身的技术能力发展，因此更加强化了"政治挂帅"的革命设想。当年3月22日，中共中央批转《鞍山市委关于工业战线上的技术革新和技术革命运动开展情况的报告》。针对当时反对"两参一改三结合"①的政治情形，毛泽东代表中央写了一个批示，要求全国学习"鞍钢宪法"经验，倡导"实行伟大的马克思列宁主义的城乡经济技术革命运动"②。如果在不步西方模式的真正意义上，这种技术方式由于以"自力更生"为思想前提，也许可以称为"封闭式自主创新"。20 世纪 60 年代初期，中国石油和化肥生产所需的大部分工厂设备，事实上均为国内生产。甚至诸如两弹一星、牛胰岛素成功合成等科技成就，也可以算是这种"封闭式自主创新"的历史产物。但后来的现实是，在极"左"思想影响下，"政治挂帅"走向极端狂热。结果是，中国不但没有实现生产非集中的初衷而如同苏联一样步入高度集权的计划怪圈，而且两种技术创新方式均受到"文革"这种政治运动的巨大冲击而未能展开，从而错过了二战后利用西方发达国家以信息技术为主导的高新科技飞速发展的良机。在这一过程中，刘少奇的技术发展主张尤其受到压制，直到中国改革开放后才得到普遍认可。

中国特色社会主义真正开端于 1978 年的改革开放，从此开始打破高度集权的计划体制这块坚冰。这时围绕社会主义的技术发展方式选择，再次展开争论。从 1980 年开始，我国学术界曾就人、人道主义和异化问题展开讨论，部分涉及到技术异化问题。例如，有人曾就过去的国有化重工业路线作出如下批判："牺牲人民的生活水平去追求速度，去追求重工业，为重工业而重工业，为高速度而高速度，结果人的干劲越大，就越是大吃苦头。劳动的结果不是对人民有利，反而使人们吃亏，这也是异化。"（王若水，1980 年）不过这一学术上的人道主义马克思主义批判很快被当做"精神污染"受到批评，后来由此滋长了科学技术工具化或中立的自由主义见解蔓延，同样也付出了相应的政治代价。从改革开放到 1989 年政治风波大约 10 年时间，前后出现的两次学术现象就技术方式选择来看包含了诸多复杂的意识形态问题，如马克思主义与非马克思主义、社会主义与

---

① "两参一改三结合"是指：干部参加劳动，工人参加管理；改革不合理的规章制度；工程技术人员、管理者和工人在生产实践和技术革新中相结合。

② 毛泽东在批示中赞扬"鞍钢宪法"时，实际上强调要对苏联的"马钢宪法"（苏联一个大钢厂的一套权威性办法）进行自我创新，发动"群众运动"推动"技术革命"，采取"党委领导下的厂长负责制"。我国知识界的"新左派"知识分子最近认为，"鞍钢宪法"的精神实质其实就是西方现在强调的"后福特主义"，而后福特主义作为对福特式的僵化的、以垂直命令为核心的企业内分工理论的挑战，其核心是"团队合作"，这实际上正是"两参一改三结合"（崔之元，2003 年：214～226）。

资本主义、人文主义与科学主义等。进入到马克思主义中国化的主流意识形态语境中来，这些问题均需要诉诸整体论作出合理解释。

邓小平作为中国改革开发的"总设计师"，基于对传统计划体制改革和技术创新的深刻思考，实际上开始坚持某种技术整体论。这一技术整体论于1996年得到生动表述，他指出"改革，现代化科学技术加上我们讲政治，威力就大了"（《邓小平文选》第3卷，1993年：166）。这里"改革+现代化科学技术+讲政治=社会主义优越性的威力"① 实际上暗含这样一种意思：关键的问题不在于技术本身对现实社会主义是否有用，而在于怎样通过改革和讲政治使技术创新发挥社会主义优越性威力。他一贯坚持技术发展在社会主义过渡阶段应该发挥重要作用，甚至强调"科学技术是第一生产力"。这一思想决不是什么技术决定论，"现在世界上有人说，什么都是技术决定，不要迷信这个。当然，我们也要讲究技术，不讲技术是要吃亏的"（《邓小平文选》第2卷，1983年：77）。邓小平强调社会主义作为解决经济短缺问题的初级阶段离不开技术创新，而技术发展必然要求包括知识分子在内的工人阶级推动技术发展以有利于中国现代化的自主建设进程。他在将知识分子作为工人阶级组成部分和把握工人阶级从以体力劳动为主向以脑力劳动为主转变的基础上，指出社会主义必然走"提高自动化，减少体力劳动"道路，而作为社会主义主体包含知识分子在内的工人阶级"要用最大的努力来掌握现代化的技术知识和现代化的管理知识，为实现四个现代化作出优异的成绩"（《邓小平文选》，1993年：34、89、136）。正如有学者认为，从"科学技术是第一生产力"推论出"知识分子是工人阶级的一部分""这一论断具有巨大的理论潜力，工人阶级是先进生产力发展的主体力量，既然科学技术是第一生产力，那么，知识分子作为工人阶级的一部分就应该承担更大的社会责任"（安维复，2003年：203~204）。

那么，工人阶级知识分子承担何种社会责任呢？这一问题在江泽民的"三个代表"理论框架中有了更为明确的表述，他指出中国工人阶级是体现"三个代表"的社会力量，而知识分子作为"工人阶级中掌握科学文化知识较多的一部分"不仅是"先进生产力的开拓者"，而且对先进文化

① 王兆铮引述邓小平这段文字，并以"改革+现代化科学技术+讲政治=社会主义优越性的威力"作为对1998年中国南北大抗洪之所以取得伟大胜利的解答（见王兆铮，1998年：4~7）。

和精神文明"负有重要职责"，最终要满足最广大人民群众的根本利益（江泽民，2001 年：13、14、35、58）。江泽民论述知识分子在工人阶级中的特殊地位并全面提高工人阶级的整体素质是基于马克思早就强调的这样一个前提：中国特色社会主义作为工人阶级的社会主义是一种使每个人全面发展而且每个人的自由是一切人的自由条件的社会制度，中国特色社会主义的未来作为工人阶级的未来是使人能够全面发展的未来。这里中国特色社会主义的自主技术创新方式正是要以人的全面发展为目标，并以生产和消费的集体主义民主方式促进社会平等和生态健康。

从毛泽东思想、邓小平理论到"三个代表"重要思想的理论和实践探索，展示了中国共产党逐步接近于技术社会整体发展的开放性自主或独立理念。进入 21 世纪后，鉴于对国家利益和党长期执政的深刻考虑，适应世界科技发展潮流和国际技术经济竞争，为解决"实现什么样的发展、怎样发展"的重大理论和实际问题，以胡锦涛为核心的第四代领导集体提出"科学发展观"。从党的十七大报告来看，科学发展观无疑极大地发展了中国式技术社会整体发展理念：

（1）从第一要义的发展主题或发展作为党执政兴国的第一要务来看，技术社会发展目标是建设创新型国家。科学发展观作为发展中国特色社会主义必须坚持和贯彻的重大战略思想，抓住发展这一主题强调"实现又好又快发展"，其中为了"破解发展难题"，要把"提高自主创新能力，建设创新型国家"作为"国家发展战略的核心"和"提高综合国力的关键"。这里建设创新型国家以全球本土化为定位的思路在于：在把握融合生物、纳米、材料和信息多学科领域的世界科技发展趋势[①]基础上，立足社会主义初级阶段基本国情，"充分利用国际科技资源"，通过自主创新促使资本主义发达世界的先进科能够在脱背景化后，进入中国特色社会主义的再背景化或本土化，"着力突破制约经济社会发展的关键技术"，支持满足国家长期发展需要的"基础研究、前沿技术

---

① 进入本世纪以来，美国兰德公司分别于 2001 年和 2006 年先后以"全球技术革命"为题发表两篇研究报告，意在捕捉世界科技发展的生物技术、纳米技术、材料技术和信息技术"融合"趋势，就此向美国决策者提醒道：美国目前虽然仍是研究开发能力和创新方面的领先者，但绝不是唯一领先者，因此在未来并不能控制一切技术领域，为此必然要关注来自外来的技术威胁，理解研究开发能力的战略意义，注重把握技术机会的制度安排、人力使用和物理能力（见 RAND，2006）。

研究、社会公益性技术研究"，使我国到 2020 年 "自主创新能力显著提高，科技进步对经济增长的贡献率大幅上升，进入创新型国家"，引领世界未来科技发展潮流。

（2）从以人为本的核心原则来看，技术社会发展要发挥人的首创精神和建设人力资源强国。科学发展观的核心是以人为本，它强调 "要始终把实现好、维护好、发展好最广大人民的根本利益作为党和国家一切工作的出发点和落脚点"，目的是 "促进人的全面发展"。在技术创造意义上，要尊重和保护人的 "主体地位" 和权益以及发挥人的 "首创精神"。也就是说，要把 "教育公平" 看作 "社会公平的重要基础"，把人力资源作为技术社会发展的内生动力，推动公众理解和参与科学技术，形成全民学习和创业的创新文化氛围，"建设人力资源强国"，把 "全社会的发展积极性引导到科学发展上来"，"使全社会创新智慧竞相迸发、各方面创新人才大量涌现"。

（3）从全面协调可持续的基本要求来看，技术社会发展着重从转变发展方式出发把增强自主创新能力贯彻到现代化建设各个方面。科学发展观的基本要求是 "全面推进经济建设、政治建设、文化建设、社会建设，促进现代化建设各个环节、各个方面相协调"，"坚持生产发展、生活富裕、生态良好的文明发展道路，建设资源节约型、环境友好型社会，实现速度和结构质量效益相统一、经济发展与人口资源环境相协调" 和 "实现经济社会永续发展"。这一基本要求实际上向技术社会发展提出如下问题：技术涉及的产品生产和消费数量是多少？什么人得到或使用这种技术？这种技术的生产和消费对自然环境和人类健康的影响如何？这些问题意味着发展方式要 "由主要依靠物质资源消耗向主要依靠科技进步、劳动者素质提高、管理创新转变"，因此也意味着要 "把增强自主创新能力贯彻到现代化建设各个方面"，以便 "在优化结构、提高效益、保护环境的基础上"，走出一条 "中国特色新型工业化道路"，使 "我们这个历史悠久的文明古国和发展中社会主义大国" 成为 "工业化基本实现、综合国力显著增强、国内市场总体规模位居世界前列的国家"。

（4）从统筹兼顾的根本方法来看，技术社会发展的制度途径是加快建设国家创新体系。科学发展观强调的统筹兼顾方法一个重要方面是，要以 "战略思维" 和 "世界眼光"，"统筹城乡发展、经济社会发展、人与自然和谐发展、国内发展和对外开放" 以及 "局部利益和集体利益、当前利益和长远利益"。这一根本方法对于技术社会发展来说，就是面对世界科技经济发展压力，"把握发展机遇"，以加快建设国家创新体系"应对风险挑战"。

6.4　中国自主技术创新的整体论文化命题

以上从技术哲学角度对经典马克思主义、西方马克思主义和马克思主义中国化的理论考察，已经集中到了技术社会整体发展理念上来。这一整体理念尽管只是一种涵盖性陈述，但如果要在与西方模式比较和与中国传统文化关联意义上转换出中国化社会主义的技术方式选择，就需要对目前流行的"中国特色自主创新道路"这一主流话语作出一种技术整体论的意识形态解释。以下就我国 30 年历史和现实以及未来道路，以三个整体论文化命题，讨论中国自主创新道路的自身特点和及其传统意义涵盖：

（1）西方模式的相对化命题。中国特色社会主义的技术发展路线虽然要接受包括西方资本主义发达国家在内的世界一切工具化技术成就，但不能长期坚守技术模仿跟踪模式，而是要以多元技术路线为基础，走适合自身国情的自主技术创新道路。前面已经一再表明，西方模式的形式化或工具化特征，在空间上把现代化发展看作一种从城市到乡村、从发达国家到欠发达国家的工具化改造过程，很少顾及本土社会空间要素，此即全球化。众所周知，西方资本主义从其诞生开始就带着殖民主义色彩推进全球化，这一进程一直受到各个殖民地的民族化对抗。第二次世界大战后，随着世界各殖民化国家纷纷取得民族独立，西方资本主义发达世界又以工具化或形式化的市场和技术流动进一步掀起新一轮全球化高潮。早在 20 世纪 50 年代，美国经济学家罗斯托表明，欠发达国家需要遵循如下经济发展阶段重复西方工业化模式：传统社会、起飞准备、起飞、成熟和高消费时代。这种全球化趋势无疑代表一种技术经济优势或压力，但欠发达国家如果不是盲从，便有着自身的特定空间选择。因此当 1989 年曾担任世界银行经济学家的威廉姆森，直接针对绝大多数拉美国家当时的通货膨胀暴涨、债务危机爆发的经济困难，以《华盛顿共识》① 再次推销与罗斯托相

---

① 《华盛顿共识》系统地提出指导拉美经济改革的各项主张，包括实行紧缩政策防止通货膨胀、削减公共福利开支、金融和贸易自由化、统一汇率、取消对外资自由流动的各种障碍以及国有企业私有化、取消政府对企业的管制等，得到世界银行支持。这些思想秉承亚当·斯密自由竞争的经济思想，与西方自由主义传统一脉相承，因此一般被称为"新自由主义的政策宣言"。随着全球化畅行，《华盛顿共识》产生了广泛社会影响，成为全球化的主流发展理念。

一致的西方模式时，我国在改革开放总体格局下主动提出参与发达国家掀起的新一轮经济全球化浪潮。这种主动姿态的明显标志是，2001 年中国正式加入世界贸易组织。自那时以来，中国以其工业化、信息化、城镇化、市场化和国际化，加快了市场经济发展，快速卷入世界贸易和投资体系中。2007 年，我国外贸进出口额首次超过 2 万亿美元（21738 亿美元）位于世界第二（仅次于德国），贸易顺差额（2622 亿美元）更是位居世界第一。这一贸易形势自然表明中国采取技术模仿模式从西方资本主义世界的技术和流动中获得益处，但也因此围绕国际市场准入和知识产权等问题产生了诸多贸易摩擦。面对这些情况，结合国内经济发展的能源资源和生态以及社会差距瓶颈，中国人开始重新思考西方模式问题。

《华盛顿共识》无疑代表了西方发达资本主义扩张的一贯思维模式，其特点是推动技术和市场等生产因素的去空间化自由流动。这一模式由于在随后的实践中陷入贫富差距拉大和生态恶化的"拉美现象"，因此逐步遭遇到其他思想挑战。一方面，人们长期以来一直批判这种西方模式忽视一个事实是，工业化展现出人的沉闷工作和失业痛苦、空气和水污染、交通拥堵等问题，这些问题单靠工具化的西方模式无法得到解决。另一方面，这种西方模式并不能涵盖一切西方价值观念，它与西方实际的历史过程及其当代技术优势获得实际上存在着巨大差异，尤其是欧洲福利社会型的资本主义基于其传统民主社会主义价值理念，在强调经济增长的同时，倡导人权、环保、社会保障和公平分配。在这种情况下，以美国经济学家斯蒂格利茨为代表的一批西方学者提出"后华盛顿共识"，强调发展不仅是经济增长，而且是社会的全面改造，除了增长之外还要关注贫困、收入分配和环境可持续发展等问题，指出市场力量不能自动实现资源的最优配置，要承认政府在促进发展中的积极作用。这些方面均表明西方模式的相对化命题：它不能代表现代化的全部模式，更不能成为全球化的单一模式。

在我国适应全球化发展过程中，中国学术界曾就市场化改革展开过各种激烈讨论。其中以目前大部分时间在中国生活和工作的雷默（Joshua Cooper Ramo）教授于 2004 年发表的《北京共识》最有特色。他将中国的发展经验概括为三条定理：第一定理是"使创新的价值重新定位"，即中国问题解决几乎在所有方面都进行了创新，尤其是"尖端创新"更为重要，"利用创新减少改革中的摩擦损失"；第二定理是以"生活质量"为重点，努力建造一个有利于持续、均衡与稳定发展的大环境，即"混乱管理"；第三定理是"自主理论"，即在自身崛起时不对世界造成太大震荡，及时处理好与当今世界霸权大国的关系，从而具有不损害"中国成长及保持稳定的国内外势力均衡的能力"（雷默等，2006 年：294～295）。这一看法实际上正是在西方模式相对化命题下，突出了中国发展的自主创新特色或价值。尽管雷默的《北京共识》仍有值得被替换或补充之处，但如果接受西方模式的相对化命题，中国就只能诉诸不完全模仿西方模式的独立发展道路。前面已经表明，西方技术是附着于西方文化而生长的，如果把技术看作脱离价值背景的理性方法和手段来加以模仿和发展，为了支持和鼓励本国资源集约的发展模式，就必须要附着于中国文化来加以转换。按照马克思主义观点，这种技术价值嵌入的基本逻辑在于，科学作为西方的产物其工具化或形式化目标在于发现独立于人的意志的自然规律（这并不排斥任何国家进行这种基础研究），但当将这种自然规律作为知识在中国进行技术应用（技术创新）时，就必然针对特定国情进行中国式的社会建构。

　　（2）技术中国的再情境化命题。"自主创新"是中国共产党基于国家利益提出的执政兴国新理念之一，有着实现科技强国梦想的政党意识形态意义。1995 年 5 月，全国科学技术大会较早提到"自主创新能力"问题。党的十六届五中全会将"提高自主创新能力"提到"科学技术发展的战略基点和调整产业结构、转变增长方式的中心环节"战略高度，目标是建设"创新型国家"。2006 年 1 月，全国科学技术大会明确将提高自主创新能力这一战略贯穿于《国家中长期科学和技术发展规划纲要（2006～2020）》中。这种自主创新政策的基本前提在于：在全球竞争格局中，大量低工资劳动力和丰富物质资源优势绝不能构成国家经济实力基础，真正的经济主导力量源自高质量高技术产品和服务的生产能力以及不断创新产品的技术能力。相对于以往"封闭性自主创新"，现在强调的"自主创新"可以称为"开放性自主创新"。为了将这种开放性自主创新与模仿西方模式区别开来，中国共产党第十七次代表大会又赋予其以"中国特色"修辞。这一修辞表明技术发展的再情境化命题：工具化或形式化技术知识虽然能够实现全球化流动，但需要诉诸民族国家概念（领土或地域、主权和公民等宪法要素的组织或者制度以及种族、语言、习惯、传统和宗教等文化因素）获得再情境化。按照这一命题，以下从四个方面分析中国特色自主创新道路的再情境化含义①：

第一，技术领土意识。尽管全球化技术（如交通技术、通讯和信息技术等）大大降低了交通和运输成本，但生产活动的实际定位——生产者和用户的物理距离仍是一个关键问题。新的知识或者技术创新的生产和应用是一个同当前经济系统密切相关的因素，技术知识的内在本质影响着相应地理边界的实际形式。按照其内在本质，技术知识可以分为两大类型：符码化知识（codified knowledge）和默许知识（tacit knowledge）。如果技术创新的实现和扩散完全依赖于符码化知识，即不受民族国家背景影响，技术在空间上就具有全球特征，但当考虑默许知识在创新过程中的关键作用时，技术领土意识或本土特征便得以突出。与符码化知识不同，默许知识无法以非人的独立于背景的手段（如文件、计算机等）进行存储和传递。由于人与人之间的接触，实际的技术示范和物质交易有利于默许知识传递，因此必须恢复技术领土的空间向度。就此而言，技术在地域上具有民族或亚民族特征，在国家战略方针得到同一地域的某些关键部门的配合和支持时，可以通过信息共享和反馈建立起重要而有效的技术带，如工业区、技术圈、区域创新系统和其他具有集聚效应的技术创新中心。

强调技术领土意识，意味着中国自身的技术创造强化：自主创新能力显著提高，科技进步对经济增长的贡献率大幅上升，支持和鼓励国家创新体系建设和国家级高新技术园区发展。在政策上主要突出自主创新投入，强调突破制约经济社会发展的关键技术创新和开发。我国到2020年，全社会研究开发投入占国内生产总值比重提高到2.5%以上，力争科技进步贡献率达到60%以上，对外技术依存度降低到30%以下，本国人发明专

---

① 2002年，科技部部长徐冠华在一系列会议上就新世纪科技政策提出了四条基本原则，大致反映了最初的中国特色自主创新含义：一是研发开支，中国国民生产总值研发方面投入比率（GERD）有了显著增长，从1997年的0.64%上升到2002年的1.23%，"十五"计划（2000～2005）进一步会有显著增长，主要侧重在12个重要的战略技术领域（超大规模集成电路和软件、信息安全与电子政务及电子金融、功能基因组与生物芯片、电动汽车、高速悬浮列车、创新药物与中药现代化、主要农产品深加工、奶业发展、食品安全、节水农业、水污染治理、重要技术标准等）；二是人力资源，中国已经意识到，在全球知识经济中人才竞争十分激烈，今后将更加努力使外流的科学家和工程师回流到中国；三是知识产权，入世后，中国按条约义务将强化其知识产权管理制度，但是应特别关注加强对中国发明者的知识产权保护，并在国家研究和开发项目中着重加强有利于中国的知识产权管理；四是标准，中国将花更大力气，着重通过利用中国独特的语言，利用与电子商务、电子政务相关的独特商业和行政环境，利用中国独特的生物遗产和中医药宝藏，在如信息技术、通讯及生物技术等领域里开发中国自己的技术标准。

利年度授权量和国际科学论文被引用数均进入世界前 5 位。同时制定鼓励
自主创新、限制盲目重复引进的有关政策：通过调整政府投资结构和重
点，设立专项资金，用于支持引进技术消化、吸收和再创新，支持重大技
术装备研制和重大产业关键共性技术的研究开发。研究开发投资主要侧重
于核心电子器件、高端通用芯片及基础软件，极大规模集成电路制造技术
及成套工艺，新一代宽带无线移动通信，高档数控机床与基础制造技术，
大型油气田及煤层气开发，大型先进压水堆及高温气冷堆核电站，水体污染
控制与治理，转基因生物新品种培育，重大新药创制，艾滋病和病毒性肝炎
等重大传染病防治，大型飞机，高分辨率对地观测系统，载人航天与探月工
程等 16 个重大专项（重大战略产品、关键共性技术或重大工程）研究开发。
通过国家重大建设工程实施，消化吸收一批先进技术，攻克一批事关国家战
略利益的关键技术，研制一批具有自主知识产权的重大装备和关键产品。

　　第二，技术公民意识。技术公民意识表明的是，技术创新机构目标、
战略和绩效对其所属国家的实际责任程度。从原则上说，一切组织都具有
一定国际开放性，但在涉及到跨国公司时，技术公民意识问题仍有其重要
意义。母公司与子公司之间的战略关系实际上被认为是技术公民代理，技
术公民角色按其关系分属跨国公司的不同业务部门，在组织意义上承认不
同民族背景同技术管理资源和创新机会的相互关系。就民族企业、政府和
其他公共机构（主要是大学和研究所）而言，技术公民意识更为突出，因
为它们保留了民族的公民形式，即使它们会卷入国际创新合作、联合风险
投资和合作协议中，并被认为具有知识积累和全球战略功能，民族意识参
照在公共和商业领域也仍非常明显。政府和公共机构常常需要公布其创新
结果，但为了"竞争"而在某些科学技术领域（特别是具有战略价值的技
术领域）往往要求争取国际领先地位。这些机构是国家机器的重要组成部
分，较之国际分散资本控制的企业而言，它们必然对既有公民负有更多责
任。至于民族企业和其他非公共组织则会考虑外部网络问题，其技术公民
意识显然要复杂得多。但对合作伙伴和主要联合因素的认定，提供了某些
同国际化水准相一致的技术公民形式，因此所谓世界主义的全球技术公民
形式假定仍值得商榷。

　　从我国自主创新来说，强调技术公民意识是要明确中国人的自身创造
力量。在国家政策上，就是要依托重大科研和建设项目、重点学科和科研基
地以及国际学术交流与合作项目，加大学科带头人培养力度，积极推进创新

团队建设。加快培养造就一批具有世界前沿水平的高级专家,注重发现和培养一批战略科学家、科技管理专家,对核心技术领域的高级专家实行特殊政策。进一步破除科学研究中的论资排辈和急功近利现象,抓紧培养造就一批中青年高级专家。允许国有高新技术企业对技术骨干和管理骨干实施期权等激励政策,支持企业吸引和招聘外籍科学家和工程师。制定和实施吸引优秀留学人才回国工作和为国服务计划,重点吸引高层次人才和紧缺人才。加大对高层次留学人才回国的资助力度,健全留学人才为国服务的政策措施。实验室主任、重点科研机构学术带头人以及其他高级科研岗位,逐步实行海内外公开招聘。

第三,技术主权意识。技术主权意识是一个与国家最为密切相关的因素,它具有双重特征:一方面,技术主权涉及参与创新的、民族的、超民族的和亚民族的公共控制结构平衡;另一方面,技术主权与民族的和超民族的科技政策范围和目标相关。前者表明民族国家正在融化于超民族的技术全球化现象中,但有两个同技术相关的问题需要考虑:一是拥有技术决策权力和责任的国际组织是由或多或少表达国家需要和利益的中央政府代表构成,因此国家利益不会简单融于国际利益中,相反还可能分化国际利益;二是国际水平的创新制度(包括标准、规则和规范)协调会强调而非冲淡各中央政府的见解差异。至于后一方面则说明,国际竞争压力使各国追求国家利益和目标显得非常复杂,国家政策在适应新的世界秩序方面也显得更加重要。尽管全球化浪潮使政策制定者受到更多限制,但全球性协定(如世界贸易组织各种规定等)并不能取代国家政策,相反国家科技政策在国际合作中起着重要作用,它可以填补因超民族安排造成的技术缺口和专利陷阱,因为多边参与较之单边参与更缺乏公正,多边参与对各国辅助政策往往采取不合作态度,并针对特定领域试图复制少数强国政策,因此显得毫无效率。世界各国为了获得潜在的积极利益,需要形成自身有效的"吸收能力",国家科技政策对国际化过程必然能起到某些"补充"作用。随着全球化对产品制造、垄断供应结构的不断刺激,必然要求各国提出适当的政策应对不平衡的国际发展。

中国技术主权意识强化,直接表现为自主知识产权和品牌政策制定。营造尊重和保护知识产权的法治环境,促进全社会知识产权意识和国家知识产权管理水平提高,加大知识产权保护力度,依法严厉打击侵犯知识产权的各种行为。建立对企业并购、技术交易等重大经济活动知识产权特别审查机制，避免自主知识产权流失。防止滥用知识产权而对正常的市场竞争机制造成不正当限制，阻碍科技创新和科技成果的推广应用。将知识产权管理纳入科技管理全过程，充分利用知识产权制度提高我国科技创新水平。强化科技人员和科技管理人员的知识产权意识，推动企业、科研院所、高等院校重视和加强知识产权管理。充分发挥行业协会在保护知识产权方面的重要作用，建立健全有利于知识产权保护的从业资格制度和社会信用制度。根据国家战略需求和产业发展要求，以形成自主知识产权为目标，产生一批对经济、社会和科技等发展有重大意义的发明创造。支持企业在研发、生产、销售等方面开展国际化经营，加快培育我国的跨国公司和国际知名品牌。有关这些政策，目前已经突出地表现在"神州"太空计划、"嫦娥"探月计划、"先锋"大型飞机计划、"东方号"氢核聚变研制、通用"龙芯"开发计划、特深井石油钻机开发以及"昶"光能手机等的技术开发进展中。

第四，技术民族意识。技术民族意识是指技术同民族以及知识、文化和意识形态、团体凝聚力的关联性。由于民族团体是长期形成的，对发达国家来说，技术民族意识必然包含结果可以追溯到其主要参与者和机构的历史，从而出现"路径依赖"和"内部锁定"现象。一定创新结构的实现，如研究开发部门和取得特定创新绩效等深深地扎根于长期的历史积淀中。同时由于共同的民族背景有利于形成创新过程的社会经济关系，因此技术民族意识实际上表明技术是一种社会建构过程。但就发展中国家来说，对于技术创新要作更为广泛的社会建构论解释。也就是说，如果通过技术转移从全球化中获得知识资源是一种"路径依赖"的话，那么要在传统中获得对技术创新的"支持"和"默许"便是一种"路径创造"①。在这种意义上讲，国家创新体系建设必须要把路径依赖的西方技术参照与路径创造的传统自觉行动结合起来，探索由不同创新主体自觉行动的历史方向（自主创新）和连续性阶段设计（创生、延伸、再创生）组成的"路

_____

① 据国内学者介绍，路径依赖理论由阿瑟和大卫于20世纪80年代提出，后经多希和罗森堡等人发展，其大意是：技术市场扩散受到起始条件（如最初市场、管理、制度、规则、消费者预期等历史因素）影响，造成以后技术创新依赖于既有技术发展。这种路径依赖实际上是一种"进化涌现"，常常造成阻止新技术采用而使技术创新"锁定"于既有的非优低效率技术。所以茹儒德和卡茂坚持战略意识提出了路径创造理论，其大意为：创新主体（企业、公司、个人等）以积极主动的故意态度，动员一切必要资源，包括发挥制度程序和社会认知作用来进行创新行动，路径构造的收益递增和锁定隶属于创新主体态度或与广泛的社会背景相关，其中历史因素虽有影响但不起决定作用（见姜劲、徐学军，2006年）。

径构造"之路。就历史方向来说，要加大对自主创新投入，加快建立以企业为主体、市场为导向、产学研相结合的技术创新体系，引导和支持创新要素向企业集聚，促进科技成果向现实生产力转化，使企业在不断吸纳、组合、综合和学习新知识基础上，创造和发展新知识、新技能和新工艺方法，形成新的技术发展路径；就传统连续性阶段设计来说，要优化科技资源配置，完善技术创新和科技成果产业化的法制保障、政策体系、激励机制和市场环境，以使技术创新的"路径创造"成为一个"制度化过程"。

在制度意义上，技术民族意识突出地表现为中国化的技术标准和规范。经过我国政府、企业界和科学界共同努力，已有不少高科技标准正在制定和实施（有些已经被纳入国际标准）：条形码无线版（一种非接触式自动识别技术）（FRID）、新一代高密度数字激光视盘系统（DVD 升级产品）（EVD）、新一代互联网 IP 协议（用于扩展目前紧缺的国内互联网地址）（RPV6）、数字音视频系统基础编码标准（AVS）、实现多个信息设备间网络连接以及资源共享和相互操作（闪联）、无线网络连接协议（WA-PI）和高性能服务器安全标准制定等。其中 2004 年准备要实施的 WAPI 标准，因跨国公司压力和美国政府干预而无限期延迟实施。但这并未影响我国目前正在以企业为主体的产学研联合攻关，对专利申请、标准制定、国际贸易和合作等方面予以支持。形成技术标准是国家科技计划的重要目标，为此我国政府主管部门、行业协会等正在强化对重要技术标准制定的指导协调和优先采用。推动技术法规和技术标准体系建设，促使标准制定与科研、开发、设计、制造相结合，保证标准的先进性和效能性。引导产、学、研各方面共同推进国家重要技术标准的研究、制定及优先采用，积极参与国际标准制定，推动我国技术标准成为国际标准，加强技术性贸易措施体系建设。

（3）重申传统的创新自觉命题。上面已经涉及到技术创新的社会建构，就是按照历史文化背景选择技术，由此确定相关社会群体同技术的相互关系，然后决定技术构型的最终选择。也就是说，技术社会整体发展的广泛制度背景暗示了技术同民族的直接联系，技术创新的制度和组织是经过文化和民族的环境建构的产物，它们能动地规约着技术经济（创新）机构的偏好和选择，技术创新制度的认知向度同技术民族意识追求的同质文化密切相关。创新者、发明家由于自身的信息收集和分析能力有限，必须诉诸自身对现有认知框架的想象和处理能力，而这种认知框架来自一定的社会环境和民族文化，因此必然导致解决技术问题的不同文化风格。至于技术发展依赖的市场环境乃是一种社会制度，占据主导地位的正式和非正式市场规则会影响到执行经济决策（包括创新引进和扩散决策）过程的经济核算，不同社会对设计决策和技术选择进行的成本利润计算分析，由于牵扯到复杂的民族、政治和社会因素而各有不同。在这里无需在微观技术设计意义上说明民族风格，而是要突出重申传统对走中国特色自主创新道路的文化自觉意义。

中国共产党对自主创新道路的理论和实践探索，代表了建设创新型国家建设的政策和制度安排取向。但任何有关自主创新的政策和制度安排要在实践上得到执行，均需要政党将围绕技术发展形成的主流意识形态主张，转换为一种能够渗透于公民社会的创新文化意向。在党的十七大报告中，所谓"建设社会主义核心价值体系，增强社会主义意识形态的吸引力和凝聚力"，其实质就在于"大力推进理论创新，不断赋予当代中国马克思主义鲜明的实践特色、民族特色、时代特色"，将包含"马克思主义中国化最新成果"、"中国特色社会主义共同理想"、"以爱国主义为核心的民族精神和以改革创新为核心的时代精神"以及"社会主义荣辱观"在内的"社会主义核心价值体系"转化为"人民的自觉追求"。这里社会主义核心价值体系当然包含更为基本的创新文化，因为"创新文化是先进文化的重要组成部分，创新精神是我们时代精神的核心"，"创新是一个民族进步的灵魂，是一个国家兴旺发达的不竭动力"，"创新是科技腾飞的翅膀"，"创新是企业进步的生命线"。从把增强自主创新能力贯穿到现代化建设各个方面的要求来看，与其说到 2020 年我国将进入创新型国家行列是一种战略目标，毋宁说是一种通过推动科学技术的自主发展带动生产方式和生活方式变革的创新文化选择。胡锦涛曾经强调"发展创新文化，努力培育全社会的创新精神"，就是把创新看作"国民之魂，文以化之"或"国家之神，文以铸之"。

按照以上主流意识形态的创新文化建设要求，坚持走中国特色自主创新道路，首先需要得到中国传统文化的支持和接纳。一般认为，"创新"一词源于拉丁词语"innovare"，意指"使事物变新"。从西方文明发展来看，文艺复兴的思想创新打破了中世纪黑暗，启蒙运动的创新文化揭开了思想解放的序幕，自由市场、分工理论和技术进步主义等观念（以亚当·斯密的古典经济学理论为代表）反映了工业革命的文化要求。18 世纪以来，世界科学中心和工业重心从英国转到德国再到美国，既是自主创新能力的空间转换，又是创新文化的背景变移。但西方人的"创新"概念显现出的个体主义价值，突出表现在奥地利经济学家熊彼特的"创新理论"中。他至迟从 1921 年开始在微观意义上把"创新"看作技术发明应用于产业发展的经济活动（包括引进新产品或改进产品质量、采用新技术新生产方法、获得新材料等）。但一旦将"创新"概念置于宏观视角来看待，就会发现马克思是创新理论传统的重要源头①。与熊彼特主要强调企业家作用不同，马克思不仅关注工人、企业家和科学家以及技术人员等微观创新主体因素，更为重要的是把国家纳入创新主体视野②，这成了目前我国建设创新型国家的正统思想来源。而与马克思相近，中国儒家文化传统则强调"创新"的共同体价值。我国儒学传统鼻祖孔子在《大学》一书开篇就说："大学之道，在明明德，在新民，在止于至善。""在新民"也作"在亲民"，其含义相同，因为《大学》接着就说"苟日新，日日新，又日新"，"作新民"。其直接含义是说鼓励作有道德的不断创新的人，最终达到"至善"。儒家经典著作《周易·系辞》中"富有之谓之大业，日新之谓之盛德"更是强调民族自强不息的创新精神。至于《论语》中"温故而知新，可以为师矣"，则表明一个人、一个民族或一个国家只有不断创新才能取得民族尊严或竞争优势。正是这种鼓励创新的文化传统，才使中华民族一直走在世界文明前列。火药、造纸、指南针、活字印刷术发明，以及长城、大运河等大型工程建造，成了中国人创新精神的重要表现。改革开放 30 年实践同样表明，没有思想解放对体制坚冰的融化，中国便不可能在市场化改革中转变到自主创新道路上来。在这种意义上讲，党在改革开放过程中，以马克思主义与时俱进的理论品格，吸收中华文明和西方

---

① 尽管在马克思与熊彼特思想比较方面有多种思路，但就两者之间的思想史联系来看，《新帕尔格雷夫经济学大辞典》（经济科学出版社，1992 年：925）也许给出了更为清晰的说明："马克思（1848 年）恐怕领先于其他任何一位经济学家把技术创新看作为经济发展与竞争的推动力"，"然而到了 20 世纪上半叶，著名的经济学家中差不多只有熊彼特自己一个人还在继续和发扬这一古典传统"。

② 熊彼特曾指出："马克思的历史理论、社会阶级理论和国家（政府）理论，一方面是使国家从茫茫云雾中落到地面上来的首次严肃尝试，另一方面实际上是对边沁派理论的最好批评。"（Schumpeter，1954：433）就技术创新的国家因素来说，直到 1987 年弗里曼（Freeman）才基于日本的经验，真正提出国家创新系统概念：强调国家的功能在于优化创新资源的配置，协调各个层次的创新活动（见 Freeman，1987）。

现代文明成果，围绕自主创新形成的意识形态主张，便不仅是一种经济和政治选择，也是一种民族传统文化选择。这种选择必然将执政党的意识形态主张转换为渗透于国民精神的创新文化意向，使"中国制造"转向"中国创造"成为国民自觉行动。

坚持走中国特色自主创新道路不仅需要在创造或创新精神上获得民族传统支持，而且在自主知识产权上也要见容于传统文化。孔子虽然指出"义"与"利"之分①，但对利益动机还是作了如下评价："子曰：'放于利而多行，多怨。'"（《论语》第 4 章）从儒家伦理传统来看，"义"对"利"有着优先的道德优势。在孔子那里，所谓"君子"放弃逐利是因为"生死在命，富贵在天"（《论语》第 12 章）。这种陈述的整体论意义在于，手段应该包含于适当的目的中或"利"应服务于目的。孔子为此说："子曰：'富而可求也，虽执鞭之士，吾亦求之。如不可求，从吾所好。'"（《论语》第 7 章）对于这种论述显然有两种理解：一是由于富贵在天，人不能通过自身努力获得；二是如果能够通过自身努力获得富贵，那就要屈从于自己的个性和偏好。孟子以"内己"与"外己"关系为基础，对此作了进一步说明："行有不得者，反求诸己。"（《孟子》第 7 章）这就是说，逐利而得不在天而在己，逐利不得在天不在己，即成功与否源自与天一致的内在道德目的。按照这种思路，"君子"取义并不必然拒绝逐利。"子贡曰：'有美玉于斯，韫椟而藏诸？求善贾而沽诸？'子曰：'沽之哉！沽之哉！我待贾者也。'"（《论语》第 9 章）这表明儒家文化传统实际上在现代意义上可以进入一种"义"与"利"的创造性综合。事实上，邓小平提出"致富光荣"，其合法性正是对富贵之"利"的"义"的目的论关注。

从中国传统的"义""利"哲学中，我们可以进一步演绎中国传统文化的知识产权意义。一般来说，知识产权概念在欧洲产生于 17 和 18 世纪，中国传统中并不存在类似的对等概念。按照儒家文化传统，人具有内在理性，其文明由一系列"共享"关系来规定。这种"共享"包含相互之间的责任和期许，个体道德发展只能在各种"共享"关系中获得，因此并

---

① 孔子曾对"义"和"利"作了清晰的区分："子曰：'君子喻于义，小人喻于利。'"（《论语》第 4 章）这种区分某种意义上是对其学生颜回的赞赏，因为颜回虽然生活简朴甚至忍受贫穷却拥有高尚道德。

不能按照儒学传统来建构智力成果的个人权力①。但最近有学者提供两个证据，来表明"知识产权拥有和保护的儒学观点"（Robin R. Wang, 2002：564）：

第一个证据是，儒家的"义"存在于各种权利关系中，包括知识产权拥有和保护关系。现代知识产权是一种分配正义，其本质是平等、公平和正义。也就是说，当人们致力于创造和创新时，有权力决定其创新产品的使用途径。在中国儒学传统中，"义"的形而上学特征在于，一个人对别人的义务实际上是对别人的限制。这在道德上并不违背人们之间的正当关系，因此权利的运用具有头等的重要性。"子曰：'富与贵，是人之所欲也，不以其道得之，不处也；贫与贱，是人之所恶也，不以其道得之，不去也。'"（《论语》第4章）孔子相信不义之财犹如"浮云"："饭疏食饮水，曲肱而枕之，乐亦在其中矣。不义而富且贵，于我如浮云。"（《论语》第7章）"君子"作为一种理想道德人格，其"九思"之一就是"见得思义"②（《论语》第16章）。孟子也注意到接受别人馈赠的道德意义："无处而馈之，是货之也。焉有君子而可以货取乎？"（《孟子》第2章下）对"义"与"利"的这一矛盾，孟子采取了如下解决方案："孟子曰：'鱼，我所欲也，熊掌亦我所欲也；二者不可得兼，舍鱼而取熊掌者也。生亦我所欲也，义亦我所欲也；二者不可得兼，舍生而取义者也。生亦我所欲，所欲有甚于生者，故不为苟得也。'"（《孟子》第6章上）在这里"义"是使生命向善的一切人类关系，即一切人权关系。这种人权关系非常广泛，主要包括公民政治权利、经济社会权利以及文化和个人权利，知识产权被包含在个人权利中。孟子在这里将"仁"看作一种内在关系，将"义"看作一种外在关系："吾弟则爱之，秦人之弟则不爱也，是以我为悦者也，故谓之内。长楚人之长，亦长吾之长，是以长为悦者也。故谓之外也。"（《孟子》第6章上）但这种内仁外义如果诉诸"忠"和"信"的内在统一，那么从传统儒学的义利关系不难推出知识产权保护概念。"曾子曰：'吾日三省吾身：为人谋而不忠乎？与朋友交而不信乎？传不习乎？'"

---

① 孔子曾说："子曰：'二三子以我为隐乎？吾无隐乎尔。吾无行而不与二三子者，是丘也。'"（《论语》第7章）他的学生同样也表达了同样的思想："子路曰：'愿车与马衣轻裘与朋友共，敝之而无憾。'"（《论语》第5章）这也就是说，"共者奖之，私者罚之"。

② 另外八思是："视思明，听思聪，色思温，貌思恭，言思忠，事思敬，疑思问，忿思难。"（《论语》第16章）

（《论语》第1章）这里"省"包含强烈的自我反思意识，人的思想习惯当然属于私人领域。技术作为"省"的实践虽然更为具体和复杂，但希望别人尊重自己的智力创造无疑需要以尊重别人的知识产权为前提。以此来推论个人之间的诚信关系，便正是现代意义的知识产权拥有和保护主张。

第二个证据是，儒家思想中强调"利民"、"保民"和"民生"的"民本"概念。《尚书》最早强调国君应保护人民利益，孔子强调均富贵，孟子明确认为要为民创造财富，墨子则提倡利民。中国传统中这些民本思想为知识产权保护奠定了道德基础，因为如果个人的创造和创新有利于社会财富积累，那么尊重知识产权就能够激发人们的创造力和创新能力发挥。

沿着以上思想线索，我们现在需要再次回到中国版的"劳动人"形象上来。即使中国不再使用"内圣外王"这一字眼来寻求自身技术发展之路，也需要通过自身的传统文化来建构技术活动或技术创新，寻求新的技术范式。如果说毛泽东思想曾经以"自力更生"强调"人民"的"历史动力"，那么现在的科学发展观则是以"以人为本"来显现"中国特色自主创新道路"。当雷默以此来观察中国发展道路时，从中注意到当代中国对传统因素的现实缊涵：

> 中国的新发展方针是由取得平等、和平的高质量增长的愿望推动的。严格地讲，它几乎推翻了私有化和自由贸易这样的传统思想（指西方模式）。它有足够的灵活性，它几乎不能成为一种理论。它不相信对每一个问题都采取统一的解决办法。它的定义是锐意创新和试验，积极地捍卫国家利益和边界，越来越深思熟虑地积累不对称投放力量的手段。它既讲求实效，又注重意识形态，它反映了几乎不区别理论与实践的中国古代哲学观。……它是一个变化如此之快，以致没有多少人，甚至本国人都赶不上形势的社会的产物，它也是由这样一个社会决定的。（雷默，2006年：288~289）

雷默以上论述表明，中国传统文化包含着如下现实行动：中国人的自主创新作为一种社会建构活动，坚持国家利益，不遵循任何单一模式，采取多重弹性试验，以达到高质量发展目标。如果将这种现实行动压缩到微观创新组织中来，那么中国传统技器道思想的整体论反映的是这样一种创新文化模式：人在其社会及其目标进化中的作用发挥，是来自上层的引导与来自下层的参与两种力量的相互行动。通过高层管理参与克服旧的行为方式的稳定、保守和对抗，其中组织领导者扮演着提出创新战略和组织结构的原始任务角色，由此激励人们忠诚创新事业，并创造支持创新的文化氛围，形成嵌入本土文化的创新核心价值理念；着眼改善效益的创新战略目标确定属于高层管理任务范畴，它反映了影响创新活动的组织目标价值，并通过领导者引导规定未来的创新愿景、使命或任务和文化支持，然后将这种愿景和使命通过组织实施变成个人的价值目标、创新目的及其行为规范；为避免专业化、形式化、标准化和集权化扼杀个人创意，领导者要按照愿景和目标设计推动组织结构走向自觉和团队化，为潜在的创新实践活动提供结构价值支持，包括交流或交往、柔性管理、团队精神和民主决策等，由此形成能够使个人致力于创新行为的文化规范；依照领导者最初确立的创新战略和组织结构价值形成创新文化，以直接影响人们的创造和创新激励程度，把已受到拥护的核心价值看作有利于创造创新文化的集体方向。

由以上自主创新文化范式看出，创新文化形成于嵌入集体文化中各种价值因素的相互作用，如愿景指南、权力授予、创意鉴别、风险承受、个人交往、激励创新和共同决策等，因此创新过程绝不仅仅是一系列可分割的实践活动（研究开发、应用、扩散、销售等），而是这些活动必然通过有利于创新实践的创新文化价值认同组成一个整体。但培育一种自主创新文化模式毕竟是一个长期过程，它要求政府、企业和科研机构从现在开始着眼于管理推动各种历史文化因素和组织因素走向鼓励创新的变革，从而产生一种创新环境使创意形成和实现成为各种组织内部各个部门的行为规范，使创新文化体现于企业技术创新体系、区域创新体系乃至国家创新体系中。

在意识形态意义上，培育创新文化必然被包含在社会主义文化大发展大繁荣中。它一方面要有利于其他文化业态形成，另一方面又要得到其他文化业态支持。按照科学发展观，社会主义先进文化前进方向必然引导我国技术发展成为实现人的全面发展的重要途径。社会主义文化建设作为凝聚和激励中国人进行现代化建设的重要力量，以集体主义精神为基础，提高人们的思想道德素质、科学文化素质和健康素质。我国自主技术创新必然要反映这种社会文化价值背景，它经过社会主义良好道德规范的伦理建构能够解决与科技发展相关的经济问题、社会问题和伦理问题。社会主义文化建设把自主创新看作一个依赖于决策者和社会建构的变量，为了避免技术发展的经济发展问题和反伦理道德情形产生，试图解决如下问题：什么是最好的技术？最好的技术为了什么人？最好的技术为了什么价值而开发？最好的技术按照什么或谁的标准和价值来确定？就社会主义文化而言，自主创新在自由、平等和文明意义上享有特殊地位，它能够使每个人的自由时间最大化，能够用最有意义的创造和劳动取代呆板的机械劳作。只有通过对科学和技术的文化价值评价，善于启用中国传统文化资源，所谓自主技术创新才能得到个体和社会的文化认同，才能使知识产权的公平保护表现为技术开发的创造性动力，才能最终形成全民学习、终身学习的学习型社会，促进人多向度的全面发展。

参考文献索引

英文文献

Alvares, Claude. 1991 (1970/1980). *Decolonizing History: Technology and Culture in India, China and the West* 1492 *to the Present Day*. New York: The Apex Press, and Goa: the Other India Bookstore.

Baudrillard, Jean. 1990. *Seduction*. New York: St. Martin's Press.

——1994. *The Illusion of the End*. Cambridge: Polity.

Bohm, D.. 1981. *Wholeness and the Implicate Order*. London: Routledge & Kegan Paul.

Borgmann, A.. 1984. *Technology and the Character of Contemporary Life*. Chicago: Univ versity of Chicago Press.

Braudel, F.. 1975. *Capitalism and Material Life 1400 ~ 1800*. New York: Harper and Row.

Bronowski, Jacob. 1974. *The Ascent of Man*. Boston: Little Brown & Company, Inc..

Capra, J. J.. 1976. *Tao of Physics*. London: Fontana.

——1997. *Oriental Enlightenment: the Encounter between Asian and Western Thought*. Londong and New York: Routledge.

Descartes, Rene. (1637) 1980. *Discourse on Method*. Trans. Donald Cress. Indianapolis: Hackett.

——(1644) 1983. *Principles of Philosophy*. Trans. V. R. Miller and R. P. Miller. Dordrecht: Reidel.

Dietrich, Craig. 1972. *Cotton Culture and Manufacture in Early Chi'ing China*. In *Economic Organization Chinese Society*. Ed. W. E. Willmott. Stanford, Cal. :

Stanford University Press.

Dumont, Louis. 1980. *Homo Hierarchus.* Chicago: University of Chicago Press.

Durbin, T. . 1998. Advances in Philosophy of Technology: Comparative Perspectives. *Techne: Journal of the Society for Philosophy and Technology.* 1.

Feenber, Andrew. 1999. *Questioning Technology.* London: Routledge.

——1991. *A Critical Theory of Technology.* New York and Oxford: Oxford University Press.

——2004. *From Essentialism to Constructivism: Philosophy of Technology at the Crossrouds.* Http://www. rohan. sdsu. edu/faculty/feenberg/talk4. html.

——2005. *Heidegger, Marcuse and Technology: The Catastrophe and Redemption.* London: Routledge Press.

Fitzgerald, C. P. . 1976. *The Birth of Communist China.* Middlesex: Penguin Books.

Foucualt, Michael. 1980. *Power Knowledge: Selected Interviews and other Writings, 1972 ~ 1977.* Ed. Colin Gordon. New York: Pantheon.

Freeman, C. . 1987. *Technology and Policy and Economic Performance: Lessons from Japan.* London: Pinter.

Geertz, Clifford. 1973. *The Interpretation of Cultures.* Clifford Geertz: Books.

Habermas, J. . 1986. *Autonomy and Solidarity: Interviews.* Ed. P. Dews. London: Verso.

Heidegger, Martin. (1937 ~ 1938) 1994. *Basic Questions of Philosophy.* Trans. R. Rojcewicz and A. Schulwer. Bloomington and Indianapolis: Indiana University Press.

——(1922) 2002. Phenomenological Interpretations in Connection with Aristotle. In *Supplements.* Trans. J. van Buren. Albany: State University of New York Press.

Heisenberg, W. . 1959. *Physics and Philosophy: The Revolution in Modern Science.* London: Allen & Unwin.

Huff, Toby E. . (1993) 2003. *The Rise of Early Modern Science: Islam, China, and the West.* Cambridge: Cambridge University Press.

Ihde, D. . 1990. *Technology and the Lifeworld.* Indiana: Indiana University

Press.

　　Ihde, Don. . 1993. *Postphenomenology*: *Essays in the Postmodern Context*. Evanston: Northwestern University Press.

　　Jaspers, K. . 1962. *The Great Philosophers*. 2 Vols. London: Rupert Hart – Davis.

　　Jung, C. G. . 1985. *Synchronicity*: *An Acausal Connecting Principle*. London: Routledge & Kegan Paul.

　　Kübe, J. . 1969. *Techne und Aret*. Berlin: DeGruyter.

　　Lee, Raymond. L. M. . 1999. *The Tao of Representation*: *Postmodernity*, *Asia and the West*. Commack, New York: Nova Science Pulishers, Inc.

　　Lukacs, George. 1968. *The Theory of the Novel*. Trans. A. Bostock. Cambridge, Mass. : MIT Press.

　　Macann, C. (ed.). 1992. *Martin Heidegger*: *Critical Assessments*. Vol. IV. London: Routledge.

　　Merleau – Ponti, M. . 1964. *Signs*. Evanston, Ⅲ: Northwestern University Press.

　　Meyer, Uli & Schubert, Cornelius. 2007. Integrating Path Pependency and Path Creation in a General Understanding of Path Constitution: The role of agency and institutions in the stabilisation of technological innovations. *Science*, *Technology & Innovation Studies*. Vol. 3, 1.

　　Moriarty, Gene. 2000. The Place of Engineering and the Engineering of Place. *Techne*. Vol. 5, 2.

　　Mumford, Lewis. 1967. *Technics and Human Development*. New York: Harcourt and World.

　　Neville, Robert C. . 1994. Confucianism as a World Philosophy. *Journal of Chinese Philosophy*. 21.

　　Nye, Jr. , Joseph S. . 2004. *Soft Power*: *The Means to Success in World Politic*. New York: Public Affairs.

　　Parkes, Graham. 2003. Lao – Zhuang and Heidegger on Nature and Technology. *Journal of Chinese Philosophy*. 1.

　　Pitt, Joseph. 1990. The Autonomy of Technology. In *From Artifact to Habitat*. Ed. Gayle Ormiston. Bethlehem: Lehigh University Press.

RAND Corpotation. 2006. *The Global Technology Revolution 2020 , In - Depth Analyses : Bio/Nano/Materials/Information Trends , Drivers , Barriers , and Social Implications.* http://www. rand. org.

Romanyshyn , Robert D. . 1989. *Technology as Symptom & Dream.* London: Routledge.

Scharff , Robert C. and Val Dusek. 2003. *Philosophy of Technology.* Oxford: Blackwell.

Schumpeter , Joseph A. . 1954. *History of Economic Analysis.* Oxford: Oxford University Press , Inc.

Seubold , G. 1986. *Heidegger's Analyse der neuzeitlichen Technik.* Freiburg and Mucich: Verlag Karl Alber.

Sivin , Nathan. 1984. Why the Scientific Revolution Did Not Take Place in China – or Didn't It? In *Transformation and Tratition in the Sciences.* Edited Everett Mendelsohn. New York: Cambridge University Press.

Sivin , Nathan. 1995. *Taoism and Science. In Medicine , Philosophy and Religion in Ancient China.* Ch. VII. http://ccat. sas. upenn. edu/ ~ nsivin/7tao. html.

Spretnak , C. . 1991. *States of Grace : The Recovery of Meaning in the Postmodern Age.* Sanfrancisco , Cal. : Harper Collins.

Stepaniants , Marietta and Ames , Roger T. . 2001. The Eighth East – West Philosophers' Conference : Technology and Cultural Values : on the Ewdege of the Third Millennium. *Philosophy East & West.* 3.

Vincent Shen. 2003. Some Thoughts on Intercultural Philosophy and Chinese Philosophy. *Journal of Chinese Philosophy.* 3&4.

Wang , Robin R. . 2002. Globalizing the Heart of the Dragon : The Impact of Technology on Confucian Ethical Values. *Journal of Chinese Philosophy.* 4.

Weber , Max. (1915/1920) 1951. The Religion of China. New York: Free Press.

Wenyu Xie. 2000. Approaching the Dao : From Laozi to Zhuangzi. *Journal of Chinese Philosophy.* 4.

Wing – Cheuk Chan. 2003. Phenomenology of Technology : East and West. *Journal of Chinese Philosophy.* 1.

中文文献①

E. W. 萨义德：《东方学》，王宇根译，三联书店 1999 年版。

F. 拉普：《技术哲学导论》，刘武等译，辽宁科学技术出版社 1986
年版。

G. A. 柯亨：《卡尔·马克思的历史理论——一个辩护》，岳长龄译，
重庆出版社 1989 年版。

M. 戈德史密斯、A. L. 马凯（主编）：《科学的科学：技术时代的社
会》，赵红州等译，科学出版社 1985 年版。

阿里夫·德里克：《后革命氛围》，王宁等译，中国社会科学出版社
1999 年版。

艾尔伯特·鲍格曼：《跨越后现代的分界线》，孟庆时译，商务印书馆
2003 年版。

艾恺：《世界范围内的反现代化思潮：论文化守成主义》，贵州人民出
版社 1991 年版。

艾思奇：《胡适实用主义批判》，人民出版社 1955 年版。

安德鲁·芬伯格：《技术批判理论》，韩连庆等译，北京大学出版社
2005 年版。

——"中国的技术研究与发展之路"，载《中国电子商务》2006 年第
1 期。

安维复：《技术创新的社会建构》，文汇出版社 2003 年版。

蔡尚思：《中国现代思想史资料选编》（第 1 卷），浙江人民出版社
1982 年版。

陈少明："说器"，载《哲学研究》2005 年第 7 期。

——"用哲学论述中国文化经验——以'器'、'惑'两范畴为例"，
载《学术月刊》2006 年第 3 期。

成中英：《中国文化的现代化与世界化》，中国和平出版社 1988 年版。

——《文化、伦理与管理》，贵州人民出版社 1991 年版。

——"世纪之交的抉择"，载赵德志主编《现代新儒家与西方哲学》，

---

① 本书中引证《论语》、《大学》和《中庸》（孔子），《道德经》（老子），《庄子》，《孟
子》，《荀子》等，不在这里列出。

辽宁大学出版社 1994 年版。

崔之元："'鞍钢宪法'与后福特主义"，载公羊主编《思潮——中国"新左派"及其影响》，中国社会科学出版社 2003 年版。

大卫—格里芬：《后现代科学——科学魅力的再现》，王治河译，中央编译出版社 1995 年版。

戴维·哈维：《后现代的状况》，阎嘉译，商务印书馆 2003 年版。

丹尼尔·贝尔：《意识形态的终结——五十年代政治观念衰微之考察》，张国清译，江苏人民出版社 2001 年版。

邓小平：《邓小平文选》第 2、3 卷，人民出版社 1983 年版。

杜石然等：《中国科学技术史稿》（上、下册），科学出版社 1985 年（1982 年）版。

杜维明：《杜维明文集》第 2 卷，郭齐勇、郑文龙主编，武汉出版社 2000 年版。

——《杜维明文集》第 5 卷，郭齐勇、郑文龙主编，武汉出版社 2002 年版。

——"现当代儒学的转化与创新"，载《社会科学》2004 年第 8 期。

方克立："评大陆新儒家'复兴儒学'的纲领"，载《晋阳学刊》1997 年第 4 期。

——"甲申之年的文化反思——评大陆新儒学'浮出水面'和保守主义'儒化'论"，载《中山大学学报》（社会科学版）2005 年第 6 期。

冯桂芬：《校邠庐抗议》，中洲古籍出版社 1998 年（1861 年）版。

冯友兰：《新事论》，商务出版社 1937 年版。

——《A TAOIST CLASSIC CHUANG – TZU》，外文出版社 1991 年版。

——《贞元六书·新原人》，华东师范大学出版社 1996 年版。

弗·卡普拉：《转折点——科学·社会·兴起中的新文化》，中国人民大学出版社 1989 年版。

郭颖颐：《中国现代思想中的唯科学主义》，雷颐译，江苏人民出版社 1995 年版。

海德格尔：《海德格尔选集》上、下卷，孙周兴等译，三联书店 1996 年版。

——《形而上学导论》，熊伟、王庆节译，商务印书馆 1996 年（a）版。

——《面向思的事情》，陈小文、孙周兴译，商务印书馆 1996 年（b）版。

——《路标》，孙周兴译，商务印书馆 2000/2001 年版。

汉斯·格奥尔格·加达默尔：《哲学解释学》，夏镇平、宋建平译，上海译文出版社 2004 年版。

郝伯特·马尔库塞：《单向度的人：发达工业社会意识形态研究》，张峰、吕世平译，重庆出版社 1988 年版。

贾丽敏："《庄子》造物观今释"，载《设计艺术》2006 年第 1 期。

江泽民：《江泽民论科学技术》，中共中央文献出版社 2001 年版。

姜劲、徐学军："技术创新的路径依赖与路径创造研究"，载《科研管理》2000 年第 3 期。

卡尔·A. 魏特夫：《东方专制主义》，徐式谷等译，中国社会科学出版社 1989 年。

卡尔·米切姆：《技术哲学概论》，殷登祥、曹南燕译，天津科学技术出版社 1999 年版。

乐爱国：《儒家文化与中国古代科技》，中华书局 2002 年版。

李邦国："王夫之的'天下惟器'与'日新之化'"，载《黄石师院学报》1984 年第 1 期。

李晨阳：《道与西方的相遇——中西比较哲学重要问题研究》，中国人民大学出版社 2005 年版。

李达：《胡适反动思想批判》，湖北人民出版社 1955 年版。

李三虎：《十字路口的道德抉择：马克思的技术伦理思想研究》，广州出版社 2006 年版。

——"空间性分析：对中国工程历史的一种哲学考察"，《工程研究：跨学科视野中的工程》第 2 卷，杜澄、李伯聪主编，北京理工大学出版社 2006 年版。

李英华："先秦诸子圣王观探析——兼与柏拉图哲学王思想比较"，载《中国哲学史》2005 年第 1 期。

李永采："柏拉图分工理论论述"，载《兰州学刊》2000 年第 2 期。

李约瑟：《中国科学技术史》第 1 卷，科学出版社 1990 年版。

李泽厚：《中国现代思想史论》，安徽文艺出版社 1994 年版。

李志军：《西学东渐与明清实学》，四川出版集团巴蜀书社 2004 年版。

梁漱溟：《东西文化及其哲学》，商务印书馆1922年。

刘克明、杨叔子、左红珊："《老子》技术思想初探"，载《武汉工程职业技术学院学报》2002年第2期。

刘明武："'象与器'简论"，《中国文化研究》春之卷2000年。

刘述先："中国哲学与现代化"，《现代新儒家与西方哲学》，赵德志主编，辽宁大学出版社1994a年版。

——"文化与哲学的探索"，《现代新儒家与西方哲学》，赵德志主编，辽宁大学出版社1994b年版。

刘宇楠、夏承伯："从'向科学进军'到'自主创新'"，载《前沿》2007年第3期。

马克思：《资本论》第1卷，人民出版社1975年版。

——《机器、自然力和科学的应用》，人民出版社1978年版。

——"哥达纲领批判"，《马克思恩格斯选集》第3卷，人民出版社1972年版。

——"路易·波拿巴的雾月十八日"，《马克思恩格斯选集》第1卷，人民出版社1972年版。

马克斯·霍克海默、狄奥多·阿多诺：《启蒙辩证法》，渠敬东、曹卫东译，上海人民出版社2003年版。

马克斯·韦伯：《新教伦理与资本主义精神》，于晓、陈维钢等译，三联书店1992年（1987年）版。

梅珍生："论礼器的文化意义与哲学意义"，载《湖南大学学报》（社会科学版）2005年第5期。

孟捷："产品创新：一个马克思主义经济学的解释"，载《当代经济研究》2001年第3期。

牟宗三：《心体与性体》第一册，正中书局1973年版。

——《现象与物自身》，台湾学生书局1984年版。

——《政道与治道》，台湾学生书局1991年版。

——"论三统之说"，《现代新儒家学案》（下），方克立、李锦全主编，中国社会科学出版社1995年版。

——《中西哲学之会通十四讲》，上海古籍出版社1997年版。

牟宗三等："为中国文化敬告世界人士宣言——我们对中国学术研究及中国文化与世界文化前途之共同认识"，《新儒家思想史》，张君劢，中国人民大学出版社 2006 年版。

那薇：《道家与海德格尔相互诠释——在心物一体中人成其人物成其物》，商务印书馆 2004 年版。

乔舒亚·库珀·雷默等：《中国形象：外国学者眼里的中国》，沈晓雷等译，社会科学文献出版社 2006 年版。

秦英君：《科学乎人文乎：中国近代以来文化取向之两难》，河南大学出版社 2005 年版。

邱继宗："从顾颉刚反对'尚象制器'说到'观象制器'内容古于《周易》"，载《周易研究》1999 年第 2 期。

让·波德里亚：《象征交换与死亡》，车槿山译，译林出版社 2006 年版。

孙中山：《孙中山全集》，人民出版社 1980 年版。

泰勒：《从开端到柏拉图》，韩东晖等译，中国人民大学出版社 2003 年版。

汪澄清："马克思与熊彼特创新思想之比较"，载《马克思主义与现实》2001 年第 3 期。

王前："道进乎技——中国技术思想史的逻辑起点"，2004 年"中国技术哲学与技术伦理研讨会"（沈阳）会议论文。

王庆节：《解释学、海德格尔与儒道今释》，中国人民大学出版社 2004 年版。

王瑞聚："论古代希腊人的鄙视手工技艺不足为论证城邦社会农业特征之依据"，载《复旦学报》（社会科学版）2000 年第 4 期。

王若水：《谈谈异化问题》，载《新闻战线》1980 年第 8 期。

王善博：《追求科学精神——中西科学比较与融通的哲学透视》，广西人民出版社 1996 年版。

王兆铮："改革 + 现代化科学技术 + 讲政治 = 社会主义优越性的威力"，载《长江论坛》1998 年第 5 期。

吴十洲："礼器的古典哲学话题研究"，载《中国社会科学院研究生院学报》2001 年第 6 期。

夏涌、何旭东："马克思创新思想及其启示"，载《上海市经济管理干部学院学报》2007 年第 4 期。

向燕南："'技艺与德岂可分两事'：唐顺之之实学及其转向的思想史

意义"，载《西南师范大学学报》（人文社会科学版）2006 年第 3 期。

肖巍："'技术'批判：海德格尔和庄子"，载《复旦学报》（社会科学版）1999 年第 1 期。

熊十力：《原儒》，中国人民大学出版社 2006a 年版。

——《新唯识论》，中国人民大学出版社 2006b 年版。

徐复观：《儒家政治思想与民主自由人权》，台湾八十年代出版社 1979 年版。

——《徐复观文录选粹》，台湾学生书局 1980a 年版。

——《徐复观杂文——记所思》，台湾时报文化出版事业有限公司 1980b 年版。

亚里士多德：《尼各马科伦理学》，苗力田译，中国人民大学出版社 2003a 年版。

——《形而上学》，苗力田译，中国人民大学出版社 2003b 年版。

——《物理学》，张竹明译，商务印书馆 2004 年版。

严复：《严复集》，中华书局 1986 年版。

杨雅丽："'礼器'的文化阐释"，载《唐都学刊》2002 年第 4 期。

伊·普里戈津、伊·斯唐热：《从混沌到有序——人与自然的新对话》，曾庆宏、沈小峰译，上海译文出版社 1987 年版。

尤尔根·哈贝马斯：《作为"意识形态"的技术和科学》，李黎、郭官义译，学林出版社 1999 年版。

余英时：《现代儒学的回顾与展望》，三联书店 2004 年版。

余治平："道、器、形之间——中西哲学形而上学的通汇"，载《现代哲学》2004 年第 4 期。

张成岗、张尚弘："都江堰：水利工程史上的奇迹"，《工程研究：跨学科视野中的工程》第 1 卷，杜澄、李伯聪主编，北京理工大学出版社 2004 年版。

张岱年：《中国思想史大纲》，中国社会科学出版社 1982 年版。

张立文："船山论道器、理气与物器"（上、下），载《船山论学刊》2001 年第 1、2 期。

赵奎英："从'文'、'象'的空间性看中国古代的'诗画交融'"，载《山东师范大学学报》（人文社会科学版）2003 年第 1 期。

杜维明：《杜维明学术文化随笔》，郑文龙主编，中国青年出版社 1999

年版。

周立升、颜兵罡："牟宗三评传",《现代新儒家学案》（下），方克立、李锦全主编，中国社会科学出版社 1995 年版。

朱宝信："事物是知识和价值的合———析柏拉图理念论对'休谟难题'的解决"，载《东方论坛》2002 年第 4 期。